全国环境影响评价工程师职业资格考试系列参考资料

U0650948

环境影响评价技术导则与标准

试题解析

（2024 年版）

李　巍　主编

中国环境出版集团·北京

图书在版编目（CIP）数据

环境影响评价技术导则与标准试题解析：2024 年版 /
李巍主编. -- 10 版. -- 北京 ：中国环境出版集团,
2024.2
全国环境影响评价工程师职业资格考试系列参考资料
ISBN 978-7-5111-5801-7

Ⅰ. ①环… Ⅱ. ①李… Ⅲ. ①环境影响－评价－资格
考试－题解 Ⅳ. ①X820.3-44

中国国家版本馆 CIP 数据核字(2024)第 039715 号

出 版 人　武德凯
策划编辑　黄晓燕
责任编辑　孟亚莉
封面设计　宋　瑞

出版发行　中国环境出版集团
　　　　　（100062　北京市东城区广渠门内大街 16 号）
　　　　　网　　　址：http://www.cesp.com.cn
　　　　　电子邮箱：bjgl@cesp.com.cn
　　　　　联系电话：010-67112765（编辑管理部）
　　　　　　　　　　010-67112735（第一分社）
　　　　　发行热线：010-67125803，010-67113405（传真）
印　　刷　玖龙（天津）印刷有限公司
经　　销　各地新华书店
版　　次　2015 年 3 月第 1 版　2024 年 2 月第 10 版
印　　次　2024 年 2 月第 1 次印刷
开　　本　787×960　1/16
印　　张　14.5
字　　数　290 千字
定　　价　47.00 元

本书编委会

主　　编　李　巍

副 主 编　王晓云　刘玉龙

参编人员　郝　璟　郭　岩　赵小娟

　　　　　　柯　莺　郭　苗　张智锋

　　　　　　王　杰　贾　佳　马　源

前　言

环境影响评价是我国环境管理制度之一，是从源头上预防环境污染的主要手段。环境影响评价工程师职业资格考试制度是提高环境影响评价水平的一种有效举措，自 2005 年实施以来，对于整体提高我国环境影响评价从业人员的专业素质起到了很大的推进作用。考试科目设《环境影响评价相关法律法规》《环境影响评价技术导则与标准》《环境影响评价技术方法》《环境影响评价案例分析》共四科，其中前三个科目的考试全部采用客观题，包括单项选择题和不定项选择题。

环境影响评价工程师职业资格考试的历年试题及解答一直是考生所需要的，因为通过对历年试题的学习，考生既可以感性地认识考试命题的风格、各知识点的分值分布、考查的重点及难易程度，还可以锻炼应试思维。

目前，市面上大部分的历年考试试题都是按年份呈现给考生的。但是近年来，我国环境影响评价技术导则与标准更新频繁，每年的考试大纲也都有不小的变化，很多知识点都有更新或删除。如果考生仍然按整套考试试题原封不动地去复习，不仅浪费了宝贵时间，还可能被旧知识点误导。因此，我们按照本年度考试大纲的要求，对历年考试试题进行了加工处理，分类筛选，按模块重新组织了试题，将一些重复的试题适当合并，剔除与现行技术导则与标准不一致的试题，并以新的导则和标准为依据，有针对性地对历年试题进行了解析。但需要说明的是，由于本书是历年考试试题解析，因此无法包含本年度考试大纲中新增加或新变化的内容，这点请考生在学习时要特别注意，因为新增加或新变化的内容一般都会作为下一次考试的重点内容之一。关于这些新增内容，建议可配套"基础过关 800 题系列教材"一并使用。考生通过练习试题可以巩固已学的知识，同时可以找到自己在系统复习中的不足，查漏补缺。在每学习完一章后，或在复习冲刺阶段检测复习效果时，本书皆可当作模拟题来使用，是应对考试很有价值的参考资料。

本书可作为环境影响评价工程师职业资格考试的辅导材料，并可供高等院校环境科学、环境工程等相关专业教学时参考。

本书在编写的过程中得到了中圣环境科技发展有限公司领导和同事给予的协助和大力支持，在此表示衷心的感谢。同时感谢中国环境出版集团黄晓燕编辑及其同事们为本书付出的劳动。本书编写过程中还参阅了部分国内相关文献和书籍，在此一并感谢。

尽管我们为本书的编写付出了大量的精力，但由于编者水平有限，本书的内容仍然可能存在疏漏，不足之处在所难免，敬请同行和读者批评指正。编者联系方式：zhifzhang@qq.com。

编　者

2024 年 2 月

目　录

第一章　环境标准体系

引言：该部分内容每年1~2题，分值1~3分。

一、单项选择题（每题的备选项中，只有一个最符合题意）

1. 执行国家综合性污染物排放标准和行业性污染物排放标准应遵循的原则是（　　）。（2011年考题）

 A. 优先执行综合性污染物排放标准

 B. 优先执行行业性污染物排放标准

 C. 执行两者中排放控制要求较严格的

 D. 按标准实施时间先后顺序取后者执行

2. 关于国家环境标准与地方环境标准之间的关系，说法错误的是（　　）。（2012年考题）

 A. 对国家环境质量标准中未作规定的项目，可制定地方环境质量标准

 B. 对国家环境质量标准中已作规定的项目，不可以制定更严格的地方环境质量标准

 C. 对国家污染物排放标准中未作规定的项目，可制定地方污染物排放标准

 D. 对国家污染物排放标准中已作规定的项目，可制定更严格的地方污染物排放标准

3. 根据《生态环境标准管理办法》，污染物排放标准不包括（　　）。（2022年考题）

 A. 固体废物污染控制标准 B. 放射性污染防治标准

 C. 环境噪声排放控制标准 D. 土壤污染风险管控标准

4. 根据《生态环境标准管理办法》，以下污染物排放标准中属于通用型标准的是（　　）。（2023年考题）

 A.《恶臭污染物排放标准》 B.《印刷工业大气污染物排放标准》

 C.《大气污染物综合排放标准》 D.《城镇污水处理厂污染物排放标准》

二、不定项选择题（每题的备选项中至少有一个符合题意）

1. 关于地方环境标准制定，说法正确的有（　　）。（2010 年考题）

A．对国家环境质量标准中未作规定的项目，可以制定地方环境质量标准

B．对国家污染物排放标准中未作规定的项目，可以制定地方污染物排放标准

C．对国家环境质量标准中已作规定的项目，可以制定严于国家的地方环境质量标准

D．对国家污染物排放标准中已作规定的项目，可以制定严于国家的地方污染物排放标准

2. 关于国家环境标准与地方环境标准的关系，说法正确的有（　　）。（2015 年考题）

A．对于国家环境质量标准未作规定的项目，可以制定地方环境质量标准

B．对于国家环境质量标准已作规定的项目，不得制定地方环境质量标准

C．对于国家污染物排放标准未作规定的项目，可以制定地方污染物排放标准

D．对于国家污染物排放标准已作规定的项目，不得制定地方污染物排放标准

3. 国家生态环境标准包括（　　）。（2021 年考题）

A．国家生态环境质量标准　　　　　　B．国家污染物排放标准

C．国家生态环境基础标准　　　　　　D．国家生态环境管理技术规范

参考答案

一、单项选择题

1．B　【解析】国家污染物排放标准分为跨行业综合性排放标准和行业性排放标准。综合性排放标准与行业性排放标准不交叉执行，即有行业性排放标准的执行行业性排放标准，没有行业性排放标准的执行综合性排放标准。

2．B　【解析】《中华人民共和国环境保护法》第十五条："省、自治区、直辖市人民政府对国家环境质量标准中未作规定的项目，可以制定地方环境质量标准；对国家环境质量标准中已作规定的项目，可以制定严于国家环境质量标准的地方环境质量标准。地方环境质量标准应当报国务院环境保护主管部门备案。"地方污染物排放标准的制定原则与质量标准类似。

3．D　【解析】土壤污染风险管控标准属于生态环境风险管控标准。

4．A　【解析】《生态环境标准管理办法》第二十一条："水和大气污染物排放标准，根据适用对象分为行业型、综合型、通用型、流域（海域）或者区域型污

染物排放标准。""通用型污染物排放标准适用于跨行业通用生产工艺、设备、操作过程或者特定污染物、特定排放方式的排放控制。"《恶臭污染物排放标准》适用通用的特定污染物的排放控制。

二、不定项选择题

1. ABCD 【解析】该题为高频考点。《中华人民共和国环境保护法》第十五条："省、自治区、直辖市人民政府对国家环境质量标准中未作规定的项目，可以制定地方环境质量标准；对国家环境质量标准中已作规定的项目，可以制定严于国家环境质量标准的地方环境质量标准。"第十六条："省、自治区、直辖市人民政府对国家污染物排放标准中未作规定的项目，可以制定地方污染物排放标准；对国家污染物排放标准中已作规定的项目，可以制定严于国家污染物排放标准的地方污染物排放标准。"

2. AC 【解析】该题为高频考点。《中华人民共和国环境保护法》第十五条："省、自治区、直辖市人民政府对国家环境质量标准中未作规定的项目，可以制定地方环境质量标准；对国家环境质量标准中已作规定的项目，可以制定严于国家环境质量标准的地方环境质量标准。"第十六条："省、自治区、直辖市人民政府对国家污染物排放标准中未作规定的项目，可以制定地方污染物排放标准；对国家污染物排放标准中已作规定的项目，可以制定严于国家污染物排放标准的地方污染物排放标准。"

3. ABCD 【解析】根据《生态环境标准管理办法》，国家生态环境标准包括国家生态环境质量标准、国家生态环境风险管控标准、国家污染物排放标准、国家生态环境监测标准、国家生态环境基础标准和国家生态环境管理技术规范。

第二章　建设项目环境影响评价技术导则　总纲

引言:《建设项目环境影响评价技术导则　总纲》(HJ 2.1—2016)于 2016 年 12 月发布,2017 年 1 月实施,2017 年开始出现相关考题。

一、单项选择题(每题的备选项中,只有一个最符合题意)

1.《建设项目环境影响评价技术导则　总纲》规定的环境影响评价原则不包括( )。(2017 年考题)

　　A. 依法评价　　　B. 早期介入　　　C. 科学评价　　　D. 突出重点

2. 根据《建设项目环境影响评价技术导则　总纲》,下列工作内容中,不属于分析论证和预测评价阶段工作内容的是( )。(2017 年考题)

　　A. 工程分析　　　　　　　　　B. 环境现状监测

　　C. 环境影响预测　　　　　　　D. 评价工作等级确定

3. 根据《建设项目环境影响评价技术导则　总纲》,在工程分析中污染源源强核算内容不包括( )。(2017 年考题)

　　A. 有组织排放的污染物产生和排放情况

　　B. 无组织排放的污染物产生和排放情况

　　C. 事故状况下的污染物产生和排放情况

　　D. 非正常工况下的污染物产生和排放情况

4. 根据《建设项目环境影响评价技术导则　总纲》,环境现状调查与评价内容不包括( )。(2017 年考题)

　　A. 区域污染源调查　　　　　　B. 社会环境现状调查与评价

　　C. 环境保护目标调查　　　　　D. 自然环境现状调查与评价

5. 根据《建设项目环境影响评价技术导则　总纲》,专题环境影响评价技术导则不包括( )。(2018 年考题)

　　A. 环境风险评价技术导则　　　B. 生态影响评价技术导则

　　C. 人群健康风险评价技术导则　D. 固体废物环境影响评价技术导则

6. 根据《建设项目环境影响评价技术导则　总纲》,环境影响评价工作等级划分依据不包括( )。(2018 年考题)

　　A. 建设项目特点　　B. 相关法律法规　　C. 项目建设周期　　D. 环境功能区划

　　7. 根据《建设项目环境影响评价技术导则　总纲》，建设项目污染环境影响因素分析内容不包括（　　）。（2018 年考题）

　　A. 区域环境特征　　　　　　　　B. 工艺环境友好性

　　C. 工艺过程主要产污节点　　　　D. 末端治理措施协同性

　　8. 根据《建设项目环境影响评价技术导则　总纲》，在下列情景中，属于建设项目生产运行阶段重点预测的情景是（　　）。（2018 年考题）

　　A. 非正常工况和事故工况　　　　B. 正常工况和事故工况

　　C. 正常工况和非正常工况　　　　D. 正常工况、非正常工况和事故工况

　　9. 根据《建设项目环境影响评价技术导则　总纲》，建设项目环境保护措施及其可行性论证内容不包括（　　）。（2018 年考题）

　　A. 拟采取措施的长期稳定运行和达标排放的可靠性

　　B. 拟采取措施的技术可行性和经济合理性

　　C. 生态保护和恢复效果的可达性

　　D. 拟采取措施的清洁生产水平

　　10. 根据《建设项目环境影响评价技术导则　总纲》，环境影响因素识别应（　　）分析建设项目对各环境要素可能产生的污染影响和生态影响，包括有利与不利影响、长期与短期影响、可逆与不可逆影响、直接与间接影响、累积与非累积影响等。（2019 年考题）

　　A. 定性　　　　B. 定量　　　　C. 定性、定量　　　　D. 定性、半定量

　　11. 根据《建设项目环境影响评价技术导则　总纲》，建设项目有多个建设方案、涉及环境敏感区或环境影响显著时，应进行建设方案环境比选，建设方案环境比选的重点方面包括（　　）。（2019 年考题）

　　A. 环境制约因素　　B. 环境保护投资　　C. 污染治理措施　　D. 生态保护措施

　　12. 根据《建设项目环境影响评价技术导则　总纲》，建设项目进行环境现状调查与评价时，充分收集和利用评价范围内各例行监测点、断面或站位的近（　　）年环境监测资料或背景值调查资料。（2019 年考题）

　　A. 1　　　　　　B. 3　　　　　　C. 5　　　　　　D. 20

　　13. 根据《建设项目环境影响评价技术导则　总纲》，累积影响是指当一种活动的影响与（　　）的影响叠加时，造成环境影响的后果。（2020 年考题）

　　A. 过去活动

　　B. 过去、现在活动

　　C. 现在、将来可预见活动

　　D. 过去、现在及将来可预见活动

14．根据《建设项目环境影响评价技术导则　总纲》，环境影响后果经济损益核算不包括（　　）。（2020 年考题）

　　A．累积影响　　B．不利和有利影响　　C．直接影响　　D．间接影响

15．根据《建设项目环境影响评价技术导则　总纲》，专题环境影响评价技术导则不包括（　　）。（2020 年考题）

　　A．环境风险评价技术导则　　　　　　B．人群健康风险评价技术导则

　　C．土壤环境影响评价技术导则　　　　D．固体废物环境影响技术导则

16．根据《建设项目环境影响评价技术导则　总纲》，改扩建项目污染源源强核算内容不包括（　　）。（2021 年考题）

　　A．现有项目的污染物产生量、排放量

　　B．在建项目的污染物产生量、排放量

　　C．规划项目污染物排放量

　　D．改扩建项目实施后的污染物产生量、排放量及其变化量

17．根据《建设项目环境影响评价技术导则　总纲》，建设项目环境管理与监测计划不包括（　　）。（2021 年考题）

　　A．污染源监测计划

　　B．环境质量定点监测或定期跟踪监测方案

　　C．以生态影响为主的建设项目应提出生态监测方案

　　D．监督性监测计划

18．根据《建设项目环境影响评价技术导则　总纲》，建设项目工程分析的时段不包括（　　）。（2021 年考题）

　　A．规划期　　B．建设阶段　　C．生产运行阶段　　D．服务期满后

19．根据《建设项目环境影响评价技术导则　总纲》，确定环境影响评价因子应考虑的因素不包括（　　）。（2022 年考题）

　　A．区域环境功能　　B．建设项目特点　　C．评价标准　　D．地形地貌特征

20．根据《建设项目环境影响评价技术导则　总纲》，评价结论的内容不包括（　　）。（2022 年考题）

　　A．清洁生产水平　　　　　　　　　　B．主要环境影响

　　C．环境保护措施　　　　　　　　　　D．公众意见采纳情况

21．根据《建设项目环境影响评价技术导则　总纲》，筛选确定环境影响评价因子可以不考虑（　　）。（2023 年考题）

　　A．评价标准　　　　　　　　　　　　B．评价工作等级

　　C．建设项目特点　　　　　　　　　　D．区域环境功能要求

二、不定项选择题（每题的备选项中至少有一个符合题意）

1．根据《建设项目环境影响评价技术导则 总纲》，环境影响因素识别应定性分析建设项目对各环境要素可能产生的污染和生态影响，包括（ ）。（2017年考题）

A．有利影响 B．间接影响 C．不可逆影响 D．非累积影响

2．根据《建设项目环境影响评价技术导则 总纲》，关于评价方法选取原则的说法，正确的有（ ）。（2017年考题）

A．应采用定量评价方法

B．优先采用导则推荐的技术方法

C．在选用导则已推荐技术方法的情况下，也可采用其他先进技术方法

D．在选用非导则推荐技术方法的情况下，采用其他方法的，应分析其适用性

3．《建设项目环境影响评价技术导则 总纲》规定采用的环境影响评价识别方法有（ ）。（2018年考题）

A．矩阵法 B．网络法 C．指数法 D．地理信息系统支持下的叠加图法

4．根据《建设项目环境影响评价技术导则 总纲》，关于建设项目环境影响预测与评价因子确定的说法，正确的有（ ）。（2018年考题）

A．应包括反映建设项目特点的生态因子

B．应包括反映区域环境质量状况的生态因子

C．应包括反映建设项目特点的常规、特征污染因子

D．应包括反映区域环境质量状况的主要、特征污染因子

5．根据《建设项目环境影响评价技术导则 总纲》，建设项目环境影响报告书一般包括（ ）。（2019年考题）

A．建设项目工程分析 B．环境影响经济损益分析

C．环境管理与监测计划 D．附录附件

6．根据《建设项目环境影响评价技术导则 总纲》，环境监测计划内容应包括（ ）。（2019年考题）

A．监测因子、监测频次 B．监测网点布设

C．监测数据采集与处理 D．采样分析方法

7．根据《建设项目环境影响评价技术导则 总纲》，建设方案的环境比选重点包括（ ）。（2021年考题）

A．投资 B．环境影响范围 C．环境制约因素 D．环境影响程度

8．根据《建设项目环境影响评价技术导则 总纲》，建设项目有多个建设方案、涉及环境敏感区或环境影响显著时，应重点从（ ）等方面进行建设方案环境比选。（2022年考题）

A．工程投资情况　B．工程施工难度　C．环境制约因素　D．环境影响程度

9．根据《建设项目环境影响评价技术导则　总纲》，环境保护措施可行性论证内容包括（　）。（2023 年考题）

A．拟采取措施的经济合理性

B．拟采取措施的达标排放的可靠性

C．拟采取措施的技术先进水平的可达性

D．拟采取措施的排污许可要求的可行性

参考答案

一、单项选择题

1．B　【解析】选项 B 不属于《建设项目环境影响评价技术导则　总纲》的原则。

2．D　【解析】选项 D 属于第一阶段的工作内容。

3．C　【解析】根据《建设项目环境影响评价技术导则　总纲》4.3.1，"污染源源强核算包括有组织与无组织、正常工况与非正常工况下的污染物产生和排放强度。"不包括事故状况下的污染物产生和排放情况。

4．B　【解析】社会环境现状调查与评价在旧总纲中有，在 2016 版修订的《建设项目环境影响评价技术导则　总纲》中已删除。

5．B　【解析】根据《建设项目环境影响评价技术导则　总纲》3.2，"专题环境影响评价技术导则指环境风险评价、人群健康风险评价、环境影响经济损益分析、固体废物等环境影响评价技术导则。"

6．C　【解析】根据《建设项目环境影响评价技术导则　总纲》3.6，"按建设项目的特点、所在地区的环境特征、相关法律法规、标准及规划、环境功能区划等划分各环境要素、各专题评价工作等级。"

7．A　【解析】根据《建设项目环境影响评价技术导则　总纲》4.2.1，"遵循清洁生产的理念，从工艺的环境友好性、工艺过程的主要产污节点以及末端治理措施的协同性等方面，选择可能对环境产生较大影响的主要因素进行深入分析。"

8．C　【解析】根据《建设项目环境影响评价技术导则　总纲》6.3.1，"应重点预测建设项目生产运行阶段正常工况和非正常工况等情况的环境影响。"

9．D　【解析】根据《建设项目环境影响评价技术导则　总纲》7.1，环境保护措施及其可行性论证要求："分析论证拟采取措施的技术可行性、经济合理性、长期稳定运行和达标排放的可靠性、满足环境质量改善和排污许可要求的可行性、生态保护和恢复效果的可达性。"

10．A　【解析】根据《建设项目环境影响评价技术导则　总纲》3.5.1，"环境影响因素识别应明确建设项目在建设、生产运行、服务期满后（可根据项目情况选择）等不同阶段的各种行为与可能受影响的环境要素间的作用效应关系、影响性质、影响范围、影响程度等，定性分析建设项目对各环境要素可能产生的污染影响与生态影响，包括有利与不利影响、长期与短期影响、可逆与不可逆影响、直接与间接影响、累积与非累积影响等。"

11．A　【解析】根据《建设项目环境影响评价技术导则　总纲》3.11，"建设项目有多个建设方案、涉及环境敏感区或环境影响显著时，应重点从环境制约因素、环境影响程度等方面进行建设方案环境比选。"

12．B　【解析】根据《建设项目环境影响评价技术导则　总纲》5.1.2，"充分收集和利用评价范围内各例行监测点、断面或站位的近三年环境监测资料或背景值调查资料。"

13．D　【解析】根据《建设项目环境影响评价技术导则　总纲》2.2，"累积影响是指当一种活动的影响与过去、现在及将来可预见活动的影响叠加时，造成环境影响的后果。"

14．A　【解析】根据《建设项目环境影响评价技术导则　总纲》8，"……对建设项目的环境影响后果（包括直接和间接影响、不利和有利影响）进行货币化经济损益分析核算，估算建设项目环境影响的经济价值。"

15．C　【解析】根据《建设项目环境影响评价技术导则　总纲》3.2，"专题环境影响评价技术导则指环境风险评价、人群健康风险评价、环境影响经济损益分析、固体废物等环境影响评价技术导则。"

16．C　【解析】根据《建设项目环境影响评价技术导则　总纲》4.3.2，"对改扩建项目的污染物排放量（包括有组织与无组织、正常工况与非正常工况）的统计，应分别按现有、在建、改扩建项目实施后等几种情形汇总污染物产生量、排放量及其变化量，核算改扩建项目建成后最终的污染物排放量。"

17．D　【解析】根据《建设项目环境影响评价技术导则　总纲》9.4，"环境监测计划应包括污染源监测计划和环境质量监测计划。""b）根据建设项目环境影响特征、影响范围和影响程度，结合环境保护目标分布制定环境质量定点监测或定期跟踪监测方案。c）对以生态影响为主的建设项目应提出生态监测方案。"

18．A　【解析】根据《建设项目环境影响评价技术导则　总纲》3.5.1，"应明确建设项目在建设阶段、生产运行、服务期满后（可根据项目情况选择）等不同阶段的各种行为与可能受影响的环境要素间的作用效应关系。"

19．D　【解析】根据《建设项目环境影响评价技术导则　总纲》3.5.2，"根据建设项目的特点、环境影响的主要特征，结合区域环境功能要求、环境保护目标、评价标准和环境制约因素，筛选确定评价因子。"

20．A　【解析】根据《建设项目环境影响评价技术导则　总纲》10，"对建设项目的建设概况、环境质量现状、污染物排放情况、主要环境影响、公众意见采纳情况、环境保护措施、环境影响经济损益分析、环境管理与监测计划等内容进行概括总结，结合环境质量目标要求，明确给出建设项目的环境影响可行性结论。"

21．B　【解析】根据《建设项目环境影响评价技术导则　总纲》3.5.2，"根据建设项目的特点、环境影响的主要特征，结合区域环境功能要求、环境保护目标、评价标准和环境制约因素，筛选确定评价因子。"

二、不定项选择题

1．ABCD　【解析】根据《建设项目环境影响评价技术导则　总纲》3.5.1，"定性分析建设项目对各环境要素可能产生的污染影响与生态影响，包括有利与不利影响、长期与短期影响、可逆与不可逆影响、直接与间接影响、累积与非累积影响等。"

2．BD　【解析】根据《建设项目环境影响评价技术导则　总纲》3.10，"环境影响评价应采用定量评价与定性评价相结合的方法，以量化评价为主。环境影响评价技术导则规定了评价方法的，应采用规定的方法。选用非环境影响评价技术导则规定方法的，应根据建设项目环境影响特征、影响性质和评价范围等分析其适用性。"

3．ABD　【解析】根据《建设项目环境影响评价技术导则　总纲》3.5.1，"环境影响因素识别可采用矩阵法、网络法、地理信息系统支持下的叠加图法等。"

4．ABCD　【解析】根据《建设项目环境影响评价技术导则　总纲》6.1.2，"预测和评价的因子应包括反映建设项目特点的常规污染因子、特征污染因子和生态因子，以及反映区域环境质量状况的主要污染因子、特殊污染因子和生态因子。"

5．ABCD　【解析】建设项目环境影响报告书一般包括概述、总则、建设项目工程分析、环境现状调查与评价、环境影响预测与评价、环境保护措施及其可行性论证、环境影响经济损益分析、环境管理与监测计划、环境影响评价结论和附录附件等内容。

6．ABCD　【解析】根据《建设项目环境影响评价技术导则　总纲》9.4，"环境监测计划应包括污染源监测计划和环境质量监测计划，内容包括监测因子、监测网点布设、监测频次、监测数据采集与处理、采样分析方法等，明确自行监测计划内容。"

7．CD　【解析】根据《建设项目环境影响评价技术导则　总纲》3.11，"建设项目有多个建设方案、涉及环境敏感区或环境影响显著时，应重点从环境制约因素、环境影响程度等方面进行建设方案环境比选。"

8．CD　【解析】根据《建设项目环境影响评价技术导则　总纲》3.11，"建设项目有多个建设方案、涉及环境敏感区或环境影响显著时，应重点从环境制约因素、环境影响程度等方面进行建设方案环境比选。"

9．ABD　【解析】根据《建设项目环境影响评价技术导则　总纲》7.1，"分析论证拟采取措施的技术可行性、经济合理性、长期稳定运行和达标排放的可靠性、满足环境质量改善和排污许可要求的可行性、生态保护和恢复效果的可达性。"

第三章 大气环境影响评价技术导则与相关标准

第一节 环境影响评价技术导则 大气环境

引言：《环境影响评价技术导则 大气环境》（HJ 2.2—2018）于 2018 年 7 月发布，2018 年 12 月实施。本书收录了部分历年考题中仍有一定参考价值的题目，供考生参考。

一、单项选择题（每题的备选项中，只有一个最符合题意）

1. 根据《环境影响评价技术导则 大气环境》，（ ）属于常规气象资料分析的内容。（2010 年考题）

   A. 气压　　　B. 低云量　　　C. 能见度　　　D. 主导风向

2. 根据《环境影响评价技术导则 大气环境》，关于气象观测资料调查的基本原则，说法正确的是（ ）。（2011 年考题）

   A. 气象观测资料的调查要求与污染物排放情况无关

   B. 气象观测资料的调查要求与调查的气象观测位置无关

   C. 气象观测资料的调查要求与评价区域地表特征有关

   D. 气象观测资料的调查要求与评价区域污染源分布有关

3. 根据《环境影响评价技术导则 大气环境》，AERMOD 模式不适用于评价范围边长是（ ）km 的一级评价项目。（2012 年考题）

   A. 30　　　　　B. 40　　　　　C. 50　　　　　D. 60

4. 根据《环境影响评价技术导则 大气环境》，一级评价项目大气污染源点源调查内容不包括（ ）。（2013 年考题）

   A. 排气筒几何高度　　　　　B. 排气筒烟气抬升高度

   C. 排气筒底部中心坐标　　　D. 排气筒底部海拔

5. 根据《环境影响评价技术导则 大气环境》，各级评价项目均应调查的气象观测资料是（ ）。（2013 年考题）

A. 评价范围 20 年以上气候统计资料

B. 评价范围常规地面气象观测资料

C. 评价范围常规高空气象探测资料

D. 评价范围中尺度气象模式模拟资料

6. 根据《环境影响评价技术导则　大气环境》，下列关于气象观测资料调查与分析的说法，正确的是（　）。（2014年考题）

A. 气象观测资料调查要求与项目的评价等级有关

B. 气象观测资料调查要求与评价范围地形复杂程度无关

C. 常规气象观测资料只包括常规地面气象观测资料

D. 二级评价项目无须进行气象观测资料调查

7. 根据《环境影响评价技术导则　大气环境》，下列关于预测因子选择的说法，正确的是（　）。（2014年考题）

A. 预测因子应根据评价因子而定

B. 预测因子应根据现状评价因子而定

C. 预测因子应选择所有总量控制因子

D. 预测因子应选择项目排放的所有污染物

8. 根据《环境影响评价技术导则　大气环境》，预测电厂山谷形灰场大气环境影响，其污染源类型可视为（　）。（2016年考题）

A. 点源　　　　　B. 面源　　　　　C. 线源　　　　　D. 体源

9. 某拟建项目大气环境影响评价工作等级为三级，项目所在区域环境空气质量较好。根据《环境影响评价技术导则　大气环境》，关于该项目大气污染源调查与分析对象的说法，正确的是（　）。（2016年考题）

A. 需调查分析该项目污染源

B. 需调查分析评价范围内与该项目排放污染物有关的已建项目污染源

C. 需调查分析评价范围内与该项目排放污染物有关的在建项目污染源

D. 需调查分析评价范围内与该项目排放污染物有关的拟建项目污染源

10. 根据《环境影响评价技术导则　大气环境》，关于气象观测资料调查原则的说法，正确的是（　）。（2016年考题）

A. 气象观测资料的调查要求与评价因子有关

B. 气象观测资料的调查要求与评价等级无关

C. 气象观测资料的调查要求与评价范围内的地形复杂程度无关

D. 各级评价项目均应调查评价范围 20 年以上的主要气候统计资料

11. 根据《环境影响评价技术导则　大气环境》，关于预测因子选择的说法，正确的是（　）。（2016年考题）

A．根据评价因子确定预测因子　　B．根据评价等级确定预测因子

C．根据评价范围确定预测因子　　D．根据预测模型确定预测因子

12．根据《环境影响评价技术导则　大气环境》，下列大气污染源中，属于体源的是（　　）。（2017 年考题）

A．锅炉烟囱　B．化学品储罐　C．车间屋顶天窗　D．城市道路机动车排放源

13．根据《环境影响评价技术导则　大气环境》，项目排放的下列污染物中可不作为大气环境影响预测评价因子的是（　　）。（2017 年考题）

A．常规污染物

B．有国家环境质量标准的特征污染物

C．有地方环境质量标准的特征污染物

D．无环境质量标准的特征污染物

14．某建设项目拟建一座锅炉房，根据《环境影响评价技术导则　大气环境》，该项目大气环境影响预测中污染源计算清单内容不包括（　　）。（2017 年考题）

A．烟囱高度　　B．烟气黑度　　C．SO_2 排放速率　　D．颗粒物排放速率

15．根据《环境影响评价技术导则　大气环境》，大气污染源排放的污染物按存在形式分为（　　）。（2019 年考题）

A．一次污染物和二次污染物　　B．颗粒态污染物和气态污染物

C．基本污染物和其他污染物　　D．直接污染物和间接污染物

16．根据《环境影响评价技术导则　大气环境》，下列情形不属于非正常排放的是（　　）。（2019 年考题）

A．生产过程中开停车（工、炉）情况下的污染物排放

B．生产过程中设备检修情况下的污染物排放

C．污染物排放控制达不到应有效率等情况下的排放

D．事故状态下的污染物排放

17．某新建城市快速路包含 1.2 km 隧道工程，根据《环境影响评价技术导则　大气环境》，按项目（　　）计算其评价等级。（2019 年考题）

A．隧道主要通风竖井及隧道出口排放的污染物

B．快速路沿线通行车辆尾气

C．快速路沿线产生的颗粒物及通行车辆尾气

D．隧道主要通风竖井或隧道出口排放的污染物

18．位于北方地区的某建设项目，进行环境空气质量现状补充监测，根据《环境影响评价技术导则　大气环境》，监测时段应根据监测因子的污染特征，选择（　　）进行现状监测。（2019 年考题）

A．取暖期　　B．停暖期　　C．冬季　　D．夏季

19. 根据《环境影响评价技术导则　大气环境》，环境空气质量现状补充监测，监测布点以近20年统计的当地主导风向为轴向，在厂址及主导风向下风向（　　）km范围内设置1～2个监测点。（2019年考题）

　　A. 1～2　　　　B. 3　　　　C. 5　　　　D. 7

20. 某工业改扩建项目大气环境评价等级为二级，编制环境影响评价报告书。根据《环境影响评价技术导则　大气环境》，以下不属于该项目污染源调查的内容是（　　）。（2019年考题）

　　A. 本项目现有污染源

　　B. 本项目新增污染源

　　C. 拟被替代的污染源

　　D. 受本项目物料及产品运输影响新增的交通运输移动源

21. 某"烟塔合一"源大气环境影响评价等级为一级，根据《环境影响评价技术导则　大气环境》，大气环境影响预测适用的模型是（　　）。（2019年考题）

　　A. ADMS　　　B. AERMOD　　　C. CALPUFF　　　D. AUSTAL2000

22. $\bar{\rho}_{\text{本项目}(a)}$ 为本项目对所有网格点的年平均质量浓度贡献值的算数平均值（μg/m³），$\bar{\rho}_{\text{区域削减}(a)}$ 为区域削减污染源对所有网格点的年平均质量浓度贡献值的算数平均值（μg/m³）。根据《环境影响评价技术导则　大气环境》，当无法获得不达标区规划达标年的区域污染源清单或预测浓度时，可按（　　）公式计算实施区域削减方案后预测范围的年平均质量浓度变化率 k。（2019年考题）

　　A. $k = [\bar{\rho}_{\text{区域削减}(a)} - \bar{\rho}_{\text{本项目}(a)}] / \bar{\rho}_{\text{区域削减}(a)} \times 100\%$

　　B. $k = [\bar{\rho}_{\text{区域削减}(a)} - \bar{\rho}_{\text{本项目}(a)}] / \bar{\rho}_{\text{本项目}(a)} \times 100\%$

　　C. $k = [\bar{\rho}_{\text{本项目}(a)} - \bar{\rho}_{\text{区域削减}(a)}] / \bar{\rho}_{\text{区域削减}(a)} \times 100\%$

　　D. $k = [\bar{\rho}_{\text{本项目}(a)} - \bar{\rho}_{\text{区域削减}(a)}] / \bar{\rho}_{\text{本项目}(a)} \times 100\%$

23. 根据《环境影响评价技术导则　大气环境》，关于大气防护距离的确定，下列说法正确的是（　　）。（2019年考题）

　　A. 在基本信息底图上标注从厂界起所有超过环境质量短期浓度标准值的网格区域，以自厂界起至超标区域的最远垂直距离作为大气环境防护距离

　　B. 在基本信息底图上标注从厂界起所有超过环境质量短期浓度标准值的网格区域，以自厂界起至超标区域的最远直线距离作为大气环境防护距离

　　C. 在基本信息底图上标注从厂界起所有超过污染物排放限值的网格区域，以自厂界起至超标区域的最远垂直距离作为大气环境防护距离

　　D. 在基本信息底图上标注从厂界起所有超过污染物排放限值的网格区域，以自厂界起至超标区域的最远直线距离作为大气环境防护距离

24. 根据《环境影响评价技术导则　大气环境》，估算模型 AERSCREEN 所需

参数不包括（　　）。（2019 年考题）

 A．评价区域近 20 年以上最高环境温度

 B．评价区域近 20 年以上最低环境温度

 C．评价区域近 20 年以上地面平均气压

 D．土地利用类型

25．某大气污染物只有日平均质量浓度限值。根据《环境影响评价技术导则　大气环境》，在判定大气环境影响评价工作等级时，该大气污染物 1 h 平均质量浓度限值取某日平均质量浓度限值的（　　）。（2020 年考题）

 A．1 倍　　　　　B．2 倍　　　　　C．3 倍　　　　　D．6 倍

26．根据《环境影响评价技术导则　大气环境》，补充监测原则上应在污染较重的季节取得（　　）有效数据。（2020 年考题）

 A．7 d　　　　　B．5 d　　　　　C．3 d　　　　　D．1 次

27．根据《环境影响评价技术导则　大气环境》，采用 AERMOD 模型计算的 $PM_{2.5}$ 的浓度为（　　）。（2020 年考题）

 A．一次 $PM_{2.5}$ 质量浓度

 B．二次 $PM_{2.5}$ 质量浓度

 C．一次 $PM_{2.5}$ 质量浓度叠加二次 $PM_{2.5}$ 质量浓度

 D．无法判断

28．根据《环境影响评价技术导则　大气环境》，各排放口大气污染物的核算内容不包括（　　）。（2020 年考题）

 A．排放浓度　　B．排放速率　　C．排放高度　　D．污染物年排放量

29．根据《环境影响评价技术导则　大气环境》，二级评价项目结果表达内容不包括（　　）。（2020 年考题）

 A．基本信息底图　　　　　　　　B．项目基本信息图

 C．预测结果达标评价表　　　　　D．污染物排放量核算表

30．某项目排放的主要污染物为 H_2S、SO_2，最大 1 h 地面环境质量浓度贡献值占标率分别为 3.5%、2.8%，根据《环境影响评价技术导则　大气环境》，关于该项目环境监测计划要求的说法，正确的是（　　）。（2020 年考题）

 A．应制订 SO_2 环境质量年度监测计划

 B．应制订 H_2S 环境质量年度监测计划

 C．应制订施工阶段环境质量年度监测计划

 D．应制订生产运行阶段的污染物监测计划

31．《环境影响评价技术导则　大气环境》推荐的进一步预测模型不包括（　　）。（2020 年考题）

A. AERMOD   B. EDMS   C. AUSTAL2000   D. AERSCREEN

32. 根据《环境影响评价技术导则 大气环境》，火炬源调查内容不包括（ ）。（2020年考题）

A. 排气筒出口内径

B. 火炬源排放速率

C. 排气筒出口处烟气温度

D. 火炬等效烟气排放速度

33. 大气环境基本污染物不包括（ ）。（2021年考题）

A. SO_2 B. NO_2 C. NO_x D. $PM_{2.5}$

34. 机场项目包括新建地面设施、扩建飞行区，该项目大气环境影响评价工作等级应为（ ）。（2021年考题）

A. 一级   B. 二级   C. 三级   D. 依据不足，无法判定

35. 根据《环境影响评价技术导则 大气环境》，环境空气质量现状调查内容不包括（ ）。（2021年考题）

A. 调查项目所在区域环境质量达标情况

B. 调查评价范围内基本污染物的环境质量监测数据

C. 调查评价范围内有环境质量标准的评价因子的环境质量监测数据或进行补充监测，用于评价项目所在区域污染物环境质量现状

D. 调查评价范围内有环境质量标准的评价因子的环境质量监测数据或进行补充监测，用于计算环境空气保护目标和网格点的环境质量现状浓度

36. 根据《环境影响评价技术导则 大气环境》，有关大气污染控制措施有效性分析与方案比选，以下说法错误的是（ ）。（2021年考题）

A. 达标区建设项目，应综合考虑成本和治理效果，选择最佳可行技术方案

B. 不达标区建设项目，应优先考虑治理效果，结合达标规划和替代削减方案的实施情况，在只考虑环境因素的前提下选择最优技术方案

C. 不达标区建设项目，应综合考虑成本和治理效果，选择最优方案

D. 污染治理设施与预防措施方案比选结果表应包括比选方案名称、主要污染治理设施与预防措施、污染源排放方式、排放强度、叠加后浓度

37. 根据《环境影响评价技术导则 大气环境》，污染物排放量核算内容不包括（ ）。（2021年考题）

A. 排放高度

B. 有组织及无组织排放量

C. 大气污染物年排放量

D. 非正常排放量

38. 根据《环境影响评价技术导则 大气环境》，大气环境影响预测与评价结果表达内容不包括（ ）。（2021年考题）

A. 各污染物最大质量浓度贡献值分布图   B. 基本信息底图

C. 网格浓度分布图   D. 大气环境防护区域图

39．某产业园区规划项目排放 SO_2、NO_x、VOCs。根据《环境影响评价技术导则　大气环境》，下列条件中，该产业园区评价因子应增加二次污染物 O_3 的是（　　）。（2022 年考题）

A．SO_2 + NO_x ≥ 500（t/a）　　　　B．SO_2 + VOCs ≥ 500（t/a）

C．NO_x + VOCs ≥ 2 000（t/a）　　　D．SO_2 + NO_x + VOCs ≥ 2 000（t/a）

40．某钢铁企业拟对烧结机和高炉进行升级改造，应编制环境影响报告书。经计算改造后各设施排放的污染最大地面空气质量浓度占标率 P_{max}=8.9%。根据《环境影响评价技术导则　大气环境》，该项目大气环境评价等级为（　　）。（2022 年考题）

A．一级　　　　B．二级　　　　C．三级　　　　D．条件不足，无法判断

41．某建设项目大气环境影响评价需补充监测，所在区域近 20 年统计的主导风向为 N，评价基准年主导风向 NW。根据《环境影响评价技术导则　大气环境》，该项目补充监测应在厂址（　　）方位 5 km 范围内设置 1～2 监测点。（2022 年考题）

A．N　　　　B．S　　　　C．NW　　　　D．SE

42．根据《环境影响评价技术导则　大气环境》，城市环境空气达标情况评价指标不包括（　　）。（2022 年考题）

A．$PM_{2.5}$　　　B．NO_x　　　C．CO　　　D．O_3

43．根据《环境影响评价技术导则　大气环境》，改扩建项目污染源现状调查数据优先顺序是（　　）。（2022 年考题）

A．在线监测数据、年度排污许可执行报告、自主验收报告、补充污染源监测数据

B．在线监测数据、自主验收报告、年度排污许可执行报告、补充污染源监测数据

C．补充污染源监测数据、在线监测数据、年度排污许可执行报告、自主验收报告

D．补充污染源监测数据、年度排污许可执行报告、自主验收报告、在线监测数据

44．根据《环境影响评价技术导则　大气环境》，一级评价项目预测模型选择应考虑的因素不包括（　　）。（2022 年考题）

A．预测范围　　　B．预测因子　　　C．适用范围　　　D．排放标准

45．根据《环境影响评价技术导则　大气环境》，关于不达标区污染控制措施有效性分析与方案比选的说法，错误的是（　　）。（2022 年考题）

A．污染控制措施应保证环境影响可接受

B．污染控制措施应综合考虑成本和治理效果

C．污染控制措施应在只考虑环境因素的前提下选择最优技术方案

D．污染控制措施应保证大气污染物达到最低排放强度和排放浓度

46．根据《环境影响评价技术导则　大气环境》，大气环境防护距离内存在长期居住的人群时，建议的解决方案不包括（　　）。（2022 年考题）

　　A. 优化调整项目选址 　　　　　　　　B. 优化调整项目布局

　　C. 就地货币补偿 　　　　　　　　　　D. 居民搬迁

　　47. 根据《环境影响评价技术导则　大气环境》，大气污染源排放的污染物按存在形态分为（　　）。（2023年考题）

　　A. 一次污染物和二次污染物 　　　　　B. 颗粒态污染物和气态污染物

　　C. 基本污染物和其他污染物 　　　　　D. 直接污染物和间接污染物

　　48. 根据《环境影响评价技术导则　大气环境》，环境空气保护目标调查的内容不包括（　　）。（2023年考题）

　　A. 保护对象名称 　　　　　　　　　　B. 所在大气环境功能区划

　　C. 保护内容 　　　　　　　　　　　　D. 保护对象中心与项目厂界的距离

　　49. 根据《环境影响评价技术导则　大气环境》，国家或地方生态环境主管部门未发布城市环境空气质量达标情况的，可按照HJ 663中各评价项目的年评价指标进行判定，这些指标不包括（　　）。（2023年考题）

　　A. 相应百分位数1 h平均质量浓度　　　B. 相应百分位数24 h平均质量浓度

　　C. 相应百分位数8 h平均质量浓度　　　D. 年均浓度

　　50. 根据《环境影响评价技术导则　大气环境》，一级评价项目污染源调查内容不包括（　　）。（2023年考题）

　　A. 本项目新增污染源

　　B. 本项目拟被替代的污染源

　　C. 评价范围内拟建、在建项目污染源

　　D. 区域现状污染源排放清单

　　51. 根据《环境影响评价技术导则　大气环境》，可用于模拟预测O_3污染物的预测模型的是（　　）。（2023年考题）

　　A. 区域光化学网格模型 　　　　　　　B. ADMS

　　C. CALPUFF 　　　　　　　　　　　　D. AERMOD

　　52. 根据《环境影响评价技术导则　大气环境》，以下属于二次污染物预测方法的是（　　）。（2023年考题）

　　A. AERMOD输出结果为系数法计算的一次$PM_{2.5}$贡献浓度

　　B. ADMS输出结果为模型模拟法计算的二次$PM_{2.5}$贡献浓度

　　C. CALPUFF输出包括系数法计算的一次$PM_{2.5}$和二次$PM_{2.5}$贡献浓度叠加

　　D. 网格模型输出包括模型模拟法计算的一次$PM_{2.5}$和二次$PM_{2.5}$贡献浓度叠加

　　53. 根据《环境影响评价技术导则　大气环境》，评价结果表达的基本信息底图包括（　　）。（2023年考题）

　　A. 环境功能区划 　　　　　　　　　　B. 环境空气保护目标

　　C. 项目总平面布置　　　　　　　　　D. 监测点位

　　54. 根据《环境影响评价技术导则　大气环境》，污染源监测计划不包括（　　）。（2023 年考题）

　　A. 监测单位　　　B. 监测点位　　　C. 监测指标　　　D. 监测频次

二、不定项选择题（每题的备选项中至少有一个符合题意）

　　1. 处于复杂地形的某项目评价范围边长为 60 km。根据《环境影响评价技术导则　大气环境》，适用于该项目大气环境影响预测的模式有（　　）。（2010 年考题）

　　A. 估算模式　　B. AERMOD 模式　　C. ADMS 模式　　D. CALPUFF 模式

　　2. 某大气环境影响评价工作等级为二级的新建农药项目，建一根 30 m 高的工艺废气排气筒，根据《环境影响评价技术导则　大气环境》，该项目污染源调查内容有（　　）。（2011 年考题）

　　A. 排气筒出口处的环境温度

　　B. 排气筒出口内径及烟气出口速度

　　C. 毒性较大物质的非正常排放速率

　　D. 排气筒底部中心坐标及排气筒底部海拔高度

　　3. 根据《环境影响评价技术导则　大气环境》，公路污染源计算清单的内容有（　　）。（2011 年考题）

　　A. 公路高度　　B. 公路宽度　　C. 平均车速　　D. 车流量

　　4. 大气评价等级为一级的建设项目，评价范围边长为 30 km，根据《环境影响评价技术导则　大气环境》，环境影响预测应采用的模式有（　　）。（2014 年考题）

　　A. 估算模式　　B. ADMS 模式　　C. AERMOD 模式　　D. 箱模式

　　5. 根据《环境影响评价技术导则　大气环境》，下列气象参数中，属于地面气象观测资料常规调查内容的有（　　）。（2016 年考题）

　　A. 风向　　　B. 风速　　　C. 总云量　　　D. 干球温度

　　6. 根据《环境影响评价技术导则　大气环境》，下列参数中，属于点源调查清单内容的有（　　）。（2016 年考题）

　　A. 烟气黑度　　B. 排气筒高度　　C. 烟气出口速度　　D. 烟气出口温度

　　7. 根据《环境影响评价技术导则　大气环境》，估算模式适用于（　　）。（2016 年考题）

　　A. 评价范围的确定　　　　　　　　　B. 评价等级的确定

　　C. 点源日均浓度的预测　　　　　　　D. 线源最大地面浓度的预测

　　8. 根据《环境影响评价技术导则　大气环境》，下列调查内容中，属于面源调查内容的有（　　）。（2017 年考题）

A．各主要污染物正常排放速率、排放工况、年排放小时数

B．面源起始点坐标及所在位置的海拔

C．面源初始排放高度

D．初始横向扩散参数

9．某建设项目大气环境影响评价等级为二级，根据《环境影响评价技术导则　大气环境》（HJ 2.2—2018），大气环境影响评价结果表达的图表应包括（　　）。（2019年考题）

A．基本信息底图　　　　　　　　B．项目基本信息图

C．达标评价结果表　　　　　　　D．污染物排放量核算表

10．根据《环境影响评价技术导则　大气环境》（HJ 2.2—2018），下列关于大气环境防护距离的确定原则和要求的说法，正确的是（　　）。（2019年考题）

A．大气环境防护区域应以厂址中心为起点确定

B．项目厂界浓度超标，须调整工程布局，待满足厂界浓度限值后，再核算大气环境防护距离

C．大气环境防护距离是考虑全厂的所有污染源，包括点源、面源、有组织和无组织排放等

D．以自厂界起至超标区域的最远垂直距离作为大气环境防护区域

11．根据《环境影响评价技术导则　大气环境》，关于一级评价项目环境监测计划的说法，正确的是（　　）。（2021年考题）

A．应提出生产运行阶段的有组织污染源监测计划

B．应提出生产运行阶段的无组织污染源监测计划

C．应提出基本污染物的环境质量监测计划

D．应提出项目排放污染物 $P_i \geq 1\%$ 的其他污染物的环境质量监测计划

12．根据《环境影响评价技术导则　大气环境》，不达标区域的建设项目环境影响评价，其大气环境影响可以接受的条件有（　　）。（2021年考题）

A．新增污染源正常排放下污染物短期浓度贡献值的最大浓度占标率≤100%

B．新增污染源正常排放下污染物年均浓度贡献值的最大浓度占标率≤10%

C．对于现状浓度超标的污染物评价，叠加现状浓度和区域削减污染源以及在建、拟建项目的环境影响后，污染物的保证率日平均质量浓度和年平均质量浓度均符合环境质量标准

D．对于现状达标的污染物评价，叠加后污染物浓度符合环境质量标准

13．根据《环境影响评价技术导则　大气环境》，三级评价项目污染源调查内容包括（　　）。（2022年考题）

A．现有项目污染源　　　　　　　B．本项目新增污染源

C．拟被替代污染源　　　　　　　D．新增交通污染源

14．根据《环境影响评价技术导则　大气环境》，大气污染源非正常核算的内容包括（　　）。（2023 年考题）

A．排放原因　　　　　　　　　　B．排放浓度和速率

C．年排放时间　　　　　　　　　D．应对措施

参考答案

一、单项选择题

1．D

2．C　【解析】气象观测资料的调查要求不仅与项目的评价等级有关，还与评价范围内地形复杂程度、水平流场是否均匀一致、污染物排放是否连续稳定有关。

3．D　4．B

5．A　【解析】对于各级评价项目，均应调查评价范围 20 年以上的主要气候统计资料。

6．A　【解析】气象观测资料的调查要求不仅与项目的评价等级有关，还与评价范围内地形复杂程度、水平流场是否均匀一致、污染物排放是否连续稳定有关。

7．A　【解析】预测因子应根据评价因子而定，选取有环境空气质量标准的评价因子作为预测因子。

8．B

9．A　【解析】根据《环境影响评价技术导则　大气环境》（HJ 2.2—2018），三级评价项目只需调查本项目新增污染源和拟被替代的污染源。

10．D　11．A

12．C　【解析】选项 A 属点源，选项 B 属面源，选项 D 属线源。

13．D　【解析】预测因子应根据评价因子而定，选取有环境质量标准的评价因子作为预测因子。

14．B

15．B　【解析】大气污染源排放的污染物按存在形态分为颗粒态污染物和气态污染物，按生成机理分为一次污染物和二次污染物。其中由人类或自然活动直接产生，由污染源直接排入环境的污染物称为一次污染物；排入环境中的一次污染物在物理、化学因素的作用下发生变化，或与环境中的其他物质发生反应所形成的新污染物称为二次污染物。

16．D　【解析】非正常排放指生产过程中开停车（工、炉）、设备检修、工

艺设备运转异常等非正常工况下的污染物排放，以及污染物排放控制措施达不到应有效率等情况下的排放。

17．A　【解析】对新建包含 1 km 及以上隧道工程的城市快速路、主干路等城市道路项目，按项目隧道主要通风竖井及隧道出口排放的污染物计算其评价等级。

18．A　【解析】环境空气质量现状补充监测的监测时段要求：根据监测因子的污染特征，选择污染较重的季节进行现状监测。北方取暖期一般为 11 月至次年 3 月，有的地区为 10 月至次年 4 月，比冬季长。

19．C　【解析】环境空气质量现状补充监测，监测布点以近 20 年统计的当地主导风向为轴向，在厂址及主导风向下风向 5 km 范围内设置 1～2 个监测点。

20．D　【解析】不同等级评价项目污染源调查内容：（1）一级评价项目。① 调查本项目不同排放方案有组织及无组织排放源，对于改建、扩建项目还应调查本项目现有污染源。本项目污染源调查包括正常排放和非正常排放，其中非正常排放调查内容包括非正常工况、频次、持续时间和排放量。② 调查本项目所有拟被替代的污染源（如有），包括被替代污染源名称、位置、排放污染物及排放量、拟被替代时间等。③ 调查评价范围内与评价项目排放污染物有关的其他在建项目、已批复环境影响评价文件的拟建项目等污染源。④ 对于编制报告书的工业项目，分析调查受本项目物料及产品运输影响新增的交通运输移动源，包括运输方式、新增交通流量、排放污染物及排放量。（2）二级评价项目，参照一级评价项目第①、②条调查本项目现有及新增污染源和拟被替代的污染源。注：这里的本项目现有污染源是针对改建、扩建项目而言的，即对于改建、扩建项目还应调查本项目现有污染源。（3）三级评价项目，只调查本项目新增污染源和拟被替代的污染源。注意：即使是改建、扩建项目也不调查本项目现有污染源。

21．D　【解析】AUSTAL2000 模型：采用拉格朗日粒子随机游走模式，并集成了"烟塔合一"排烟烟气的抬升计算 S/P 模式，可模拟有巨大潜热的湿烟团在空气中的迁移扩散，适用于冷却塔大气扩散模拟，适用于"烟塔合一"源的一级评价项目。

22．C　【解析】区域环境质量变化评价方法：当无法获得不达标区规划达标年的区域污染源清单或预测浓度场时，也可评价区域环境质量的整体变化情况。按公式计算实施区域削减方案后预测范围的年平均质量浓度变化率 k。当 $k \leqslant -20\%$ 时，可判定项目建设后区域环境质量得到整体改善。

$$k = \left[\bar{\rho}_{\text{本项目 (a)}} - \bar{\rho}_{\text{区域削减 (a)}} \right] / \bar{\rho}_{\text{区域削减 (a)}} \times 100\%$$

式中：k 为预测范围年平均质量浓度变化率，%；$\bar{\rho}_{\text{本项目 (a)}}$ 为本项目对所有网格点的年平均质量浓度贡献值的算术平均值，$\mu g/m^3$；$\bar{\rho}_{\text{区域削减 (a)}}$ 为区域削减污染源对所有网格点的年平均质量浓度贡献值的算术平均值，$\mu g/m^3$。

23．A 【解析】大气环境防护距离确定的方法：在底图上标注从厂界起所有超过环境质量短期浓度标准值的网格区域，以自厂界起至超标区域的最远垂直距离作为大气环境防护距离。

24．C 【解析】估算模型 AERSCREEN：模型所需最高和最低环境温度，一般须选取评价区域近 20 年以上资料统计结果；最小风速可取 0.5 m/s，风速计高度取 10 m。估算模型参数见下表。

参数		取值
城市/农村选项	城市/农村	
	人口数（城市选项时）	
最高环境温度/℃		
最低环境温度/℃		
土地利用类型		
区域湿度文件		
是否考虑地形	考虑地形	□是 □否
	地形数据分辨率/m	
是否考虑岸线熏烟	考虑岸线熏烟	□是 □否
	岸线距离/km	
	岸线方向/（°）	

25．C 【解析】根据《环境影响评价技术导则 大气环境》5.3 评价等级判定，"对仅有 8 h 平均质量浓度限值、日平均质量浓度限值或年平均质量浓度限值，可分别按 2 倍、3 倍、6 倍折算为 1 h 平均质量浓度限值。"

26．A 【解析】根据《环境影响评价技术导则 大气环境》6.3.1.1，"根据监测因子的污染特征，选择污染较重的季节进行现状监测，补充监测应至少取得 7 d 有效数据。"

27．C 【解析】根据《环境影响评价技术导则 大气环境》8.6.3，"采用 AERMOD、ADMS 等模型模拟 $PM_{2.5}$ 时，需将模型模拟的 $PM_{2.5}$ 一次污染物的质量浓度，同步叠加按 SO_2、NO_2 等前体物转化比率估算的二次 $PM_{2.5}$ 质量浓度，得到 $PM_{2.5}$ 的贡献浓度。"

28．C 【解析】根据《环境影响评价技术导则 大气环境》8.8.7.3，各排放口排放大气污染物的核算内容包括排放浓度、排放速率及污染物年排放量。

29．C 【解析】根据《环境影响评价技术导则 大气环境》8.9，二级评价结果表达一般应包括基本信息底图、项目基本信息图、污染物排放量核算表的内容。

30．D 【解析】根据该项目排放主要污染物的最大 1 h 地面环境质量浓度贡献值占标率可知，该项目大气环境影响评价工作等级为二级；根据《环境影响评价技术导则　大气环境》9.1.2，二级评价项目应提出项目在生产运行阶段的污染源监测计划。

31．D　【解析】根据《环境影响评价技术导则　大气环境》，推荐的进一步预测模型包括 AERMOD、ADMS、AUSTAL2000、EDMS/AEDT、CALPUFF 以及 CMAQ 等光化学模型。AERSCREEN 为估算模式推荐模型。

32．A　【解析】根据《环境影响评价技术导则　大气环境》C.4.5，火炬源的调查内容有火炬底部中心坐标以及火炬底部的海拔高度、火炬等效内径、火炬的等效高度、火炬等效烟气排放速度、排气筒出口处的烟气温度、火炬源排放速率等。

33．C　【解析】根据《环境影响评价技术导则　大气环境》3.3，基本污染物包括二氧化硫、二氧化氮、可吸入颗粒物、细颗粒物、一氧化碳、臭氧。

34．A　【解析】根据《环境影响评价技术导则　大气环境》5.3.3.5，"对新建、迁建及飞行区扩建的枢纽及干线机场项目，应考虑机场飞机起降及相关辅助设施排放源对周边城市的环境影响，评价等级取一级。"

35．B　【解析】根据《环境影响评价技术导则　大气环境》6.1，环境空气质量现状调查内容包括调查项目所在区域环境质量达标情况，调查评价范围内有环境质量标准的评价因子的环境质量监测数据或进行补充监测，用于评价项目所在区域污染物环境质量现状，以及计算环境空气保护目标和网格点的环境质量现状浓度。

36．C　【解析】根据《环境影响评价技术导则　大气环境》8.8.6.1 和 8.8.6.2，"达标区建设项目选择大气污染治理设施、预防设施或多方案比选时，应综合考虑成本和治理效果，选择最佳可行技术方案，保证大气污染物能够达标排放，并使环境影响可以接受。""不达标区建设项目选择大气污染治理设施、预防措施或多方案比选时，应优先考虑治理效果，结合达标规划和替代源削减方案的实施情况，在只考虑环境因素的前提下选择最优技术方案，保证大气污染物达到最低排放强度和排放浓度，并使环境影响可以接受。"

37．A　【解析】根据《环境影响评价技术导则　大气环境》8.9.7，污染物排放量核算表包括有组织及无组织排放量、大气污染物年排放量、非正常排放量等。

38．A　【解析】根据《环境影响评价技术导则　大气环境》8.9，评价结果表达包括基本信息底图，项目基本信息图，达标评价结果表，网格浓度分布图，大气环境防护区域图，污染治理设施、预防措施及方案比选结果表，污染物排放量核算表。

39．C　【解析】根据《环境影响评价技术导则　大气环境》5.1.3，当规划项目排放的 SO_2、NO_x 及 VOCs 年排放量达到下表规定的量时，评价因子应相应增加二次污染物 $PM_{2.5}$ 及 O_3。

类别	污染物排放量/（t/a）	二次污染物评价因子
建设项目	$SO_2 + NO_x \geqslant 500$	$PM_{2.5}$
规划项目	$SO_2 + NO_x \geqslant 500$	$PM_{2.5}$
	$NO_x + VOCs \geqslant 2\ 000$	O_3

40．A　【解析】根据《环境影响评价技术导则　大气环境》5.3.2.3，$1\% \leqslant$ $P_{max} < 10\%$，评价等级为二级；又根据 5.3.3.2，对电力、钢铁、水泥、石化、化工、平板玻璃、有色等高耗能行业的多源项目或以使用高污染燃料为主的多源项目，并且编制环境影响报告书的项目评价等级提高一级。钢铁项目评价等级提高一级后为一级。

41．B　【解析】根据《环境影响评价技术导则　大气环境》6.3.2，"以近 20 年统计的当地主导风向为轴向，在厂址及主导风向下风向 5 km 范围内设置 1～2 个监测点。如需在一类区进行补充监测，监测点应设置在不受人为活动影响的区域。"

42．B　【解析】根据《环境影响评价技术导则　大气环境》6.4.1.1，"城市环境空气质量达标情况评价指标为 SO_2、NO_2、PM_{10}、$PM_{2.5}$、CO 和 O_3，六项污染物全部达标即为城市环境空气质量达标。"

43．A　【解析】根据《环境影响评价技术导则　大气环境》7.2.2，"改建、扩建项目现状工程的污染源和评价范围内拟被替代的污染源调查，可根据数据的可获得性，依次优先使用项目监督性监测数据、在线监测数据、年度排污许可执行报告、自主验收报告、排污许可证数据、环评数据或补充污染源监测数据等。污染源监测数据应采用满负荷工况下的监测数据或者换算至满负荷工况下的排放数据。"

44．D　【解析】根据《环境影响评价技术导则　大气环境》8.5.1.1，"一级评价项目应结合项目环境影响预测范围、预测因子及推荐模型的适用范围等选择空气质量模型。"

45．B　【解析】根据《环境影响评价技术导则　大气环境》8.8.6.2，"不达标区建设项目选择大气污染治理设施、预防措施或多方案比选时，应优先考虑治理效果，结合达标规划和替代源削减方案的实施情况，在只考虑环境因素的前提下选择最优技术方案，保证大气污染物达到最低排放强度和排放浓度，并使环境影响可以接受。"

46．C　【解析】根据《环境影响评价技术导则　大气环境》10.3.1，"若大气环境防护区域内存在长期居住的人群，应给出相应优化调整项目选址、布局或搬迁的建议。"

47．B

48．D　【解析】根据《环境影响评价技术导则　大气环境》5.6.1，"列表给出环境空气目标内主要保护对象的名称、保护内容、所在大气环境功能区划以及与项目厂址的相对距离、方位、坐标等信息。"

49．A　【解析】根据《环境影响评价技术导则　大气环境》6.4.1.3，"国家或地方生态环境主管部门未发布城市环境空气质量达标情况的，可按照 HJ 663 中各评价项目的年评价指标进行判定。年评价指标中的年均浓度和相应百分位数 24 h 平均或 8 h 平均质量浓度满足 GB 3095 中浓度限值要求的即为达标。"

50．D　【解析】根据《环境影响评价技术导则　大气环境》7.1.1，一级评价项目：（1）调查本项目不同排放方案有组织及无组织排放源，对于改建、扩建项目还应调查本项目现有污染源。本项目污染源调查包括正常排放和非正常排放，其中非正常排放调查内容包括非正常工况、频次、持续时间和排放量。（2）调查本项目所有拟被替代的污染源（如有），包括被替代污染源名称、位置、排放污染物及排放量、拟被替代时间等。（3）调查评价范围内与评价项目排放污染物有关的其他在建项目、已批复环境影响评价文件的拟建项目等污染源。（4）对于编制报告书的工业项目，分析调查受本项目物料及产品运输影响新增的交通运输移动源，包括运输方式、新增交通流量、排放污染物及排放量。

51．A　【解析】根据《环境影响评价技术导则　大气环境》8.5.1.2，表 3 推荐模型适用范围，区域光化学网格模型支持 O_3 预测，其他选项不支持。

推荐模型适用范围

模型名称	适用污染源	适用排放形式	推荐预测范围	模拟污染物			其他特性
				一次污染物	二次 $PM_{2.5}$	O_3	
AERMOD	点源、面源、线源、体源	连续源、间断源	局地尺度（≤50 km）	模型模拟法	系数法	不支持	——
ADMS							
AUSTAL2000	烟塔合一源						
EDMS/AEDT	机场源						
CALPUFF	点源、面源、线源、体源	连续源、间断源	城市尺度（50 km 到几百千米）	模型模拟法	模型模拟法	不支持	局地尺度特殊风场，包括长期静、小风和岸边熏烟
区域光化学网格模型	网格源	连续源、间断源	区域尺度（几百千米）	模型模拟法	模型模拟法	模型模拟法	模拟复杂化学反应

52．D　【解析】根据《环境影响评价技术导则　大气环境》8.5.1.2，表 3 推荐模型适用范围，以及 8.6.2，表 4 二次污染物预测方法。选项 A、B、C 错误。

二次污染物预测方法

	污染物排放量/（t/a）	预测因子	二次污染物预测方法
建设项目	$SO_2 + NO_x \geqslant 500$	$PM_{2.5}$	AERMOD/ADMS（系数法）或 CALPUFF（模型模拟法）
规划项目	$500 \leqslant SO_2 + NO_x < 2\,000$	$PM_{2.5}$	AERMOD/ADMS（系数法）或 CALPUFF（模型模拟法）
	$SO_2 + NO_x \geqslant 2\,000$	$PM_{2.5}$	网格模型（模型模拟法）
	$NO_x + VOCs \geqslant 2\,000$	O_3	网格模型（模型模拟法）

53．C　【解析】根据《环境影响评价技术导则　大气环境》8.9.2，"在基本信息底图上标示项目边界、总平面布置、大气排放口位置等信息。"

54．A　【解析】根据《环境影响评价技术导则　大气环境》9.2.2，"污染源监测计划应明确监测点位、监测指标、监测频次、执行排放标准。"

二、不定项选择题

1．D　【解析】由于"评价范围边长为 60 km"，大于 50 km，答案只有 D。

2．BCD　【解析】此题就是考查点源调查的内容。

3．ABCD

4．BC　【解析】AERMOD 模式和 ADMS 模式均可用于评价等级为一级、评价范围边长≤50 km 的建设项目环境影响预测。

5．ABCD　6．BCD

7．AB　【解析】估算模式只适用于评价等级和评价范围的确定，只能预测小时浓度。

8．ABC　【解析】选项 D 为体源的调查内容。

9．ABD　【解析】大气环境影响评价结果表达的图表：一级评价应包括基本信息底图，项目基本信息图，达标评价结果表，网格浓度分布图，大气环境防护区域图，污染治理设施、预防措施及方案比选结果表，污染物排放量核算表；二级评价一般应包括基本信息底图，项目基本信息图，污染物排放量核算表。

10．BCD　【解析】对于项目厂界浓度满足大气污染物厂界浓度限值，但厂界外大气污染物短期贡献浓度超过环境质量浓度限值的，可以自厂界向外设置一定范围的大气环境防护区域，以确保大气环境防护区域外的污染物贡献浓度满足环境质量标准；大气环境防护区域应包含自厂界起连续的超标范围；对于项目厂界浓度超过大气污染物厂界浓度限值的，应要求削减排放源强或调整工程布局，待满足厂界浓度限值后，再核算大气环境防护距离。在底图上标注从厂界起所有超过环境质量短期浓度标准值的网格区域，以自厂界起至超标区域的最远垂直距离作为大气环境防护距离；大气环境防护距离是考虑全厂的所有污染源，包括点源、面源、有组织和无组织排放等，不单只是面源或无组织排放。

11．ABD　【解析】根据《环境影响评价技术导则　大气环境》，一级评价项目按《排污单位自行监测技术指南　总则》（HJ 819）的要求，提出项目在生产运行阶段的污染源监测计划和环境质量监测计划。污染源监测计划按照 HJ 819、《排污许可证申请与核发技术规范》（HJ 942）、各行业排污单位自行监测技术指南及排污许可证申请与核发技术规范执行。环境质量监测计划不需要考虑基本污染物。根据 HJ 819，污染物排放监测明确规定废气污染物包括以有组织或无组织形式排入环境的。

12．AD　【解析】根据《环境影响评价技术导则　大气环境》10.1.2，"不达标区域的建设项目环境影响评价，当同时满足以下条件时，则认为环境影响可以接受。

a）达标规划未包含的新增污染源建设项目，需另有替代源的削减方案；

b）新增污染源正常排放下污染物短期浓度贡献值的最大浓度占标率≤100%；

c）新增污染源正常排放下污染物年均浓度贡献值的最大浓度占标率≤30%（其中一类区≤10%）；

d）项目环境影响符合环境功能区划或满足区域环境质量改善目标。现状浓度超标的污染物评价，叠加达标年目标浓度和区域削减污染源以及在建、拟建项目的环境影响后，污染物的保证率日平均质量浓度和年平均质量浓度均符合环境质量标准或满足达标规划确定的区域环境质量改善目标，或按 8.8.4 计算的预测范围内年平均质量浓度变化率 k≤−20%；对于现状达标的污染物评价，叠加后污染物浓度符合环境质量标准；对于项目排放的主要污染物仅有短期浓度限值的，叠加后的短期浓度符合环境质量标准。"

13．BC　【解析】根据《环境影响评价技术导则　大气环境》7.1.3，"三级评价项目，只调查本项目新增污染源和拟被替代的污染源。"

14．ABD　【解析】根据《环境影响评价技术导则　大气环境》8.8.7.5，明确列出发生非正常排放的污染源、非正常排放原因、排放污染物、非正常排放浓度与排放速率、单次持续时间、年发生频次及应对措施等。

第二节　相关的大气环境标准

一、单项选择题（每题的备选项中，只有一个最符合题意）

1. 下列废气排放应执行《大气污染物综合排放标准》的是（　　）。（2010 年考题）

　　A. 储油库油气　　　　　　　　B. 金属熔化炉废气

　　C. 尿素干燥塔废气　　　　　　D. 生活垃圾焚烧炉废气

2. 根据《大气污染物综合排放标准》，某排气筒高 30 m，周围 200 m 半径范围内有一建筑物高 26 m，对该排气筒大气污染物排放限值的要求是（　　）。（2010 年考题）

　　A. 排放浓度、排放速率均执行标准限值

　　B. 排放浓度、排放速率均在标准限值基础上严格 50%

　　C. 排放浓度执行标准限值，排放速率在标准限值基础上严格 50%

　　D. 排放浓度在标准限值基础上严格 50%，排放速率执行标准限值

3. 1998 年设立的某包装厂含二甲苯废气的排气筒高 12 m，《大气污染物综合排放标准》规定的二甲苯排放浓度为 70 mg/m³，15 m 高排气筒对应的最高允许排放速率为 1.0 kg/h，则该排气筒二甲苯排放限值是（　　）。（2010 年考题）

　　A. 排放浓度 70 mg/m³，排放速率 0.64 kg/h

　　B. 排放浓度 70 mg/m³，排放速率 0.32 kg/h

　　C. 排放浓度 35 mg/m³，排放速率 0.64 kg/h

　　D. 排放浓度 35 mg/m³，排放速率 0.32 kg/h

4. 硫黄回收装置尾气焚烧炉排放硫化氢应执行的标准是（　　）。（2010 年考题）

　　A.《恶臭污染物排放标准》　　　B.《危险废物焚烧污染控制标准》

　　C.《大气污染物综合排放标准》　D.《工业炉窑大气污染物排放标准》

5. 根据《恶臭污染物排放标准》，排污单位经排水排出并散发的恶臭污染物浓度必须低于或等于（　　）。（2010 年考题）

　　A. 水环境质量标准值　　　　　B. 环境空气质量标准值

　　C. 恶臭污染物小时排放量　　　D. 恶臭污染物厂界标准值

6.《大气污染物综合排放标准》规定的控制指标不包括（　　）。（2011 年考题）

　　A. 排气筒中大气污染物最高排放浓度

　　B. 排气筒中大气污染物最高允许排放速率

C. 无组织排放监控浓度限值

D. 单位产品污染物排放量

7. 某生产设施排气筒高 33 m，距该排气筒 200 m 内有一建筑物高 30 m，《大气污染物综合排放标准》对应 30 m、40 m 高排气筒的 SO_2 最高允许排放速率分别为 15 kg/h、25 kg/h，该排气筒的 SO_2 排放速率限值是（　　）kg/h。（2011 年考题）

A. 7.5　　　　　B. 9　　　　　C. 15　　　　　D. 18

8. 根据《大气污染物综合排放标准》，无组织排放监控点和参照点的采样时间一般为（　　）。（2011 年考题）

A. 连续 15 min　　B. 连续 30 min　　C. 连续 45 min　　D. 连续 1 h

9. 下列新建生产设施中，大气污染物排放应执行《大气污染物综合排放标准》的是（　　）。（2011 年考题）

A. 铅熔炼炉　　B. 陶瓷隧道窑　　C. 火电厂锅炉　　D. 火电厂碎煤机

10. 根据《恶臭污染物排放标准》，关于恶臭污染物厂界标准值的分级说法，正确的是（　　）。（2011 年考题）

A. 恶臭污染物厂界标准值按环境空气质量功能区类别分为三级

B. 恶臭污染物厂界标准值按现有排污单位和新改扩建排污单位分为二级

C. 环境空气质量一类功能区内新建排污单位执行一级标准

D. 环境空气质量一类功能区内禁止恶臭污染物排放，二、三类功能区对应执行二级、三级标准

11. 下列生产设施中，适用于《大气污染物综合排放标准》的是（　　）。（2012 年考题）

A. 水泥厂煤磨　　　　　　　　B. 水泥厂回转窑

C. 火电厂锅炉　　　　　　　　D. 火电厂碎煤机

12. 根据《大气污染物综合排放标准》，露天煤堆场产生的煤尘应执行的排放指标是（　　）。（2012 年考题）

A. 最高允许排放浓度　　　　　B. 最高允许排放速率

C. 无组织排放监控浓度限值　　D. 单位面积煤尘排放量限值

13. 根据《大气污染物综合排放标准》，新污染源排气筒高度小于 15 m 时，排放速率限值应按（　　）执行。（2012 年考题）

A. 外推法计算的最高允许排放速率

B. 内插法计算的最高允许排放速率

C. 在外推法计算的最高允许排放速率结果的基础上再严格 50%

D. 在内插法计算的最高允许排放速率结果的基础上再严格 50%

14. 根据《环境空气质量标准》，环境空气污染物基本项目不包括（　　）。

（2013 年考题）

　　A. CO　　　　　B. TSP　　　　　C. PM_{10}　　　　D. $PM_{2.5}$

　　15. 根据《环境空气质量标准》，SO_2 的 24 h 平均浓度数据每日至少应有（　　）h 平均浓度值或采样时间。（2013 年考题）

　　A. 12　　　　　B. 18　　　　　C. 20　　　　　D. 22

　　16. 下列关于《大气污染物综合排放标准》指标体系的说法，正确的是（　　）。（2013 年考题）

　　A. 有组织排放废气只有最高允许排放速率限值

　　B. 有组织排放废气只有最高允许排放浓度限值

　　C. 无组织排放废气只有最高允许排放速率限值

　　D. 无组织排放废气只有监控浓度限值

　　17. 某新建项目设有一根氯气排气筒，根据《大气污染物综合排放标准》，其排气筒高度不得低于（　　）m。（2013 年考题）

　　A. 15　　　　　B. 20　　　　　C. 25　　　　　D. 30

　　18. 某新建项目含尘废气排气筒高 12 m，《大气污染物综合排放标准》规定的 15 m 高排气筒颗粒物最高允许排放速率为 3.5 kg/h，该排气筒粉尘应执行的最高允许排放速率是（　　）kg/h。（2013 年考题）

　　A. 1.12　　　　B. 1.40　　　　C. 2.24　　　　D. 2.80

　　19. 某垃圾渗滤液处理设施向外散发恶臭气体，根据《恶臭污染物排放标准》，下列关于该设施无组织恶臭污染物达标排放的说法，正确的是（　　）。（2013 年考题）

　　A. 恶臭污染物浓度和臭气浓度都必须低于或等于恶臭污染物厂界标准值

　　B. 恶臭污染物浓度和臭气浓度都必须低于或等于恶臭污染物排放量标准值

　　C. 恶臭污染物浓度和臭气浓度都必须低于或等于恶臭污染物排放标准值

　　D. 恶臭污染物浓度和排放浓度都必须低于或等于恶臭污染物排放标准值

　　20. 《环境空气质量标准》中环境空气功能区分为（　　）。（2014 年考题）

　　A. 一类　　　　B. 二类　　　　C. 三类　　　　D. 四类

　　21. 《环境空气质量标准》中规定的 $PM_{2.5}$ 的 24 h 平均二级浓度限值是（　　）$\mu g/m^3$。（2014 年考题）

　　A. 15　　　　　B. 35　　　　　C. 75　　　　　D. 150

　　22. 下列排放源中，适用于《大气污染物综合排放标准》的是（　　）。（2014 年考题）

　　A. 炼焦炉　　　　　　　　　　B. 生活垃圾焚烧炉

　　C. 苯乙烯储罐　　　　　　　　D. 火电厂灰场

　　23. 某项目于 1995 年建成投产，位于环境空气质量一类区，拟对其进行改建。

根据《大气污染物综合排放标准》，该改建项目大气污染物最高允许排放速率应执行（　　）。（2014年考题）

A．新污染源大气污染物排放限值一级标准

B．新污染源大气污染物排放限值二级标准

C．现有污染源大气污染物排放限值一级标准

D．现有污染源大气污染物排放限值二级标准

24．某排放氯化氢的排气筒高度为30 m，距其190 m处有一栋高50 m的办公楼。根据《大气污染物综合排放标准》，氯化氢排放速率限值应是（　　）kg/h。（注：30 m和50 m排气筒对应的氯化氢排放速率限值分别为1.40 kg/h和3.80 kg/h）（2014年考题）

A．0.70　　　　　　B．1.40　　　　　　C．2.60　　　　　　D．3.80

25．下列污染物中，不属于《恶臭污染物排放标准》规定控制项目的是（　　）。（2014年考题）

A．苯　　　　　　　B．甲硫醇　　　　　　C．三甲胺　　　　　D．二硫化碳

26．根据《环境空气质量标准》，下列污染物中，不属于环境空气污染物基本项目的是（　　）。（2015年考题）

A．NO_2　　　　　B．NO_x　　　　　　C．PM_{10}　　　　　D．CO

27．根据《环境空气质量标准》，$PM_{2.5}$的手工分析方法是（　　）。（2015年考题）

A．重量法　　　　　　　　　　　　B．射线法

C．化学发光法　　　　　　　　　　D．微量振荡天平法

28．根据《大气污染物综合排放标准》，关于排放速率标准分级的说法，错误的是（　　）。（2015年考题）

A．一类区禁止新建、扩建污染源

B．位于一类区的现有污染源改建时执行现有污染源一级标准

C．位于二类区的新建污染源执行新污染源二级标准

D．位于二类区的现有污染源改建时执行现有污染源二级标准

29．某项目有两个二甲苯废气排气筒，高度均为20 m，间距为25 m，排放速率分别为0.6 kg/h和0.8 kg/h。根据《大气污染物综合排放标准》，其等效排气筒的高度和二甲苯排放速率分别为（　　）。（2015年考题）

A．20 m和0.7 kg/h　　　　　　　　B．40 m和0.7 kg/h

C．20 m和1.4 kg/h　　　　　　　　D．40 m和1.4 kg/h

30．下列污染物中，属于《恶臭污染物排放标准》控制项目的是（　　）。（2015年考题）

　　A．苯　　　　　　B．苯胺　　　　　C．二甲胺　　　　　D．三甲胺

　　31．根据《锅炉大气污染物排放标准》，对燃煤锅炉未作规定的污染物项目是（　）。（2015 年考题）

　　A．氟化物　　　　B．二氧化硫　　　　C．烟气高度　　　　D．汞及其化合物

　　32．根据《锅炉大气污染物排放标准》，对于 14 MW（20 t/h）的燃气锅炉，其烟囱最低允许高度是（　）m。（2015 年考题）

　　A．8　　　　　　B．15　　　　　　C．30　　　　　　D．45

　　33．根据《锅炉大气污染物排放标准》，燃煤锅炉应执行的基准氧含量是（　）。（2015 年考题）

　　A．3%　　　　　　B．3.5%　　　　　C．6%　　　　　　D．9%

　　34．根据《环境空气质量标准》，下列污染物中，属于环境空气污染物基本项目的是（　）。（2016 年考题）

　　A．CO　　　　　　B．NO_x　　　　　C．TSP　　　　　D．Pb

　　35．根据《环境空气质量标准》，$PM_{2.5}$ 年均浓度值数据有效性的说法，正确的是（　）。（2016 年考题）

　　A．每年至少有 60 个日均浓度值　　　B．每年至少有 144 个日均浓度值

　　C．每年至少有 251 个日均浓度值　　　D．每年至少有 324 个日均浓度值

　　36．下列污染物中，其排放适用于《大气污染物综合排放标准》的是（　）。（2016 年考题）

　　A．水泥窑排放的氮氧化物　　　　B．电镀工艺排放的铬酸雾

　　C．垃圾填埋场排放的氨气　　　　D．火电厂输煤系统排放的烟尘

　　37．某新建化工项目氯化氢废气排放筒高 35 m，距该排气筒 150 m 处有 50 m 高建筑物。根据《大气污染物综合排放标准》，新污染源 30 m 和 40 m 排气筒氯化氢最高允许排放速率分别为 1.4 kg/h 和 2.6 kg/h，则该项目排气筒氯化氢最高允许排放速率为（　）kg/h。（2016 年考题）

　　A．0.7　　　　　B．1.0　　　　　C．1.3　　　　　D．2

　　38．下列项目中，不属于《恶臭污染物排放标准》规定控制项目的是（　）。（2016 年考题）

　　A．苯　　　　　　B．三甲胺　　　　C．二硫化碳　　　　D．臭气浓度

　　39．根据《锅炉大气污染物排放标准》，下列项目中不属于燃气锅炉要求控制的污染物项目是（　）。（2016 年考题）

　　A．颗粒物　　　　　　　　　　　B．二氧化硫

　　C．烟气黑度　　　　　　　　　　D．汞及其化合物

　　40．根据《锅炉大气污染物排放标准》，应安装污染物排放自动监控设备的热

水锅炉最小容量是（ ）MW。（2016 年考题）

    A．2.8   B．7   C．14   D．28

41．根据《环境空气质量标准》，关于环境空气污染物项目分类的说法，正确的是（ ）。（2017 年考题）

    A．TSP、PM_{10}、$PM_{2.5}$ 属于环境空气污染物基本项目

    B．BaP、氟化物属于环境空气污染物其他项目

    C．NO_2、NO_x 属于环境空气污染物其他项目

    D．CO、O_3 属于环境空气污染物基本项目

42．根据《环境空气质量标准》，关于 $PM_{2.5}$ 24 h 平均浓度值数据有效性的说法，正确的是（ ）。（2017 年考题）

    A．每日至少有 12 h 平均浓度值或采样时间

    B．每日至少有 18 h 平均浓度值或采样时间

    C．每日至少有 20 h 平均浓度值或采样时间

    D．每日至少有 22 h 平均浓度值或采样时间

43．下列污染物中，排放管理执行《大气污染物综合排放标准》的是（ ）。（2017 年考题）

    A．水泥窑排放的氮氧化物

    B．火电厂输煤系统排放的颗粒物

    C．铅冶炼装置排放的铅及其化合物

    D．石化企业工艺加热炉排放的颗粒物

44．受条件限制，某企业拟建的二甲苯废气排气筒高度为 12 m，根据《大气污染物综合排放标准》，新污染源 15 m 高度排气筒对应的最高允许排放速率为 1.0 kg/h，该企业排气筒二甲苯最高允许排放速率为（ ）kg/h。（2017 年考题）

    A．0.32   B．0.40   C．0.64   D．0.80

45．下列污染物中，不属于《恶臭污染物排放标准》规定的控制项目是（ ）。（2017 年考题）

    A．氨   B．苯乙烯   C．氯乙烯   D．二硫化碳

46．根据《锅炉大气污染物排放标准》，下列污染物中，不属于燃煤锅炉要求控制污染物项目的是（ ）。（2017 年考题）

    A．颗粒物   B．二氧化硫

    C．汞及其化合物   D．铅及其化合物

47．根据《锅炉大气污染物排放标准》，应安装污染物排放自动监控设备的蒸汽锅炉的最小容量是（ ）t/h。（2017 年考题）

    A．10   B．20   C．35   D．40

48. 根据《环境空气质量标准》，下列污染物中，属于环境空气污染物基本项目类别的是（　　）。（2018 年考题）

　　A. PM_{10}　　　　B. TSP　　　　　C. NO_x　　　　D. 氟化物

49. 《环境空气质量标准》规定的 NO_2 浓度限值不包括（　　）。（2018 年考题）

　　A. 1 h 平均浓度限值　　　　　　　B. 8 h 平均浓度限值

　　C. 24 h 平均浓度限值　　　　　　　D. 年平均浓度限值

50. 《环境空气质量标准》中关于数据统计有效性的说法，正确的是（　　）。（2018 年考题）

　　A. 为获得 SO_2 年平均浓度数据，每年至少有分布均匀的 60 个日平均浓度值

　　B. 为获得 $PM_{2.5}$ 24 h 平均浓度数据，每日至少有 18 h 平均浓度值或采样时间

　　C. 为获得 CO 1 h 平均浓度数据，每小时至少有 30 min 的采样时间

　　D. 为获得 O_3 8 h 平均浓度数据，每 8 h 至少有 6 h 平均浓度值

51. 下列污染物中，属于《恶臭污染物排放标准》规定的控制项目是（　　）。（2018 年考题）

　　A. 甲硫醚　　　　B. 甲醇　　　　　C. 硝基苯　　　　D. 苯胺

52. 根据《锅炉大气污染物排放标准》，关于大气污染物排放控制要求的说法，正确的是（　　）。（2018 年考题）

　　A. 使用水煤浆的锅炉参照燃油锅炉控制要求执行

　　B. 燃气锅炉规定了颗粒物、二氧化硫、氮氧化物、汞及其化合物的排放浓度限值

　　C. 省级人民政府可以规定本辖区内执行大气污染物特别排放限值的地域范围、时间

　　D. 新建锅炉房的烟囱周围半径 200 m 距离内有建筑物时，其烟囱应高出周围建筑物 5 m 以上

53. 某锅炉房现有燃煤锅炉烟气颗粒物排放限值为 80 mg/m^3，拟扩建一台燃煤锅炉，其烟气颗粒物排放限值执行 50 mg/m^3，受监测点位限制只能对混合后的烟气进行监测。根据《锅炉大气污染物排放标准》，该锅炉房排放烟气颗粒物执行标准限值为（　　）mg/m^3。（2018 年考题）

　　A. 65　　　B. $(80^2+50^2)^{0.5}/2$　　　C. 50　　　D. $(80^2/2+50^2/2)^{0.5}$

54. 按《环境空气质量标准》中有关污染物数据统计有效性的规定，TSP 年平均浓度监测，每年至少有分布均匀的（　　）个日平均浓度值。（2019 年考题）

　　A. 15　　　　　B. 30　　　　　C. 60　　　　　D. 9

55. 根据《环境空气质量标准》污染物数据统计有效性的最低要求，下列污染物中，24 h 平均浓度要求每日应有 24 h 采样时间的是（　　）。（2019 年考题）

　　A. NO_x　　　　B. SO_2　　　　C. PM_{10}　　　　D. Pb

56. 根据《环境空气质量标准》，不适合大气环境二类区标准限值的有（　　）。（2019 年考题）

　　A. 农村地区　　　B. 居住区　　　　C. 文化区　　　　D. 自然保护区

57. 根据《大气污染物综合排放标准》，关于排气筒高度及排放速率的有关规定，下列说法正确的是（　　）。（2019 年考题）

　　A. 排气筒高度必须高出周围 200 m 半径范围的建筑 5 m 以上

　　B. 排气筒高度应高出周围 200 m 半径范围的建筑 3 m 以上，不能达到该要求的排气筒，应按其高度对应的表列排放速率标准值严格 50%执行

　　C. 新污染源的排气筒一般不应低于 15 m

　　D. 若新污染源的排气筒必须低于 15 m 时，其排放速率标准值按外推计算结果

58. 根据《大气污染物综合排放标准》，以下工业点源颗粒物排放应执行《大气污染物综合排放标准》的是（　　）。（2019 年考题）

　　A. 火电厂碎煤机集尘排气筒　　　　B. 协同处置生活垃圾的水泥窑排气筒

　　C. 陶瓷隧道窑烟囱　　　　　　　　D. 水泥厂回转窑排气筒

59. 根据《恶臭污染物排放标准》，排污单位排放（包括泄漏和无组织排放）的恶臭污染物，在排污单位边界上规定监测点（无其他干扰因素）的（　　）都必须低于或等于恶臭污染物厂界标准值。（2019 年考题）

　　A. 月平均监测值　　　　　　　　　B. 监测总数平均监测值

　　C. 一次最大监测值　　　　　　　　D. 日平均监测值

60. 根据《恶臭污染物排放标准》，某制药企业排气筒排放甲硫醇应执行的标准是（　　）。（2019 年考题）

　　A.《恶臭污染物排放标准》　　　　　B.《大气污染物综合排放标准》

　　C.《危险废物焚烧污染控制标准》　　D.《工业炉窑大气污染物排放标准》

61. 根据《锅炉大气污染物排放标准》，燃煤锅炉应执行的基准氧含量是（　　）。（2019 年考题）

　　A. 3%　　　　　B. 3.5%　　　　C. 6%　　　　　D. 9%

62. 根据《锅炉大气污染物排放标准》，关于该标准适用范围的说法错误的是（　　）。（2019 年考题）

　　A. 各种容量的使用油页岩的锅炉，参照本标准中燃煤锅炉排放控制的要求执行

　　B. 单台出力 65 t/h 及以下的煤粉发电锅炉、煤粉供热锅炉执行本标准

　　C. 65 t/h 及以下造纸工业碱回收炉参照本标准中生物质成型燃料锅炉排放控制要求执行

　　D. 单台出力 65 t/h 以上燃气供热锅炉（无发电能）执行《火电厂大气污染物排放标准》（GB 13223—2011）中相应的污染物排放控制要求

63．根据《环境空气质量标准》，铅年平均质量浓度数据有效性判定，每月至少有（　　）。（2020 年考题）

　　A．分布均匀的 7 个日平均浓度值　　　B．分布平均的 5 个日平均浓度值

　　C．连续分布的 5 个日平均浓度值　　　D．连续分布的 7 个日平均浓度值

64．根据《大气污染物综合排放标准》，关于排气筒废气监测采样时间的说法，正确的是（　　）。（2020 年考题）

　　A．以连续 1 h 的采样获取平均值

　　B．以连续 8 h 的采样获取平均值

　　C．以连续 20 h 的采样获取平均值

　　D．以连续 24 h 的采样获取平均值

65．根据《环境空气质量标准》，二类环境空气质量功能区不包括（　　）。（2021 年考题）

　　A．居住区　　　B．文化区　　　C．工业区　　　D．风景名胜区

66．根据《恶臭污染物排放标准》，恶臭污染物不包括（　　）。（2021 年考题）

　　A．二甲胺　　　B．三甲胺　　　C．氨　　　D．硫化氢

67．根据《挥发性有机物无组织排放控制标准》，企业密封点数量超过（　　）个应开展泄漏与修复工作。（2021 年考题）

　　A．1 000　　　B．1 500　　　C．2 000　　　D．2 500

68．根据《锅炉大气污染物排放标准》，在烟囱排放口进行监控的污染项目是（　　）。（2021 年考题）

　　A．颗粒物　　　B．二氧化硫　　　C．氮氧化物　　　D．烟气黑度

69．根据《大气污染物综合排放标准》，关于排气筒中连续性排放废气采样的说法，正确的是（　　）。（2022 年考题）

　　A．以连续 8 h 的采样获取平均值

　　B．8 h 内每 2 h 采集一个样品，计算平均值

　　C．以连续 1 h 的采样获取平均值

　　D．1 h 内以等时间间隔采集 3 个样品，计算平均值

70．根据《恶臭污染物排放标准》，无组织间歇排放源厂界监测选择在气味最大时间内采样，样品采集次数不少于 3 次，其厂界无组织达标判断应取其测定的（　　）。（2022 年考题）

　　A．最大值　　　B．平均值　　　C．最小值　　　D．中位值

71．根据《挥发性有机物无组织排放控制标准》，检测到设备与管线组件密封点发生泄漏后，除符合规定条件的延迟修复外，应在发现泄漏之日起（　　）内完成修复。（2022 年考题）

A. 5 d　　　　　B. 10 d　　　　　C. 15 d　　　　　D. 30 d

72. 根据《锅炉大气污染物排放标准》，下列锅炉中，参照执行燃煤锅炉排放控制要求的是（　　）。（2022 年考题）

A. 醇基燃料锅炉　　　　　　　　B. 以危险废物为燃料的锅炉

C. 生物质成型燃料锅炉　　　　　D. 以生活垃圾为燃料的锅炉

二、不定项选择题（每题的备选项中至少有一个符合题意）

1. 规定烟囱（排气筒）高度应高出周围半径 200 m 范围内最高建筑物 5 m 以上的标准有（　　）。（2010 年考题）

A.《大气污染物综合排放标准》　　　B.《恶臭污染物排放标准》

C.《工业炉窑大气污染物排放标准》　D.《锅炉大气污染物排放标准》

2. 根据《恶臭污染物排放标准》，关于排污单位恶臭污染物排放，说法错误的有（　　）。（2011 年考题）

A. 在排污单位边界上规定监测点处的一次最大监测值，应符合厂界标准值

B. 在排污单位边界上规定监测点处的多次监测均值，应符合厂界标准值

C. 排气筒中恶臭污染物的排放量和臭气浓度，应符合排放限值

D. 排气筒中恶臭污染物的排放量和排放浓度，应符合排放限值

3. 根据《大气污染物综合排放标准》，对于连续性排放源，排气筒中废气的采样应（　　）。（2012 年考题）

A. 连续采样 45 min　　　　　　　B. 连续采样 1 h

C. 在 1 h 内随机采集 4 个样品　　 D. 在 1 h 内等时间间隔采集 4 个样品

4. 根据《恶臭污染物排放标准》，判断排污单位恶臭污染物排放是否达标的依据有（　　）。（2012 年考题）

A. 厂界恶臭污染物（包括臭气浓度）一次最大监测值

B. 厂界恶臭污染物（包括臭气浓度）多次监测均值

C. 15 m 以上排气筒恶臭污染物排放量和臭气浓度一次最大监测值

D. 15 m 以上排气筒恶臭污染物排放量和臭气浓度多次监测均值

5.《环境空气质量标准》中规定的臭氧（O_3）浓度限值有（　　）。（2013 年考题）

A. 1 h 平均浓度限值　　　　　　　B. 日最大 8 h 平均浓度限值

C. 24 h 平均浓度限值　　　　　　 D. 年平均浓度限值

6. 根据《大气污染物综合排放标准》，下列关于采样时间和频次的说法，正确的有（　　）。（2013 年考题）

A. 连续排放的排气筒必须连续 1 h 采样获取平均值

B．污染事故排放监测时，采样时间不低于 1 h

C．无组织排放监控点监测采样，一般采用连续 1 h 采样计平均值

D．排放时间小于 1 h 间断排放的排气筒，必须采样几个排放周期，满足采样总时间不低于 1 h 的要求

7．根据《恶臭污染物排放标准》，下列关于恶臭污染物厂界标准值分级的说法，正确的有（　　）。（2013 年考题）

A．一类区内新建项目执行一级标准

B．二类区内新建项目执行二级标准

C．一类区内 1990 年建成投产的项目执行一级标准

D．二类区内 1990 年建成投产的项目执行二级标准

8．根据《大气污染物综合排放标准》，对于排放时间小于 1 h 的间断性排放源，下列关于采样时间和频次的说法，正确的有（　　）。（2014 年考题）

A．连续采样 1 h

B．在排放时段连续采样

C．在排放时段随机采样 2～4 个样品

D．在排放时段内等时间间隔采集 2～4 个样品

9．根据《恶臭污染物排放标准》，判断恶臭污染物排放达标的控制项目有（　　）。（2014 年考题）

A．厂界臭气浓度（量纲一）

B．排放筒中臭气浓度（量纲一）

C．排放筒中恶臭污染物排放浓度（mg/m^3）

D．排放筒中恶臭污染物小时排放量（kg/h）

10．《环境空气质量标准》中规定的 CO 浓度限值有（　　）。（2015 年考题）

A．1 h 平均浓度限值　　　　　　　　B．日最大 8 h 平均浓度限值

C．24 h 平均浓度限值　　　　　　　　D．年平均浓度限值

11．某工厂甲醛排气筒高度为 10 m，根据《大气污染物综合排放标准》，该工厂甲醛排放应执行的排放限值有（　　）。（2015 年考题）

A．无组织排放速率限值　　　　　　　B．无组织排放监控浓度限值

C．排气筒最高允许排放浓度限值　　　D．排气筒最高允许排放速率限值

12．根据《恶臭污染物排放标准》，判断恶臭污染物达标排放的依据包括（　　）。（2015 年考题）

A．厂界恶臭污染物浓度一次最大值

B．厂界恶臭污染物浓度多次平均值

C．排气筒（高于 15 m）恶臭污染物排放浓度一次最大值

D. 排气筒（高于15 m）恶臭污染物排放浓度多次平均值

13. 根据《环境空气质量标准》，规定的臭氧浓度限值是（　　）。（2016年考题）

　　A. 1 h平均浓度限值　　　　　　　　　B. 24 h平均浓度限值

　　C. 日最大8 h平均浓度限值　　　　　　D. 年平均浓度限值

14. 下列指标中，属于《大气污染物综合排放标准》规定的控制指标有（　　）。（2016年考题）

　　A. 无组织排放监控点的浓度限值

　　B. 无组织排放监控点的最高允许排放速率

　　C. 通过排气筒排放废气的最高允许排放浓度

　　D. 按排气筒高度规定的最高允许排放速率

15. 根据《恶臭污染物排放标准》，排污单位应执行的恶臭污染物控制指标有（　　）。（2016年考题）

　　A. 厂界臭气浓度

　　B. 厂界恶臭污染物浓度

　　C. 高度在15 m以上排气筒排放的臭气浓度

　　D. 高度在15 m以上排气筒排放的恶臭污染物浓度

16.《环境空气质量标准》规定SO_2浓度限值类型有（　　）。（2017年考题）

　　A. 1 h平均浓度限值　　　　　　　　　B. 24 h平均浓度限值

　　C. 季平均浓度限值　　　　　　　　　D. 年平均浓度限值

17.《大气污染物综合排放标准》适用于（　　）。（2017年考题）

　　A. 锅炉废气排放的控制与管理

　　B. 建筑施工扬尘排放的控制与管理

　　C. 汽车涂装废气排放的控制与管理

　　D. 制浆造纸企业碱炉废气排放的控制与管理

18. 根据《环境空气质量标准》，属于环境空气污染物基本项目的是（　　）。（2019年考题）

　　A. TSP　　　　　　B. 氟化物　　　　　C. NO_x　　　　　　D. CO

19.《大气污染物综合排放标准》规定了33种大气污染物的排放限值，设置了三项指标，这三项指标包括（　　）。（2019年考题）

　　A. 通过排气筒排放的废气，最高允许排放浓度（mg/m^3），无分级排放标准

　　B. 通过排气筒排放的废气，按排气筒高度规定的最高允许排放速率（kg/h），有分级排放标准

　　C. 以无组织方式排放的废气，规定无组织排放的监控点及相应的监控浓度限值

（mg/m^3），无分级排放标准

　　D. 以无组织方式排放的废气，规定无组织排放的监控点及相应的最高允许排放速率（kg/h），无分级排放标准

20. 根据《锅炉大气污染物排放标准》，下列说法错误的有（　　）。（2019年考题）

　　A. 新建燃煤锅炉烟囱高度一般不应低于15 m

　　B. 若新建燃油锅炉烟囱必须低于8 m时，其排放速率标准值外推计算结果再严格50%执行

　　C. 每个新建锅炉房只能设一根烟囱

　　D. 新建锅炉房的烟囱周围半径200 m距离内有建筑物时，其烟囱应高出最高建筑物3 m以上，不能达到该要求的排气筒，应按其高度对应的表列排放速率标准值严格50%执行

21. 《环境空气质量标准》中铅的浓度限值包括（　　）。（2020年考题）

　　A. 季平均质量浓度限值　　　　　　B. 日最大8 h平均质量浓度限值

　　C. 日平均质量浓度限值　　　　　　D. 年平均质量浓度限值

22. 根据《大气污染物综合排放标准》和《环境空气质量标准》，关于污染源执行标准的说法，正确的有（　　）。（2020年考题）

　　A. 位于一类区的新建污染源应执行一级标准

　　B. 位于一类区的现有污染源改建时应执行现有污染源的一级标准

　　C. 位于二类区的污染源应执行二级标准

　　D. 位于三类区的污染源应执行三级标准

23. 根据《恶臭污染物排放标准》，恶臭排污单位执行的标准限值有（　　）。（2020年考题）

　　A. 厂界臭气浓度限值

　　B. 厂界恶臭污染物浓度限值

　　C. 排气筒排放的臭气浓度限值

　　D. 排气筒排放的恶臭污染物排放量限值

24. 以下属于《大气污染物综合排放标准》指标的有（　　）。（2021年考题）

　　A. 标准规定了排气筒最低高度

　　B. 标准规定了按排气筒高度规定的最高允许排放速率

　　C. 标准规定了通过排气筒排放的污染物最高允许排放浓度

　　D. 标准规定了无组织排放的监控点及相应的监控浓度限值

25. 根据《挥发性有机物无组织排放控制标准》，可作为挥发性有机物污染控制项目的指标有（　　）。（2021年考题）

A. THC   B. NMHC   C. TOC   D. TVOC

26. 根据《环境空气质量标准》，关于环境空气功能及质量要求，说法正确的有（　）。（2022 年考题）

    A. 自然保护区适用一级浓度限值

    B. 农村地区适用一级浓度限值

    C. 居住区适用二级浓度限值

    D. 文化区适用二级浓度限值

27. 《挥发性有机物无组织排放控制标准》规定，VOCs 无组织排放控制措施有（　）。（2022 年考题）

    A. VOCs 物料储存于密闭容器中

    B. 含 VOCs 废水采用密闭管道输送

    C. 监测车间内 VOCs 无组织排放浓度

    D. 目视检查管线组件密封点渗液、滴液现象

28. 根据《锅炉大气污染物排放标准》，该标准不适用于（　）。（2023 年考题）

    A. 65 t/h 以上的层燃炉   B. 65 t/h 以下的燃气发电锅炉

    C. 65 t/h 以上的燃油锅炉   D. 65 t/h 以下的生物质成型燃料锅炉

29. 根据《环境空气质量标准》《恶臭污染物排放标准》，向大气排放恶臭污染物的排污单位应执行的标准中，说法正确的有（　）。（2023 年考题）

    A. 文化区执行一级标准   B. 居住区执行二级标准

    C. 农村地区执行二级标准   D. 工业区执行三级标准

参考答案

一、单项选择题

1. C 【解析】储油库油气执行《储油库大气污染物排放标准》（GB 20950），金属熔化炉废气执行《工业炉窑大气污染物排放标准》（GB 9078），生活垃圾焚烧炉废气执行《生活垃圾焚烧污染控制标准》（GB 18485）。

2. C 【解析】根据《大气污染物综合排放标准》（GB 16297），排气筒高度除须遵守表列排放速率标准值外，还应高出周围 200 m 半径范围的建筑 5 m 以上，不能达到该要求的排气筒，应按其高度对应的表列排放速率标准值严格 50% 执行。即排放浓度不严格 50%，排放速率需严格 50%。

3. B 【解析】排放浓度不严格 50%，排放速率采用外推法计算后，再严格 50%。

4．A　5．D　6．D

7．B　【解析】首先用内插法计算 33 m 应执行的排放速率，结果为 18 kg/h，但 33 m 不符合"排气筒高度应高出周围 200 m 半径范围的最高建筑 5 m 以上"的要求，因此，需严格 50%。

8．D　9．D

10．A　【解析】根据《恶臭污染物排放标准》（GB 14554），恶臭污染物厂界标准值分三级。排入《环境空气质量标准》（GB 3095）中一类区的执行一级标准，一类区中不得建新的排污单位。排入《环境空气质量标准》（GB 3095）中二类区的执行二级标准。排入 GB 3095 中三类区的执行三级标准。B、C、D 3 个选项说得都不完整。

11．D　12．C　13．C　14．B　15．C　16．D　17．C

18．A　【解析】用外推法计算，再严格 50%。$(12 \div 15)^2 \times 3.5 \times 50\% = 1.12$（kg/h）。

19．A　【解析】某垃圾渗滤液处理设施向外散发恶臭气体是通过液体方式，根据《恶臭污染物排放标准》（GB 14554），排污单位经排水排出并散发的恶臭污染物和臭气浓度必须低于或等于恶臭污染物厂界标准值。

20．B　【解析】《环境空气质量标准》（GB 3095）将环境空气功能区分为两类：即一类区和二类区，没有三类区。

21．C

22．D　【解析】炼焦炉适用的标准是《炼焦化学工业污染物排放标准》（GB 16171）；生活垃圾焚烧炉废气执行《生活垃圾焚烧污染控制标准》（GB 18485）；苯乙烯属于恶臭物质，执行《恶臭污染物排放标准》（GB 14554）；《火电厂大气污染物排放标准》（GB 13223）中没有关于火电厂灰场的排放标准。

23．C　【解析】根据《大气污染物综合排放标准》（GB 16297），位于一类区的污染源执行一级标准（一类区禁止新、扩建污染源，一类区现有污染源改建执行现有污染源的一级标准）。

24．A　【解析】排气筒高度应高出周围 200 m 半径范围的最高建筑 5 m 以上，不能达到该要求的排气筒，应按其高度对应的表列排放速率标准值严格 50%执行。

25．A　【解析】苯不是恶臭污染物。

26．B　27．A

28．D　【解析】1997 年 1 月 1 日起设立（包括新建、扩建、改建）的污染源执行《大气污染物综合排放标准》（GB 16297）中表 2 所列标准值。

29．C　【解析】从条件上可知，两个排气筒符合等效的条件。

30．D

31．A　【解析】复习时注意"汞及其化合物"这个指标是有的。

32．A 　【解析】燃油燃气锅炉不得低于 8 m。

33．D 　34．A 　35．D 　36．D

37．B 　【解析】先用内插法计算 35 m 高度的排放速率，然后再严格 50%。

38．A 　39．D 　40．C 　41．D 　42．C

43．B 　【解析】其他 3 个选项都有相应的行业排放标准。

44．A 　【解析】在外推法计算的基础上严格 50%。

45．C 　46．D

47．B 　【解析】20 t/h 及以上蒸汽锅炉和 14 MW 及以上热水锅炉应安装污染物排放自动监控设备，与生态环境保护部门的监控中心联网，并保证设备正常运行。

48．A 　【解析】基本项目：二氧化硫（SO_2）、二氧化氮（NO_2）、一氧化碳（CO）、臭氧（O_3）、可吸入颗粒物（PM_{10}）、细颗粒物（$PM_{2.5}$）；其他项目：总悬浮颗粒物（TSP）、氮氧化物（NO_x）、铅（Pb）、苯并[a]芘（BaP）。

49．B 　【解析】《环境空气质量标准》（GB 3095）规定了 NO_2 24 h 平均、1 h 平均、年平均浓度限值。规定了 O_3 1 h 平均、日最大 8 h 平均浓度限值。

50．D 　【解析】见《环境空气质量标准》（GB 3095）污染物数据统计有效性的最低要求表。

污染物项目	平均时间	数据有效性规定
SO_2、NO_2、PM_{10}、$PM_{2.5}$、NO_x	年平均	每年至少有 324 个日平均浓度值，每月至少有 27 个日平均浓度值（2 月至少有 25 个日平均浓度值）
SO_2、NO_2、CO、PM_{10}、$PM_{2.5}$、NO_x	24 h 平均	每日至少有 20 h 平均浓度值或采样时间
O_3	8 h 平均	每 8 h 至少有 6 h 平均浓度值
SO_2、NO_2、CO、O_3、NO_x	1 h 平均	每小时至少有 45 min 的采样时间
TSP、BaP、Pb	年平均	每年至少有分布均匀的 60 个日平均浓度值,每月至少有分布均匀的 5 个日平均浓度值
Pb	季平均	每季至少有分布均匀的 15 个日平均浓度值,每月至少有分布均匀的 5 个日平均浓度值
TSP、BaP、Pb	24 h 平均	每日应有 24 h 的采样时间

51．A 　【解析】《恶臭污染物排放标准》（GB 14554）规定的控制项目有 9 种恶臭污染物（氨、三甲胺、硫化氢、二硫化碳、甲硫醇、甲硫醚、二甲二硫醚、苯乙烯和臭气浓度）；记忆方法："硫化氢硫化碳、苯乙烯来三甲胺，甲硫醇甲硫醚，甲硫醚来是二蛋（二甲二硫醚）、臭气浓度俺（氨）要算。"

52．C 　【解析】使用型煤、水煤浆、煤矸石、石油焦、油页岩、生物质成型燃料等的锅炉，参照《锅炉大气污染物排放标准》（GB 13271）中燃煤锅炉排放控制要求执行；燃气锅炉规定了颗粒物、二氧化硫、氮氧化物的最高允许排放浓度限值和烟气黑度限值；执行大气污染物特别排放限值的地域范围、时间，由国务院生态环境主管部门或省级人民政府规定；新建锅炉房的烟囱周围半径 200 m 距离内有建筑物时，其烟囱应高出最高建筑物 3 m 以上。

53．C　【解析】不同时段建设的锅炉，若采用混合方式排放烟气，且选择的监控位置只能监测混合烟气中的大气污染物浓度，应执行各个时段限值中最严格的排放限值。

54．C　55．D

56．D　【解析】《环境空气质量标准》（GB 3095）环境空气功能区的分类：一类区为自然保护区、风景名胜区和其他需要特殊保护的区域；二类区为居住区、商业交通居民混合区、文化区、一般工业区和农村地区。环境空气质量标准分为二级：一类区执行一级浓度限值；二类区执行二级浓度限值。

57．C　【解析】《大气污染物综合排放标准》（GB 16297）排气筒高度及排放速率的有关规定：排气筒高度除须遵守《大气污染物综合排放标准》列出的排放速率标准值以外，还应高出周围 200 m 半径范围的建筑 5 m 以上，不能达到该要求的排气筒，应按其高度对应的表列排放速率标准值严格 50%执行。新污染源的排气筒一般不应低于 15 m。若新污染源的排气筒必须低于 15 m 时，其排放速率标准值按外推计算结果再严格 50%执行。

58．A　【解析】《火电厂大气污染物排放标准》（GB 13223）污染物控制项目只针对锅炉或者机组，不包括灰场、输煤系统、碎煤机、备煤车间破碎机排气筒，火电厂灰场、输煤系统、碎煤机、备煤车间破碎机排气筒执行《大气污染物综合排放标准》（GB 16297）；陶瓷隧道窑执行《陶瓷工业污染物排放标准》（GB 25464），火电厂锅炉执行《火电厂大气污染物排放标准》；水泥厂煤窑、水泥厂回转窑、水泥厂石灰石矿山开采破碎机排气筒执行《水泥工业大气污染物排放标准》（GB 4915）。根据《水泥窑协同处置固体废物污染控制标准》（GB 30485），当水泥窑协同处置生活垃圾时，若掺加生活垃圾的质量超过入窑（炉）物料总质量的 30%，应执行《生活垃圾焚烧污染控制标准》（GB 18485）。

59．C　【解析】《恶臭污染物排放标准》（GB 14554）排污单位排放（包括泄漏和无组织排放）的恶臭污染物，在排污单位边界上规定监测点（无其他干扰因素）的一次最大监测值（包括臭气浓度）都必须低于或等于恶臭污染物厂界标准值。

60．A　【解析】《恶臭污染物排放标准》（GB 14554）规定的控制项目为 8+1 污染因子：氨、三甲胺、硫化氢、二硫化碳、甲硫醇、甲硫醚、二甲二硫醚、苯乙烯、臭气浓度，没有氯乙烯。

61．D　【解析】各类燃烧设备的基准氧含量按燃煤锅炉 9%，燃油、燃气锅炉

3.5%的规定执行。

62．B　【解析】《锅炉大气污染物排放标准》（GB 13271）适用于以燃煤、燃油和燃气为燃料的单台出力 65 t/h 及以下蒸汽锅炉，各种容量的热水锅炉及有机热载体锅炉；各种容量的层燃炉、抛煤机炉，使用型煤、水煤浆、煤矸石、石油焦、油页岩、生物质成型燃料等的锅炉，参照该标准中燃煤锅炉排放控制要求执行。该标准不适用于以生活垃圾、危险废物为燃料的锅炉。燃气导热油炉执行该标准。单台出力 65 t/h 以上除层燃炉、抛煤机炉外的燃煤、燃油、燃气锅炉，无论其是否发电，均应执行《火电厂大气污染物排放标准》（GB 13223）中相应的污染物排放控制要求。煤粉发电锅炉不管容量多大都执行《火电厂大气污染物排放标准》。单台出力 65 t/h 及以下燃煤、燃油、燃气发电锅炉，以及 65 t/h 及以下煤粉供热锅炉执行《锅炉大气污染物排放标准》（GB 13271）的污染物排放控制要求。造纸制浆过程中产生的黑液包含有机物（主要成分为木素、半纤维素等）和无机物，经蒸发浓缩后通过碱回收炉将其燃烧，产生蒸汽或发电。考虑到碱回收炉与一般燃煤发电锅炉的差异性，以及目前工艺技术现状与氮氧化物排放实际情况，65 t/h 以上碱回收炉可参照《火电厂大气污染物排放标准》中现有循环流化床火力发电锅炉的排放控制要求执行；65 t/h 及以下碱回收炉参照《锅炉大气污染物排放标准》中生物质成型燃料锅炉的排放控制要求执行。

63．B　【解析】根据《环境空气质量标准》（GB 3095）年平均质量浓度数据有效性规定每月至少有分布平均的 5 个日平均浓度值。

64．A　【解析】根据《大气污染物综合排放标准》8.2.1，排气筒中废气的采样以连续 1 h 的采样获取平均值；或在 1 h 内，以等时间间隔采集 4 个样品，并计平均值。

65．D　【解析】根据《环境空气质量标准》4.1，环境空气功能区分二类：一类区为自然保护区、风景名胜区和其他需要特殊保护的区域；二类区为居住区、商业和交通居民混合区、文化区、一般工业区和农村地区。

66．A　【解析】根据《恶臭污染物排放标准》1.1，该标准分年限规定了 8 种恶臭污染物的一次最大排放限值，这 8 种恶臭污染物分别是：氨、三甲胺、硫化氢、甲硫醇、甲硫醚、二甲二硫、二硫化碳、苯乙烯。

67．C　【解析】根据《挥发性有机物无组织排放控制标准》13.4，"对于设备与管线组件 VOCs 泄漏控制，如发现下列情况之一，属于违法行为，依照法律法规等有关规定予以处理：a）企业密封点数量超过 2 000 个（含），但未开展泄漏检测与修复工作的"。因此，企业密封点数量超过 2 000 个应开展泄漏与修复工作。

68．D　【解析】根据《锅炉大气污染物排放标准》，大气污染物排放控制要求烟气黑度的污染物排放监控位置在烟囱排放口，而其他污染物排放监控位置在烟囱或烟道。

69．C　【解析】根据《大气污染物综合排放标准》8.2.1，以连续 1 h 的采样获取平均值；或在 1 h 内，以等时间间隔采集 4 个样品，并计平均值。

70．A　【解析】根据《恶臭污染物排放标准》6.2.2，无组织间歇排放源厂界监测选择在气味最大时间内采样，样品采集次数不少于 3 次，取其最大测定值。

71．C　【解析】根据《挥发性有机物无组织排放控制标准》8.4.1，"发现泄漏之日起 5 d 内应进行首次修复，除 8.4.2 条规定外，应在发现泄漏之日起 15 d 内完成修复。"

72．C　【解析】根据《锅炉大气污染物排放标准》适用范围，使用型煤、水煤浆、煤矸石、石油焦、油页岩、生物质成型燃料等的锅炉，参照该标准中燃煤锅炉排放控制要求执行。

二、不定项选择题

1．A　【解析】《工业炉窑大气污染物排放标准》（GB 9078）和《锅炉大气污染物排放标准》（GB 13271）规定，应高出周围半径 200 m 范围内最高建筑物 3 m 以上。《恶臭污染物排放标准》（GB 14554）没有相应的规定。

2．BD　【解析】排气筒排放的恶臭污染物没有"排放浓度"，因此选项 D 是错误的。

3．BD　【解析】排气筒中废气的采样应连续采样 1 h 或在 1 h 内等时间间隔采集 4 个样品，并计平均值。

4．AC

5．AB　【解析】《环境空气质量标准》（GB 3095）中规定的臭氧（O_3）浓度限值有些特殊，需记住。

6．AC　【解析】选项 D 的正确说法是：若某排气筒的排放为间断排放，排放时间大于 1 h，则应在排放时段内按排气筒中废气的采样要求，以连续 1 h 的采样获取平均值；或在 1 h 内，以等时间间隔采集 4 个样品，并计平均值。

7．BCD　【解析】该标准限值是分段执行相应的限值。1994 年 6 月 1 日前建成投产的项目，有一级标准之说。

8．BD　【解析】若某排气筒的排放为间断性排放，排放时间小于 1 h，应在排放时段内实行连续采样，或在排放时段内以等时间间隔采集 2~4 个样品，并计平均值。

9．ABD　【解析】注意：排气筒也有臭气浓度（量纲为一）控制项目。

10．AC

11．CD　【解析】排气筒高度低于 15 m，需按外推法重新计算最高允许排放速率限值，并在外推计算结果的基础上再严格 50% 执行。

12．A 　【解析】排污单位排放（包括泄漏和无组织排放）的恶臭污染物，在排污单位边界上规定监测点的一次最大监测值。有组织排放源采样频率应按生产周期确定监测频率，生产周期在 8 h 以内的，每 2 h 采集一次，生产周期大于 8 h 的，每 4 h 采集一次，取其最低测定值。

13．AC

14．ACD 　【解析】3 个指标体系中没有要求无组织排放监控点的最高允许排放速率。

15．ABC 　【解析】排气筒只有恶臭污染物的排放量。

16．ABD 　【解析】该题考查《环境空气质量标准》中不同污染物的浓度限值类型。

17．BC 　【解析】根据环境保护部函（环函〔2014〕124 号），65 t/h 以上碱回收炉可参照《火电厂大气污染物排放标准》（GB 13223—2011）中现有循环流化床火力发电锅炉的排放控制要求执行；65 t/h 及以下碱回收炉参照《锅炉大气污染物排放标准》（GB 13271—2014）中生物质成型燃料锅炉的排放控制要求执行。

18．D 　【解析】基本项目：二氧化硫（SO_2）、二氧化氮（NO_2）、一氧化碳（CO）、臭氧（O_3）、可吸入颗粒物（PM_{10}）、细颗粒物（$PM_{2.5}$）；其他项目：总悬浮颗粒物（TSP）、氮氧化物（NO_x）（以 NO_2 计）、铅（Pb）、苯并[a]芘（BaP）。

19．ABC 　【解析】《大气污染物综合排放标准》规定了 33 种大气污染物的排放限值，设置了 3 项指标：① 通过排气筒排放废气的最高允许排放浓度（mg/m^3），无分级排放标准。② 通过排气筒排放的废气，按排气筒高度规定的最高允许排放速率（kg/h），有分级排放标准。任何排气筒必须同时遵守上述两项指标，超过其中任何一项均为超标排放。③ 以无组织方式排放的废气，规定无组织排放的监控点及相应的监控浓度限值（mg/m^3），无分级排放标准。

20．ABCD 　【解析】每个新建燃煤锅炉房只能设一根烟囱，烟囱高度应根据锅炉房装机总容量，按下表规定执行，燃油、燃气锅炉烟囱不低于 8 m，锅炉烟囱的具体高度按批复的环境影响评价文件确定。新建锅炉房（新建燃煤、燃油和燃气锅炉房）的烟囱周围半径 200 m 距离内有建筑物时，其烟囱应高出最高建筑物 3 m 以上。注意：高度必须够，没有排放浓度标准值严格 50% 执行一说。

燃煤锅炉房烟囱最低允许高度（注意：1 t/h 相当于 0.7 MW）

锅炉房装机总容量	MW	<0.7	0.7～<1.4	1.4～<2.8	2.8～<7	7～<14	≥14
	t/h	<1	1～<2	2～<4	4～<10	10～<20	≥20
烟囱最低允许高度	m	20	25	30	35	40	45

21．AD 【解析】该题考查《环境空气质量标准》中不同污染物的浓度限值类型。

22．BC 【解析】根据《大气污染物综合排放标准》（GB 16297）排放速率标准分级，位于一类区的污染源执行一级标准（一类区禁止新、扩建污染源，一类区现有污染源改建时执行现有污染源的一级标准）；位于二类区的污染源执行二级标准；位于三类区的污染源执行三级标准。但根据《环境空气质量标准》（GB 3095），环境空气功能区分为两类：一类区为自然保护区、风景名胜区和其他需要特殊保护的区域；二类区为居住区、商业交通居民混合区、文化区、工业区和农村地区。因此，选项 D 也是错误的。

23．ABCD 【解析】根据《恶臭污染物排放标准》（GB 14554），排污单位排放（包括泄漏和无组织排放）的恶臭污染物，在排污单位边界上规定监测点（无其他干扰因素）的一次最大监测值（包括臭气浓度）都必须低于或等于恶臭污染物厂界标准值；排污单位经烟、气排气筒（高度在 15 m 以上）排放的恶臭污染物的排放量和臭气浓度都必须低于或等于恶臭污染物排放标准。

24．BCD 【解析】根据《大气污染物综合排放标准》（GB 16297），该标准设置下列三项指标：通过排气筒排放的污染物最高允许排放浓度；通过排气筒排放的污染物，按排气筒高度规定的最高允许排放速率；以无组织方式排放的污染物，规定无组织排放的监控点及相应的监控浓度限值。

25．BD 【解析】根据《挥发性有机物无组织排放控制标准》（GB 37822），在表征 VOCs 总体排放情况时，根据行业特征和环境管理要求，可采用总挥发性有机物（以 TVOC 表示）、非甲烷总烃（以 NMHC 表示）作为污染物控制项目。

26．ACD 【解析】根据《环境空气质量标准》4.1，一类区为自然保护区、风景名胜区和其他需要特殊保护的区域；二类区为居住区、商业交通居民混合区、文化区、工业区和农村地区。

27．ABD 【解析】根据《挥发性有机物无组织排放控制标准》（GB 37822），VOCs 物料应储存于密闭的容器、包装袋、储罐、储库、料仓中；对于工艺过程排放的含 VOCs 废水，应采用密闭管道输送或符合 9.1.1 规定条件的沟渠输送；对设备与管线组件的密封点每周进行目视观察，检查其密封处是否出现可见泄露现象。

28．ABD 【解析】根据《锅炉大气污染物排放标准》（GB 13271），该标准适用于以燃煤、燃油和燃气为燃料的单台出力 65 t/h 及以下蒸汽锅炉、各种容量的热水锅炉及有机载体锅炉；各种容量的层燃炉、抛煤机炉。使用型煤、水煤浆、煤矸石、石油焦、油页岩、生物质成型燃料等的锅炉，参照该标准中燃煤锅炉排放控制要求执行。

29．BC　【解析】根据《环境空气质量标准》（GB 3095），二类区为居住区、商业交通居民混合区、文化区、工业区和农村地区。根据《恶臭污染物排放标准》（GB 14554），排入二类区的执行二级标准。

第四章　地表水环境影响评价技术导则与相关标准

第一节　环境影响评价技术导则　地表水环境

引言：《环境影响评价技术导则　地表水环境》（HJ 2.3—2018）于 2018 年 9 月发布，2019 年 3 月实施。本书收录了部分历年考题中仍有一定参考价值的题目，供考生参考。

一、单项选择题（每题的备选项中，只有一个最符合题意）

1. 某大型水电站拟建于Ⅲ类水域，工程土方量大，建设期为 26 个月。根据《环境影响评价技术导则　地面水环境》，在进行水环境影响评价时，其预测时段应为（　　）。（2010 年考题）

　　A．建设期和运行期　　　　　　　B．建设期和服务期满后

　　C．运行期和服务期满后　　　　　D．运行初期和远期

2. 根据《环境影响评价技术导则　地面水环境》，在地面水环境影响预测中，关于河流简化，说法错误的是（　　）。（2010 年考题）

　　A．河流断面宽深比不小于 20 时，可视为矩形河流

　　B．小河可简化为矩形平直河流

　　C．评价等级为三级时，江心洲、浅滩等均可按无江心洲、浅滩的情况对待

　　D．人工控制河流均可视为水库

3. 根据《环境影响评价技术导则　地面水环境》，下列河流可以简化为矩形平直河流的是（　　）。（2011 年考题）

　　A．断面宽深比为 10 的中河

　　B．河段弯曲系数为 1.5 的中河

　　C．河段弯曲系数为 1.8、断面宽深比为 25 的大河

　　D．河段弯曲系数为 1.2、断面宽深比为 25 的大河

4. 根据《环境影响评价技术导则　地面水环境》，水环境影响预测水质参数的

数目一般应（　　）调查项目水质参数的数目。（2012年考题）

　　A．不少于　　　　B．少于　　　　　C．等于　　　　　D．多于

5．根据《环境影响评价技术导则　地面水环境》，地表水预测中，水体自净能力最小的时段通常在（　　）。（2013年考题）

　　A．枯水期　　　　B．平水期　　　　C．丰水期　　　　D．凌汛期

6．根据《环境影响评价技术导则　地面水环境》，下列关于河流简化的说法，错误的是（　　）。（2013年考题）

　　A．所有中型河滩均可简化为平直河流

　　B．河滩断面宽深比≥20时，可视为矩形河流

　　C．小河可以简化为矩形平直河流

　　D．大河预测河段的断面变化较大时，可以分段考虑

7．根据《环境影响评价技术导则　地面水环境》，下列说法中，符合现有水污染源调查原则的是（　　）。（2015年考题）

　　A．改、扩建项目可以简略调查改、扩建前的水污染源

　　B．点源调查以现场调查和测试为主，以收集现有资料为辅

　　C．评价等级较高且现有水污染源与建设项目较近时，应该详细调查该污染源

　　D．现有水污染源位于建设项目受纳河流混合过程段以内时，可以简略调查该污染源

8．根据《环境影响评价技术导则　地面水环境》，下列内容中，不属于现有点污染源调查内容的是（　　）。（2016年考题）

　　A．排污单位用、排水状况　　　　　B．受纳水体的水环境功能

　　C．排放口在断面上的位置　　　　　D．排放单位的废水、污水处理状况

9．根据《环境影响评价技术导则　地面水环境》，地面水环境影响评价分级判据中，应纳入污水排放量统计的是（　　）。（2017年考题）

　　A．循环水排水　　　　　　　　　　B．间接冷却水排水

　　C．含热量大的冷却水排水　　　　　D．含污染物量极少的清净下水

10．根据《环境影响评价技术导则　地面水环境》，关于非点源调查的说法，错误的是（　　）。（2017年考题）

　　A．应实测非点源源强　　　　　　　B．应调查非点源的排放方式

　　C．应调查非点源的排污数据　　　　D．应调查非点源的排放去向

11．根据《环境影响评价技术导则　地面水环境》，在进行水质预测时，关于河流简化的说法，错误的是（　　）。（2017年考题）

　　A．大、中河流预测河段的断面形状沿程变化较大时，可以分段考虑简化

　　B．河流断面的宽深比≥20时，可视为矩形河流

C. 小河可以简化为矩形平直河流

D. 人工控制河流应视为水库

12. 根据《环境影响评价技术导则 地面水环境》，关于现有点污染源调查的说法，正确的是（ ）。（2017 年、2018 年考题）

A. 以现场实测为主

B. 以现场调查为主，辅以现场实测

C. 以收集现有资料为主

D. 评价时间不足时，可不进行调查

13. 根据《环境影响评价技术导则 地表水环境》，水文要素影响型建设项目地表水环境影响评价因子，应根据建设项目对地表水体水文要素影响的特征确定，湖库主要评价因子不包括（ ）。（2019 年考题）

A. 水温

B. 径流过程

C. 径流深

D. 水量

14. 根据《环境影响评价技术导则 地表水环境》，关于第一类水污染物当量值，下列说法不正确的是（ ）。（2019 年考题）

A. 总锌的污染物当量值为 0.2 kg

B. 六价铬、总砷、总银的污染物当量值相同

C. 总镉、总铅的污染物当量值不同

D. 总铬的污染物当量值为 0.04 kg

15. 根据《环境影响评价技术导则 地表水环境》，对于水污染影响型建设项目，除覆盖评价范围外，受纳水体为河流时，在不受回水影响的河流段，排放口上游调查范围宜不小于（ ）m。（2019 年考题）

A. 500

B. 1 000

C. 1 500

D. 2 000

16. 根据《环境影响评价技术导则 地表水环境》，河流不利枯水条件下，河流设计水文条件宜采用（ ）保证率最枯月流量。（2019 年考题）

A. 75%

B. 90%

C. 95%

D. 98%

17. 根据《环境影响评价技术导则 地表水环境》，污染物在断面上均匀混合的河道型水库预测时适用（ ）模型。（2019 年考题）

A. 垂向一维

B. 纵向一维

C. 平面二维

D. 立面二维

18. 某建设项目废水排入某河流（Ⅴ类水域），该项目污染源排放量核算断面（点位）所在水环境功能区 COD 水环境质量标准限值为 40 mg/L，根据《环境影响评价技术导则 地表水环境》，至少须预留必要的安全余量为（ ）mg/L。（2019 年考题）

A. 6

B. 4

C. 3.2

D. 2

19. 根据《环境影响评价技术导则 地表水环境》，下列水文要素影响型建设

项目地表水环境影响评价等级肯定应不低于二级的有（　　）。（2019 年考题）

 A. 造成入海河口（湾口）宽度束窄（束窄尺度达到原宽度的 4%）的建设项目

 B. 引水式电站

 C. 影响范围涉及饮用水水源准保护区的建设项目

 D. 某建设项目其不透水的单方向建筑尺度较长的水工建筑物（如防波堤、导流堤等），其与潮流或水流主流向切线垂直方向投影长度等于 2 km 时

20. 根据《环境影响评价技术导则　地表水环境》，确定水文要素影响型建设项目评价等级不考虑（　　）。（2020 年考题）

 A. 项目特性   B. 水温   C. 水域规模   D. 径流

21. 根据《环境影响评价技术导则　地表水环境》，确定水污染影响型建设项目评价范围不考虑（　　）。（2020 年考题）

 A. 污染物复杂程度   B. 地表水环境质量管理要求

 C. 水污染影响程度   D. 水污染影响方式

22. 根据《环境影响评价技术导则　地表水环境》，确定水文要素影响型建设项目评价范围不考虑（　　）。（2020 年考题）

 A. 水文要素影响程度   B. 环境保护目标

 C. 水质现状   D. 水文要素影响类别

23. 根据《环境影响评价技术导则　地表水环境》，确定地表水环境影响评价时期不考虑（　　）。（2020 年考题）

 A. 地表水体类型   B. 项目类型

 C. 评价等级   D. 水域规模

24. 根据《环境影响评价技术导则　地表水环境》，确定建设项目污染物排放标准的依据不包括（　　）。（2020 年考题）

 A. 国际标准

 B. 国家标准

 C. 地方标准

 D. 报生态环境保护部门备案的协议排放浓度

25. 根据《环境影响评价技术导则　地表水环境》，关于地表水现状调查时期的说法，错误的是（　　）。（2020 年考题）

 A. 现状调查时期与评价等级有关

 B. 至少应调查一个时期

 C. 现状调查时期与受影响水体的类型有关

 D. 调查时期和评价时期一致

26. 根据《环境影响评价技术导则　地表水环境》，水污染影响型建设项目地

表水环境影响预测内容不包括（ ）。（2020年考题）

 A．控制断面污染物浓度

 B．排放混合区内污染物浓度

 C．各污染物最大影响范围

 D．到达水环境保护目标处的污染物浓度

27．根据《环境影响评价技术导则 地表水环境》，水污染影响型建设项目地表水环境影响评价等级判定正确的是（ ）。（2021年考题）

 A．直接排放第一类污染物的项目，评价等级为一级

 B．建设项目直接排放的污染物为受纳水体超标因子的，评价等级为一级

 C．建设项目利用海水作为温度调节介质，排水量＞500万 m³/d，评价等级不低于二级

 D．直接排放受纳水体影响范围涉及饮用水水源保护区时，评价等级为一级

28．根据《环境影响评价技术导则 地表水环境》，水污染影响型建设项目地表水环境影响评价等级判定的依据不包括（ ）。（2021年考题）

 A．排放方式   B．废水排放量

 C．水污染物当量数   D．水质现状

29．根据《环境影响评价技术导则 地表水环境》，建设项目地表水环境影响评价标准确定的依据不包括（ ）。（2021年考题）

 A．评价范围

 B．评价范围内水环境质量管理要求

 C．相关污染物排放标准的规定

 D．结合受纳水体水环境功能区或水功能区、近岸海域环境功能区、水环境保护目标、生态流量等水环境质量管理要求

30．根据《环境影响评价技术导则 地表水环境》，有关建设项目地表水环境影响预测总体要求，说法错误的是（ ）。（2021年考题）

 A．一级、二级、水污染影响型三级 A 应定量预测项目水环境影响

 B．水文要素影响型三级评价应定量预测项目水环境影响

 C．水污染影响型三级 B 可不进行水环境影响预测

 D．水文要素影响型三级评价可不进行定量预测

31．根据《环境影响评价技术导则 地表水环境》，水污染型建设项目地表水环境影响预测内容不包括（ ）。（2021年考题）

 A．各关心断面水质预测因子的浓度及变化

 B．预测污染物排放口污染物浓度

 C．到达水环境保护目标处的污染物浓度

D. 排放口混合区范围

32. 根据《环境影响评价技术导则　地表水环境》，地表水环境影响预测时，河流、湖库设计水文条件中的不利枯水条件不包括（　　）。（2021年考题）

A. 河流采用90%保证率最枯月流量

B. 河流采用近10年最枯月平均流量

C. 河流采用实测历史最小流量

D. 流向不定的河网地区采用90%保证率流速为零时的低水位相应水量

33. 根据《环境影响评价技术导则　地表水环境》，河流生态环境需水不包括（　　）。（2021年考题）

A. 绿化用水　　　　　　　　　　B. 水生生态需水

C. 水环境需水　　　　　　　　　D. 河口压咸需水

34. 根据《环境影响评价技术导则　地表水环境》，组成水环境空间管控单元的要素不包括（　　）。（2022年考题）

A. 水体　　　B. 汇水范围　　　C. 控制断面　　　D. 水质目标

35. 根据《环境影响评价技术导则　地表水环境》，兼有水污染影响和水文要素影响的复合影响型建设项目，关于其地表水环境影响评价基本要求的说法，正确的是（　　）。（2022年考题）

A. 按影响类别分别确定评价等级，并按其中较高等级开展评价工作

B. 按影响类别分别确定评价等级并开展评价工作

C. 按水文要素影响型确定评价等级并开展评价工作

D. 按水污染影响型确定评价等级并开展评价工作

36. 根据《环境影响评价技术导则　地表水环境》，筛选水环境影响评价因子时不考虑（　　）。（2022年考题）

A. 评价等级　　　　　　　　　　B. 水质现状

C. 排放的污染物类别　　　　　　D. 行业污染物排放标准

37. 位于入海河口的某一级评价项目，经调查判别，项目在小潮期水环境影响程度较重。根据《环境影响评价技术导则　地表水环境》，关于该项目地表水环境影响评价时期要求的说法，正确的是（　　）。（2022年考题）

A. 至少在丰水期选择一个大潮期开展评价

B. 至少在枯水期选择一个小潮期开展评价

C. 至少在丰水期和枯水期各选择一个小潮期开展评价

D. 至少在丰水期选择一个大潮期、枯水期选择一个小潮期开展评价

38. 根据《环境影响评价技术导则　地表水环境》，对于地表水环境影响一级评价的水库项目，其地表水环境现状调查范围不包括（　　）。（2022年考题）

A．受水区 B．退水影响区

C．水库坝下的减水河段 D．位于水库库尾上游的支流

39．根据《环境影响评价技术导则 地表水环境》，环境现状评价内容不包括（ ）。（2022 年考题）

A．废水排放浓度达标情况

B．控制断面水质达标情况

C．受纳水体水功能区水质达标情况

D．近岸海域环境功能区水质达标情况

40．某地表水环境影响一级评价项目，预测河段污染物浓度垂向及平面分布差异明显。根据《环境影响评价技术导则 地表水环境》，该项目水质预测适用的数学模型是（ ）。（2022 年考题）

A．零维模型 B．一维模型 C．二维模型 D．三维模型

41．根据《环境影响评价技术导则 地表水环境》，水环境保护对策措施的论证内容不包括（ ）。（2022 年考题）

A．措施的技术先进性 B．措施的达标可行性

C．措施实施后的预期效果 D．措施实施所需要的投资

42．某一级评价项目拟向水库排放含磷废水，该水库有一入库支流的部分河段为饮用水水源保护区。根据《环境影响评价技术导则 地表水环境》，关于该项目环境现状调查范围包括（ ）。（2023 年考题）

A．整个水库

B．排放口所在的水功能区

C．整个水库及整个入库支流

D．整个水库及饮用水水源保护区受影响的部分

43．根据《环境影响评价技术导则 地表水环境》，水文要素影响型建设项目地表水环境影响评价第三阶段工作不包括（ ）。（2023 年考题）

A．核定生态流量 B．制定环保措施

C．提出环境监测计划 D．给出环评结论

44．根据《环境影响评价技术导则 地表水环境》，水污染影响型建设项目污染物排放满足的要求不包括（ ）。（2023 年考题）

A．国家水污染物排放标准相关要求

B．地方水污染物排放标准相关要求

C．排污许可制度相关要求

D．生态流量相关要求

45．根据《环境影响评价技术导则 地表水环境》，属于区域污染源调查辅助

手段的是（　　）。（2023 年考题）

    A．开展现场监测　　　　　　　　B．收集环保验收数据

    C．收集既有实测数据　　　　　　D．收集排污许可证登记数据

46．根据《环境影响评价技术导则　地表水环境》，关于水环境现状调查补充监测的说法，正确的是（　　）。（2023 年考题）

    A．应分析资料的可靠性、一致性和代表性，针对资料的不足，制定必要的补充监测方案

    B．多个断面的补充监测应分别安排在不同时期进行，以反映年内水质变化情况

    C．多个断面的补充监测应重点监测消减断面，以反映污染物消减情况

    D．水质监测和水文测验应安排在不同时期进行，以免相互干扰

47．根据《环境影响评价技术导则　地表水环境》，关于补充监测断面设置的说法，错误的是（　　）。（2023 年考题）

    A．对照断面应设在拟建排放口处，以反映污染物排放情况

    B．可根据受纳水域水质管理要求设定控制断面

    C．可直接采用国家确定的水质控制断面作为控制断面

    D．必要时可根据水质预测需要在评价范围外设置控制断面

48．根据《环境影响评价技术导则　地表水环境》，水污染影响型项目环境影响预测内容不包括（　　）。（2023 年考题）

    A．污染源排放核算断面预测因子浓度

    B．水环境保护目标处污染物浓度

    C．对照断面污染物浓度

    D．水库富营养化状况

49．根据《海洋工程环境影响评价技术导则》，编制海洋工程环境影响报告书时，应简要阐明水质环境现状评价结果的内容不包括（　　）。（2023 年考题）

    A．水质环境的月内变化趋势　　　B．水质环境的季节特征

    C．水质环境的年际变化趋势　　　D．水质环境的总体变化趋势

二、不定项选择题（每题的备选项中至少有一个符合题意）

1．根据《环境影响评价技术导则　地面水环境》，现状点污染源调查应包括的内容有（　　）。（2013 年考题）

    A．排污口的位置、排放形式及排放方向

    B．主要污染物排放量、排放浓度

    C．废、污水的处理状况及效果

    D．取用水量、循环水量及排水总量

2．根据《环境影响评价技术导则　地面水环境》，关于水质预测时地面水体简化的说法，错误的有（　　）。（2018 年考题）

A．小河可简化为矩形平直河流

B．河流的断面宽深比≥20 时，可视为矩形河流

C．大、中河流中，预测河段弯曲较小时，可简化为平直河流

D．评价工作等级为二级时，位于混合过程段的江心洲可按无江心洲对待

3．根据《环境影响评价技术导则　地表水环境》，河流水动力模型、水质（包括水温及富营养化）模型解析解的适用条件有（　　）。（2019 年考题）

A．河流顺直　　　　　　　　　　B．水流均匀

C．排污稳定　　　　　　　　　　D．水域形态规则

4．根据《环境影响评价技术导则　地表水环境》，关于水污染影响型建设项目地表水环境影响评价中应筛选为评价因子的有（　　）。（2019 年考题）

A．在车间或车间处理设施排放口排放的第一类污染物

B．水温

C．行业污染物排放标准中涉及的水污染物

D．面源污染所含的主要污染物

5．某灌溉供水水库项目坝上淹没区有支流汇入，评价工作等级为二级，根据《环境影响评价技术导则　地表水环境》，关于该建设项目地表水环境现状调查范围的说法，正确的有（　　）。（2020 年考题）

A．调查范围应包括供水水库淹没区上游河段

B．调查范围应包括供水水库淹没区

C．调查范围应包括退水汇入的河流

D．调查范围应包括坝上汇入的支流

6．根据《环境影响评价技术导则　地表水环境》，属于水文要素影响型建设项目地表水环境影响预测内容的有（　　）。（2020 年考题）

A．水量变化　　　　　　　　　　B．水温变化

C．水深变化　　　　　　　　　　D．流速变化

7．根据《环境影响评价技术导则　地表水环境》，关于水文要素影响型建设项目评价等级判定，正确的有（　　）。（2021 年考题）

A．影响范围涉及饮用水水源保护区项目，评价等级为一级

B．影响范围涉及重要水生生物的自然产卵场项目，评价等级为一级

C．跨流域调水项目，评价等级应不低于二级

D．引水式电站项目，评价等级应不低于二级

8．根据《环境影响评价技术导则　地表水环境》，建设项目直接排放影响范围

涉及下列区域的，评价等级不低于二级的建设项目有（　　）。（2022年考题）

A．河滩湿地　　　　　　　　　　B．饮用水取水口

C．饮用水水源保护区　　　　　　D．珍稀水生生物的栖息地

9．根据《环境影响评价技术导则　地表水环境》，应重点开展水质预测的点位包括（　　）。（2023年考题）

A．补充监测点　　　　　　　　　B．水环境保护目标

C．水质水量突变处　　　　　　　D．评价范围边界处

参考答案

一、单项选择题

1．A　【解析】所有建设项目均应预测生产运行阶段对地面水环境的影响。该阶段的地面水环境影响应按正常排放和非正常排放两种情况进行预测。特殊情况还应进行建设项目风险事故状态下的地面水环境影响预测。建设期为26个月，建设期较长，需预测。

2．D　3．D　4．B　5．A　6．A

7．C　【解析】改、扩建项目应详细了解改、扩建前的水污染源。点源调查以收集现有资料为主，以现场调查和测试为辅。选项D，从实际工作情况来看，应详细调查。

8．B

9．C　【解析】污水排放量中不包括间接冷却水、循环水以及其他含污染物极少的清净下水的排放量，但包括含热量大的冷却水的排放量。

10．A　【解析】非点源源强不一定要实测，可以由其他方法测出排污数据。

11．D　【解析】人工控制河流根据水流情况可以视其为水库，也可视其为河流，分段进行简化。

12．C　【解析】点污染源调查的原则：以收集现有资料为主，只有在必要时才补充现场调查或测试。

13．C　【解析】水文要素影响型建设项目评价因子，应根据建设项目对地表水体水文要素影响的特征确定。河流、湖泊及水库主要评价水面宽、水位、水深、水面面积、水量（注意：不是流量）、流速、水温、径流过程、冲淤变化等因子（简记为"速宽位面温，径冲水量深"），湖泊和水库需要重点关注水域面积或蓄水量及水力停留时间等因子（简记为"水域水力蓄水量"）。感潮河段、入海河口及近岸海域主要评价水面宽、水深、水位、流速、流量（注意：不是水量）、流向、潮区界、潮流界、纳潮量、冲淤变化等因子（简记为"潮区潮流纳潮向，速宽位冲流量深"）。

14．A 【解析】总锌不属于第一类污染物。第一类污染物如下表所示：

水污染物污染当量值（第一类） 单位：kg

污染物	污染物当量值	污染物	污染物当量值
总汞	0.000 55	六价铬	0.02
总镉	0.005	总砷	0.02
总铅	0.025	总银	0.02
总镍	0.025	总铬	0.04
苯并[a]芘	0.000 000 3	总铍	0.01

15．A 【解析】对于水污染影响型建设项目，除覆盖评价范围外，受纳水体为河流时，在不受回水影响的河流段，排放口上游调查范围宜不小于 500 m，受回水影响河段的上游调查范围原则上与下游调查的河段长度相等；受纳水体为湖库时，以排放口为圆心，调查半径在评价范围基础上外延 20%～50%。

16．B 【解析】河流不利枯水条件下，河流设计水文条件宜采用 90%保证率最枯月流量或近 10 年最枯月平均流量。

17．B 【解析】

湖库数学模型适用条件

模型分类	模型空间分类						模型时间分类	
	零维模型	纵向一维模型	平面二维	垂向一维	立面二维	三维模型	稳态	非稳态
适用条件	水流交换作用较充分、污染物质分布基本均匀	污染物在断面上均匀混合的河道型水库	浅水湖库，垂向分层不明显	深水湖库，水平分布差异不明显，存在垂向分层	深水湖库，横向分布差异不明显，存在垂向分层	垂向及平面分布差异明显	流场恒定、源强稳定	流场不恒定或源强不稳定

18．C 【解析】遵循地表水环境质量底线要求，主要污染物（化学需氧量、氨氮、总磷、总氮）须预留必要的安全余量。安全余量可按地表水环境质量标准、受纳水体环境敏感性等确定：受纳水体水环境质量标准为《地表水环境质量标准》（GB 3838）III类的，以及涉及水环境保护目标的水域，安全余量按照不低于建设项目污染源排放量核算断面（点位）处环境质量标准的10%确定（安全余量≥环境质量标准×10%）；受纳水体水环境质量标准为《地表水环境质量标准》（GB 3838）IV、V类的，安全余量按照不低于建设项目污染源排放量核算断面（点位）环境质量标准的8%确定（安全余量≥环境质量标准×8%）；地方如有更严格的环境管理要

求，按地方要求执行。释义：安全余量是指考虑污染负荷和受纳水体水环境质量之间关系的不确定因素，为保障受纳水体水环境质量改善目标安全而预留的负荷量。

19．B　【解析】水文要素影响型建设项目地表水环境影响评价等级肯定应不低于二级的有：①影响范围涉及饮用水水源保护区、重点保护与珍稀水生生物的栖息地、重要水生生物的自然产卵场、自然保护区等保护目标；② 跨流域调水、引水式电站、可能受到大型河流感潮河段影响；③ 造成入海河口（湾口）宽度束窄（束窄尺度达到原宽度的 5%以上）；④ 对不透水的单方向建筑尺度较长的水工建筑物（如防波堤、导流堤等），其与潮流或水流主流向切线垂直方向投影长度大于 2 km 时。

20．A　【解析】根据《环境影响评价技术导则　地表水环境》5.2.3，"水文要素影响型建设项目评价等级划分根据水温、径流与受影响地表水域等三类水文要素的影响程度进行判定。"

21．A　【解析】根据《环境影响评价技术导则　地表水环境》5.3.2，"水污染影响型建设项目评价范围，根据评价等级、工程特点、影响方式及程度、地表水环境质量管理要求等确定。"

22．C　【解析】根据《环境影响评价技术导则　地表水环境》5.3.3，水文要素影响型建设项目评价范围，根据评价等级、水文要素影响类别、影响及恢复程度确定。建设项目影响范围涉及水环境保护目标的，评价范围至少应扩大到水环境保护目标内受影响的水域。

23．D　【解析】根据《环境影响评价技术导则　地表水环境》5.4.1，建设项目地表水环境影响评价时期根据受影响地表水体类型、评价等级等确定。对于评价等级低于二级的建设项目，还应考虑项目类型属于水污染影响型还是水文要素影响型。

24．A　【解析】根据《环境影响评价技术导则　地表水环境》5.6.1.2，"根据现行国家和地方排放标准的相关规定，结合项目所属行业、地理位置，确定建设项目污染物排放标准。对于间接排放建设项目，若建设项目与污水处理厂在满足排放标准允许范围内，签订了纳管协议和排放浓度限值，并报相关生态环境主管部门备案，可将此浓度限值作为污染物排放评价的依据。"

25．B　【解析】根据《环境影响评价技术导则　地表水环境》6.4，地表水现状调查时期和评价时期一致。建设项目地表水环境影响评价时期根据受影响地表水体类型、评价等级等确定。

26．B　【解析】根据《环境影响评价技术导则　地表水环境》7.5.2，水污染影响型建设项目预测内容主要包括：① 各关心断面（控制断面、取水口、污染源排放核算断面等）水质预测因子的浓度及变化；② 到达水环境保护目标处的污染物浓度；③ 各污染物最大影响范围；④ 湖泊、水库及半封闭海湾等，还需关注富营养化状况与水华、赤潮等；⑤ 排放口混合区范围。

27．A　【解析】根据《环境影响评价技术导则　地表水环境》中的表1，建设项目直接排放第一类污染物的，其评价等级为一级；建设项目直接排放的污染物为受纳水体超标因子的，评价等级不低于二级；建设项目利用海水作为调节温度介质，排水量≥500万 m^3/d，评价等级为一级；直接排放受纳水体影响范围涉及饮用水水源保护区、饮用水取水口、重点保护与珍稀水生生物的栖息地、重要水生生物的自然产卵场等保护目标时，评价等级不低二级。

28．D　【解析】根据《环境影响评价技术导则　地表水环境》中的表1，水污染影响型建设项目评价等级判定依据包括排放方式、废水排放量、水污染物当量数。

29．A　【解析】根据《环境影响评价技术导则　地表水环境》5.6.1，"建设项目地表水环境影响评价标准，应根据评价范围内水环境质量管理要求和相关污染物排放标准的规定，确定各评价因子适用的水环境质量标准与相应的污染物排放标准。"

30．D　【解析】根据《环境影响评价技术导则　地表水环境》7.1.2，"一级、二级、水污染影响型三级A与水文要素影响型三级评价应定量预测建设项目水环境影响，水污染影响型三级B评价可不进行水环境影响预测。"

31．B　【解析】根据《环境影响评价技术导则　地表水环境》7.5.2，水污染影响型建设项目，主要包括：① 各关心断面（控制断面、取水口、污染源排放核算断面）水质预测因子的浓度及变化；② 到达水环境保护目标处的污染物浓度；③ 各污染物最大影响范围；④ 湖泊、水库及半封闭海湾等，还需关注富营养化状况与水华、赤潮等；⑤ 排放口混合区范围。

32．C　【解析】根据《环境影响评价技术导则　地表水环境》7.10.1.1，河流、湖库设计水文条件要求：① 河流不利枯水条件宜采用90%保证率最枯月流量或近10年最枯月平均流量；② 流向不定的河网地区和潮汐河段，宜采用90%保证率流速为零时的低水位相应水量作为不利枯水水量。

33．A　【解析】根据《环境影响评价技术导则　地表水环境》8.4.2.1，"河流生态环境需水包括水生生态需水、水环境需水、湿地需水、景观需水、河口压咸需水等。"

34．D　【解析】根据《环境影响评价技术导则　地表水环境》3.4，控制单元：综合考虑水体、汇水范围和控制断面三要素而划定的水环境空间管控单元。

35．B　【解析】根据《环境影响评价技术导则　地表水环境》4.2.2，"地表水环境影响评价应按本标准规定的评价等级开展相应的评价工作。建设项目评价等级分为三级，分级原则与判据见5.2。复合影响型建设项目的评价工作，应按类别分别确定评价等级并开展评价工作。"

36．A　【解析】根据《环境影响评价技术导则　地表水环境》5.1.2，"水污染影响型建设项目评价因子的筛选应符合以下要求：a）按照污染源源强核算技术指南，开展建设项目污染源与水污染因子识别，结合建设项目所在水环境控制单元或区域水环境质量现状，筛选水环境现状调查评价与影响预测评价的因子；b）行业污染物排放标准中涉及的水污染物应作为评价因子；c）在车间或车间处理设施排放口排放的第一类污染物应作为评价因子；d）水温应作为评价因子；e）面源污染所含的主要污染物应作为评价因子；f）建设项目排放的，且为建设项目所在控制单元的水质超标因子或潜在污染因子（指近 3 年来水质浓度值呈上升趋势的水质因子），应作为评价因子。"

37．C　【解析】根据《环境影响评价技术导则　地表水环境》表 3，一级评价项目，入海河口（感潮河段）的评价时期为"河流：丰水期、平水期和枯水期；河口：春季、夏季和秋季；至少丰水期和枯水期，春季和秋季"。

感潮河段、入海河口、近岸海域在丰、枯水期（或春夏秋冬四季）均应选择大潮期或小潮期中一个潮期开展评价（无特殊要求时，可不考虑一个潮期内高潮期、低潮期的差别）。选择原则为：依据调查监测海域的环境特征，以影响范围较大或影响程度较重为目标，定性判别和选择大潮期或小潮期作为调查潮期。

38．D　【解析】根据《环境影响评价技术导则　地表水环境》6.2.3，"对于水文要素影响型建设项目，受影响水体为河流、湖库时，除覆盖评价范围外，一级、二级评价时，还应包括库区及支流回水影响区、坝下至下一个梯级或河口、受水区、退水影响区。"

39．A　【解析】根据《环境影响评价技术导则　地表水环境》6.8，环境现状评价内容与要求：a）水环境功能区或水功能区、近岸海域环境功能区水质达标状况。b）水环境控制单元或断面水质达标状况。c）水环境保护目标质量状况。d）对照断面、控制断面等代表性断面的水质状况。e）底泥污染评价。f）水资源与开发利用程度及其水文情势评价。g）水环境质量回顾评价。h）流域（区域）水资源（包括水能资源）与开发利用总体状况、生态流量管理要求与现状满足程度、建设项目占用水域空间的水流状况与河湖演变状况。i）依托污水处理设施稳定达标排放评价。

40．D　【解析】根据《环境影响评价技术导则　地表水环境》7.6.3.2。

河流数学模型适用条件

模型分类	模型空间分类						模型时间分类	
	零维模型	纵向一维模型	河网模型	平面二维	立面二维	三维模型	稳态	非稳态
适用条件	水域基本均匀混合	沿程横断面均匀混合	多条河道相互连通，使得水流运动和污染物交换相互影响的河网地区	垂向均匀混合	垂向分层特征明显	垂向及平面分布差异明显	水流恒定、排污稳定	水流不恒定，或排污不稳定

41．A　【解析】根据《环境影响评价技术导则　地表水环境》9.1.2，"水环境保护对策措施的论证应包括水环境保护措施的内容、规模及工艺、相应投资、实施计划、所采取措施的预期效果、达标可行性、经济技术可行性及可靠性分析等内容。"

42．D　【解析】根据《环境影响评价技术导则　地表水环境》5.3.2.1，一级、二级及三级 A 评价项目，其评价范围应根据主要污染物迁移转化状况，至少需覆盖建设项目污染影响所及水域；受纳水体为湖泊、水库时，一级评价的评价范围宜不小于以入湖（库）排放口为中心、半径为 5 km 的扇形区域。影响范围涉及水环境保护目标的，评价范围至少应扩大到水环境保护目标内受到影响的水域。

43．A　【解析】见《环境影响评价技术导则　地表水环境》图 1。

44．D　【解析】根据《环境影响评价技术导则　地表水环境》4.2.3，"建设项目排放水污染物应符合国家或地方水污染物排放标准要求，同时应满足受纳水体环境质量管理要求，并与排污许可制度相关要求衔接。"D 选项的生态流量相关要求为水文要素影响型建设项目应满足的。

45．A　【解析】根据《环境影响评价技术导则　地表水环境》6.6.2.1，收集利用已建项目的排污许可登记数据、环评及环保验收数据及既有实测数据为区域污染源调查的主要手段，现场调查、现场监测为辅助手段。

46．A　【解析】根据《环境影响评价技术导则　地表水环境》6.7，应对收集资料进行复核整理，分析资料的可靠性、一致性和代表性，针对资料的不足，制定必要的补充监测方案。需要开展多个断面或点位补充监测的，应在大致相同的时段内开展同步监测。需要同时开展水质与水文补充监测的，应按照水质水量协调统一的要求开展同步监测，测量的时间、频次和断面应保证满足水环境影响预测的要求。应在常规监测断面的基础上，重点针对对照断面、控制断面以及环境保护目标所在水域的监测断面开展水质补充监测。

47．A　【解析】根据《环境影响评价技术导则　地表水环境》C.1.1，水污染影响型建设项目在拟建排放口上游应布置对照断面（宜在 500 m 以内）。

48．C　【解析】根据《环境影响评价技术导则　地表水环境》7.5.2，水污染影响型建设项目预测内容主要包括：a）各关心断面（控制断面、取水口、污染源排放核算断面等）水质预测因子的浓度变化；b）到达水环境保护目标处的污染物浓度；c）各污染物最大影响范围；d）湖泊、水库及半封闭海湾等，还需关注富营养化状况与水华、赤潮等；e）排放口混合区范围。

49．A　【解析】根据《海洋工程环境影响评价技术导则》5.5.1，编制环境影响报告书的海洋工程建设项目的环境现状评价应结合工程所在海域最新的国家、省市和地级市的海洋环境质量公报和其他有公正数据性质的资料，简要阐明建设项目评价范围内和周边海域的水质环境的季节特征、年际和总体变化趋势的分析评价结果。

二、不定项选择题

1. ABCD

2. D 【解析】小河可以简化为矩形平直河流。河流的断面宽深比≥20 时，可视为矩形河流。大、中河流中，预测河段弯曲较大（最大弯曲系数＞1.3，河流弯曲系数为某河段的实际长度与该河段直线长度之比）时，可视为弯曲河流，其他简化为平直河流；大、中河流中，预测河段弯曲较小时，是相对于河段弯曲较大（最大弯曲系数＞1.3）而言的，即最大弯曲系数≤1.3，所以可简化为平直河流。其实这样表述更准确：大、中河流中，预测河段弯曲较小（最大弯曲系数≤1.3）时，可简化为平直河流。评价等级为三级，江心洲、浅滩等均可按无江心洲、浅滩的情况对待。

3. ABC 【解析】水动力模型、水质（包括水温及富营养化）模型按照是否需要采用数值离散方法分为解析解模型与数值解模型。在模拟河流顺直、水流均匀且排污稳定时可以采用解析解；在模拟湖库水域形态规则、水流均匀且排污稳定时可以采用解析解模型。

4. ABCD 【解析】水污染影响型建设项目评价因子的筛选应符合以下要求：① 按照污染源源强核算技术指南，开展建设项目污染源与水污染因子识别，结合建设项目所在水环境控制单元或区域水环境质量现状，筛选出水环境现状调查评价与影响预测评价的因子；② 行业污染物排放标准中涉及的水污染物应作为评价因子，简记为"行排"；③ 在车间或车间处理设施排放口排放的第一类污染物应作为评价因子，简记为"一类"；④ 水温应作为评价因子，简记为"温"；⑤ 面源污染所含的主要污染物应作为评价因子，简记为"面含"；⑥ 建设项目排放的，且为建设项目所在控制单元的水质超标因子或潜在污染因子（指近 3 年来水质浓度值呈上升趋势的水质因子），应作为评价因子，简记为"超标、潜在"。评价因子简记口诀：行排一类温面含，潜在超标因子全。

5. BCD 【解析】灌溉供水水库项目属于水文要素影响型建设项目，根据《环境影响评价技术导则 地表水环境》6.2.3，"对于水文要素影响型建设项目，受影响水体为河流、湖库时，除覆盖评价范围外，一级、二级评价时，还应包括库区及支流回水影响区、坝下至下一个梯级或河口、受水区、退水影响区。"

6. ABCD 【解析】根据《环境影响评价技术导则 地表水环境》7.5.3，水文要素影响型建设项目主要预测内容包括：河流、湖泊及水库的水文情势预测分析主要包括水域形态、径流条件、水力条件以及冲淤变化等内容，具体包括水面面积、水量、水温、径流过程、水位、水深、流速、水面宽、冲淤变化等，湖泊和水库需要重点关注湖库水域面积、蓄水量及水力停留时间等因子。

7．CD 【解析】根据《环境影响评价技术导则 地表水环境》中的水文要素影响型建设项目评价等级判定注解，影响范围涉及饮用水水源保护区、重点保护与珍稀水生生物的栖息地、重要水生生物的自然产卵场、自然保护区等环境保护目标，评价等级应不低于二级。跨流域调水、引水式电站、可能受到大型河流赶潮河段咸潮影响的建设项目，评价等级不低于二级。

8．BCD 【解析】根据《环境影响评价技术导则 地表水环境》5.2.2，直接排放受纳水体影响范围涉及饮用水水源保护区、饮用水取水口、重点保护与珍稀水生生物的栖息地、重要水生生物的自然产卵场等保护目标时，评价等级不低于二级。

9．ABC 【解析】根据《环境影响评价技术导则 地表水环境》7.12.1.1，"应将常规监测点、补充监测点、水环境保护目标、水质水量突变处及控制断面等作为预测重点。"

第二节 相关的水环境标准

一、单项选择题（每题的备选项中，只有一个最符合题意）

1．根据《地表水环境质量标准》，与近海水域相连的河口水域、集中式生活饮用水地表水水源地、经批准划定的单一渔业水域各自对应执行的标准是（ ）。（2010年考题）

A．《海水水质标准》《生活饮用水卫生标准》《地表水环境质量标准》

B．《海水水质标准》《地表水环境质量标准》《地表水环境质量标准》

C．《地表水环境质量标准》《生活饮用水卫生标准》《渔业水质标准》

D．《地表水环境质量标准》《地表水环境质量标准》《渔业水质标准》

2．根据《地表水环境质量标准》，某水域同时具有鱼类养殖区、越冬场、洄游通道功能，该水域应执行的标准类别是（ ）类。（2010年考题）

A．Ⅰ　　　　B．Ⅱ　　　　C．Ⅲ　　　　D．Ⅳ

3．某沿海港口建设项目环境影响评价范围内有海水浴场、滨海风景旅游区及海洋开发作业区。根据《海水水质标准》，该项目环境影响评价应选取相对应的海水水质评价标准为第（ ）类。（2010年考题）

A．二、三、三　　　　　　　　B．二、二、四

C．一、二、三　　　　　　　　D．二、三、四

4．下列建设项目污水排放适用《污水综合排放标准》的是（ ）。（2010年考题）

　　A．铸造厂　　　　　　　　　　　B．电镀厂

　　C．三级甲等医院　　　　　　　　D．城镇生活污水处理厂

5．某饮料厂污水经市政污水处理厂一级强化处理后排入三类海域。根据《污水综合排放标准》，该饮料厂污水排放应执行（　　）。（2010 年考题）

　　A．禁排　　　　　　　　　　　　B．一级排放标准

　　C．二级排放标准　　　　　　　　D．三级排放标准

6．根据《污水综合排放标准》，下列污染物应在车间或车间处理设施排放口采样监测的是（　　）。（2010 年考题）

　　A．总铜　　　　　B．总锌　　　　　C．总银　　　　　D．总氰化物

7．某河流化学需氧量浓度为 20 mg/L，氨氮浓度为 1.5 mg/L，该河流水质能达到《地表水环境质量标准》中规定的（　　）类水质要求。（2011 年考题）

　　A．Ⅱ　　　　　　B．Ⅲ　　　　　　C．Ⅳ　　　　　　D．Ⅴ

8．下列建设项目中，污水排放适用《污水综合排放标准》的是（　　）。（2011 年考题）

　　A．甲醛厂　　　　B．烧碱厂　　　　C．磷肥厂　　　　D．肉类联合加工厂

9．某厂污水排入未设置二级污水处理厂的城镇排水系统，受纳水体为Ⅲ类地表水，根据《污水综合排放标准》，其污水排放应执行的标准是（　　）。（2011 年考题）

　　A．禁排　　　　B．一级标准　　　　C．二级标准　　　　D．三级标准

10．根据《污水综合排放标准》，属于第一类污染物的是（　　）。（2011 年考题）

　　A．总锰　　　　　B．总锌　　　　　C．总铜　　　　　D．总镍

11．根据《污水综合排放标准》，关于第二类污染物控制方式，说法正确的是（　　）。（2011 年考题）

　　A．在车间排放口采样监控　　　　B．在排污单位排放口采样监控

　　C．在城镇排放口采样监控　　　　D．不同行业的采样监控位置不同

12．根据《污水综合排放标准》，生产周期为 20 h 的某工厂污水采样频率应为（　　）。（2011 年考题）

　　A．每 2 h 采样一次　　　　　　　B．每 4 h 采样一次

　　C．每 6 h 采样一次　　　　　　　D．每 8 h 采样一次

13．根据《地表水环境质量标准》，化学需氧量（COD）Ⅲ类标准限值是（　　）mg/L。（2012 年考题）

　　A．15　　　　　　B．20　　　　　　C．30　　　　　　D．40

14．根据《地表水环境质量标准》，某地区地表水水质符合Ⅳ类标准，该地表水不可直接用于（　　）。（2012 年考题）

A. 绿化用水　　　　　　　　　　B. 农业用水

C. 景观用水　　　　　　　　　　D. 生活饮用水水源用水

15. 根据《污水综合排放标准》，关于第一类污染物排放，说法错误的是（　　）。（2012 年考题）

A. 第一类污染物最高允许排放浓度与企业所属行业无关

B. 第一类污染物最高允许排放浓度与受纳水体功能无关

C. 第一类污染物排放监测点应设在车间或车间处理设施排放口

D. 矿山企业第一类污染物排放监测点应设在尾矿坝出水口

16. 根据《污水综合排放标准》，工业污水按生产周期确定监测频率。生产周期为 7 h，应每（　　）h 采样一次。（2012 年考题）

A. 1　　　　　　B. 2　　　　　　C. 3　　　　　　D. 4

17. 根据《污水综合排放标准》，建设项目（包括改、扩建项目）的建设时间以（　　）为准划分。（2012 年考题）

A. 开工日期　　　　　　　　　　B. 竣工验收日期

C. 投产运行日期　　　　　　　　D. 环境影响报告书（表）批准日期

18. 根据《地表水环境质量标准》，水样采集后需自然沉降（　　）min，取上层非沉降部分按规定方法进行分析。（2013 年考题）

A. 40　　　　　　B. 30　　　　　　C. 20　　　　　　D. 10

19. 根据《海水水质标准》，不适用于一般工业用水区的是（　　）类海水。（2013 年考题）

A. 一　　　　　　B. 二　　　　　　C. 三　　　　　　D. 四

20. 根据《地表水环境质量标准》，高锰酸盐指数Ⅲ类、Ⅳ类标准限值分别是（　　）。（2014 年考题）

A. 4 mg/L、6 mg/L　　　　　　B. 4 mg/L、10 mg/L

C. 6 mg/L、10 mg/L　　　　　　D. 10 mg/L、15 mg/L

21. 根据《海水水质标准》，适用于海洋渔业水域的海水水质类别是（　　）。（2014 年考题）

A. 第一类　　　B. 第二类　　　C. 第三类　　　D. 第四类

22. 下列行业中，适用《污水综合排放标准》的是（　　）。（2014 年考题）

A. 淀粉业　　　B. 餐饮业　　　C. 白酒业　　　D. 制糖业

23. 根据《污水综合排放标准》，下列污染物中，属于第一类污染物的是（　　）。（2014 年考题）

A. 总银　　　　B. 总铜　　　　C. 苯胺类　　　D. 硝基苯类

24. 根据《污水综合排放标准》，建设（包括改、扩建）单位的建设时间以（　　）

为准划分。（2014 年考题）

  A．立项日期　　　　　　　　　　　B．环境影响报告书（表）批准日期

  C．开工日期　　　　　　　　　　　D．施工日期

  25．根据《地表水环境质量标准》，某河流如需符合Ⅳ类地表水环境质量标准，其人为造成的环境水温变化周平均最大升温和温降分别是（　　）。（2015 年考题）

  A．≤1℃和≤3℃　　　　　　　　　　B．≤1℃和≤2℃

  C．≤2℃和≤4℃　　　　　　　　　　D．≤2℃和≤3℃

  26．根据《海水水质标准》，滨海风景旅游区的海水水质应达到的类别是（　　）。（2015 年考题）

  A．第一类　　　　　B．第二类　　　　　C．第三类　　　　D．第四类

  27．根据《污水综合排放标准》，关于排污口设置要求的说法，错误的是（　　）。（2015 年考题）

  A．《地表水环境质量标准》中Ⅱ类水域禁止新建排污口

  B．《地表水环境质量标准》中Ⅲ类水域（划定的保护区和游泳区除外），允许新建排污口

  C．《海水水质标准》中二类海域禁止新建排污口

  D．《海水水质标准》中三类海域允许新建排污口

  28．某企业外排含有铜、镉污染物的废水，根据《污水综合排放标准》，关于污染物采样位置的说法，正确的是（　　）。（2015 年考题）

  A．铜污染物在总排口采样，镉污染物在车间排放口采样

  B．铜污染物在车间排放口采样，镉污染物在总排口采样

  C．铜镉污染物均在车间排放口采样

  D．铜镉污染物均在总排口采样

  29．某企业生产周期为 12 h，根据《污水综合排放标准》，该企业工业污水监测频率应为（　　）。（2015 年考题）

  A．每天采样一次　　　　　　　　　　B．每 4 h 采样一次

  C．每 6 h 采样一次　　　　　　　　　D．每 12 h 采样一次

  30．根据《地表水环境质量标准》，关于地表水环境质量评价原则的说法，错误的是（　　）。（2016 年考题）

  A．对超标的地表水体，应说明超标项目和超标倍数

  B．丰、平、枯水期特征明显的水域，应分期进行水质评价

  C．根据应实现的水域功能类别，选取相应类别标准，采用综合指数法进行评价

  D．集中式饮用水地表水水源地水质评价项目应包括基本项目、补充项目及特定项目

  31．关于《污水综合排放标准》适用范围的说法，错误的是（　　）。（2016 年

考题）

  A．适用于船舶工业水污染物的排放管理

  B．适用于染料工业水污染物的排放管理

  C．适用于汽车工业水污染物的排放管理

  D．适用于电子工业水污染物的排放管理

  32．某企业外排含镍、铜的废水，根据《污水综合排放标准》，关于污染物控制方式的说法，正确的是（　　）。（2016年考题）

  A．含镍、铜的废水均在车间排放口采样监控

  B．含镍、铜的废水均在排污单位排放口采样监控

  C．含铜废水在车间排放口采样监控，含镍废水在排污单位排放口采样监控

  D．含镍废水在车间排放口采样监控，含铜废水在排污单位排放口采样监控

  33．根据《地表水环境质量标准》，关于各类水域适用标准类别的说法，错误的是（　　）。（2017年考题）

  A．源头水适用Ⅰ类标准

  B．集中式生活饮用水地表水水源地一级保护区适用Ⅱ类标准

  C．集中式生活饮用水地表水水源地二级保护区适用Ⅲ类标准

  D．娱乐用水区适用Ⅳ类标准

  34．根据《海水水质标准》，关于各类海域适用水质类别的说法，错误的是（　　）。（2017年考题）

  A．海上自然保护区适用《海水水质标准》第一类水质类别

  B．人工水产养殖区适用《海水水质标准》第二类水质类别

  C．海水浴场适用《海水水质标准》第三类水质类别

  D．海洋开发作业区适用《海水水质标准》第四类水质类别

  35．某建设项目拟向规划水域功能为《地表水环境质量标准》中Ⅱ类的水体排放污水，根据《污水综合排放标准》，关于该项目污水排放要求的说法，正确的是（　　）。（2017年考题）

  A．该项目排放污水执行一级标准 B．该项目排放污水执行二级标准

  C．该项目排放污水执行三级标准 D．该项目不得在该水体新设排污口

  36．根据《污水综合排放标准》，下列污染因子中，不属于第一类污染物的是（　　）。（2017年考题）

  A．总汞   B．总锌   C．总铬   D．总镉

  37．根据《地表水环境质量标准》，关于地表水环境质量评价的说法，正确的是（　　）。（2018年考题）

  A．根据应实现的水域功能类别，进行单因子评价

B．根据应实现的水域功能类别，进行综合评价

C．根据水质参数类别，进行单因子评价

D．根据水质参数类别，进行综合因子评价

38．根据《海水水质标准》，关于各类海域适用水质类别的说法，错误的是（　　）。（2018 年考题）

A．水产养殖区适用《海水水质标准》第一类水质类别

B．海水浴场适用《海水水质标准》第二类水质类别

C．滨海风景旅游区适用《海水水质标准》第三类水质类别

D．海洋开发作业区适用《海水水质标准》第四类水质类别

39．《污水综合排放标准》中规定的第一类污染物不包括（　　）。（2018 年考题）

A．总银　　　　　B．总镉　　　　　C．总锌　　　　　D．总铅

40．某企业生产车间生产周期为 10 h，排放含砷废水。根据《污水综合排放标准》，关于污染物控制方式及采样频率的说法，正确的是（　　）。（2018 年考题）

A．在企业总排放口采样，每 4 h 采样一次

B．在企业总排放口采样，每 2 h 采样一次

C．在生产车间排放口采样，每 4 h 采样一次

D．在生产车间排放口采样，每 2 h 采样一次

41．根据《地表水环境质量标准》，下面每个选项中的水域全部属于Ⅰ类水域功能的是（　　）。（2019 年考题）

A．集中式生活饮用水地表水水源地一级保护区、集中式生活饮用水地表水水源地二级保护区

B．仔稚幼鱼的索饵场、鱼虾类产卵场、鱼虾类越冬场、鱼虾类洄游通道

C．人体非直接接触的娱乐用水区、一般景观要求水域

D．源头水、国家自然保护区

42．根据《地表水环境质量标准》，地表水环境质量监测，下列基本项目的分析方法中，错误的是（　　）。（2019 年考题）

A．COD 采用重铬酸盐法　　　　　B．氨氮采用纳氏试剂比色法

C．溶解氧采用碘量法　　　　　　D．石油类采用重量分析法

43．根据《海水水质标准》，下列关于按照海域的不同使用功能和保护目标对海水水质分类的说法，正确的有（　　）。（2019 年考题）

A．第一类适用于海上自然保护区和珍稀濒危海洋生物保护区

B．第二类适用于海洋渔业水域、水产养殖区、与人类食用直接有关的工业用水区

C．第三类适用于海水浴场、人体直接接触海水的海上运用或娱乐区、滨海风景旅游区

D. 第四类适用于海洋港口水域、一般工业用水区、海洋开发作业区

44. 根据《污水综合排放标准》，关于按污染物性质及控制方式进行的分类，下列说法错误的是（ ）。（2019 年考题）

A. 含铜废水一律在车间或车间处理设施排放口采样

B. 含镍废水一律在车间或车间处理设施排放口采样

C. 含银废水一律在车间或车间处理设施排放口采样

D. 含锰废水在排污单位排放口采样

45. 根据《污水综合排放标准》，不属于第一类污染物的是（ ）。（2019 年考题）

A. 烷基汞　　　B. 总砷　　　C. 苯并[a]芘　　　D. 挥发酚

46. 下列水体中，不适用《地表水环境质量标准》的是（ ）。（2020 年考题）

A. 运河　　　B. 渠道　　　C. 鱼塘　　　D. 水库

47. 根据《海水水质标准》，污水集中排放形成的混合区不得影响邻近功能区的（ ）。（2020 年考题）

A. 水量　　　B. 水质　　　C. 鱼类越冬场　　　D. 鱼类产卵场

48. 根据《污水综合排放标准》，关于标准分级的说法，正确的是（ ）。（2020 年考题）

A. 排入《海水水质标准》一类海域的污水执行一级标准

B. 排入《海水水质标准》二类海域的污水执行二级标准

C. 排入《地表水环境质量标准》Ⅱ类水域的污水执行一级标准

D. 排入《地表水环境质量标准》Ⅴ类水域的污水执行二级标准

49. 根据《海水水质标准》，海水浴场的海水水质类别是（ ）。（2021 年考题）

A. 第一类　　　B. 第二类　　　C. 第三类　　　D. 第四类

50. 根据《地表水环境质量标准》，集中式生活饮用水地表水水源地一级保护区应执行（ ）水域标准。（2022 年考题）

A. Ⅰ类　　　B. Ⅱ类　　　C. Ⅲ类　　　D. Ⅳ类

51. 根据《海水水质标准》，与人类食用直接有关的工业用水区执行的海水水质类别是（ ）。（2022 年考题）

A. 第一类　　　B. 第二类　　　C. 第三类　　　D. 第四类

52. 根据《污水综合排放标准》，关于标准分级的说法，正确的是（ ）。（2022 年考题）

A. 排入《地表水环境质量标准》中Ⅳ类水域的污水，执行二级标准

B. 排入《地表水环境质量标准》中Ⅳ类水域的污水，执行三级标准

C. 排入《海水水质标准》中二类海域的污水，执行二级标准

D．排入《海水水质标准》中三类海域的污水，执行三级标准

二、不定项选择题（每题的备选项中至少有一个符合题意）

1．根据《污水综合排放标准》，下列水体中，禁止新建排污口的有（　　）。（2010 年考题）

A．GB 3838 中Ⅱ类水域　　　　　　　　B．GB 3097 中一类海域

C．GB 3838 中Ⅲ类水域　　　　　　　　D．GB 3097 中三类海域

2．根据《地表水环境质量标准》，地表水水域环境Ⅲ类功能区适用于（　　）。（2011 年考题）

A．鱼虾类产卵场　　　　　　　　　　B．鱼虾类越冬场

C．仔稚幼苗的索饵场　　　　　　　　D．洄游通道

3．根据《地表水环境质量标准》，集中式生活饮用水地表水水源地水质评价项目应包括（　　）。（2011 年考题）

A．基本项目

B．补充项目

C．县级以上环境保护行政主管部门选择确定的补充项目

D．县级以上环境保护行政主管部门选择确定的特定项目

4．根据《地表水环境质量标准》，关于水质评价的说法正确的有（　　）。（2012 年考题）

A．按照相应类别标准进行单因子评价

B．评价结果应说明水质达标情况

C．丰、平、枯水期明显的水域，可按枯水期进行水质评价

D．超标的应说明超标项目和超标倍数

5．《地表水环境质量标准》中的基本项目适用的地表水水域有（　　）。（2013 年考题）

A．江河　　　　B．湖泊、水库　　　　C．近海水域　　　　D．运河、渠道

6．根据《地表水环境质量标准》，在进行集中式生活饮用水地表水水源地现状评价时，其水质评价项目有（　　）。（2014 年考题）

A．《地表水环境质量标准》基本项目

B．集中式生活饮用水地表水水源地补充项目

C．水源地所在乡镇人民政府确定的特定项目

D．水源地所在地县环境保护局确定的特定项目

7．根据《地表水环境质量标准》，Ⅳ类水域功能适用于（　　）。（2015 年考题）

A．游泳区　　　　　　　　　　　　　B．集中式生活饮用水地表水水源地

C．一般工业用水　　　　　　　　D．人体非直接接触的娱乐用水区

8．根据《地表水环境质量标准》，下列水功能区中，需执行Ⅱ类水域标准的有（　　）。（2016 年考题）

A．水产养殖区　　　　　　　　　B．鱼虾产卵场

C．国家自然保护区　　　　　　　D．集中式生活饮用水水源地一级保护区

9．根据《海水水质标准》，下列使用功能的海域中，需执行海水水质第三类标准的有（　　）。（2016 年考题）

A．海水浴场　　　　　　　　　　B．一般工业用水区

C．海洋开发作业区　　　　　　　D．滨海风景旅游区

10．根据《污水综合排放标准》，下列污染物中，属于第一类污染物的有（　　）。（2016 年考题）

A．总铅　　　　　B．总锰　　　　　C．总镉　　　　　D．总汞

11．根据《地表水环境质量标准》，关于地表水环境质量评价的说法，正确的有（　　）。（2017 年考题）

A．应进行单因子评价

B．应进行综合指数评价

C．面源污染严重的水域，应分水期进行水质评价

D．丰、平、枯水期特征明显的水域，应分水期进行水质评价

12．根据《污水综合排放标准》，下列不同排放去向的污水中，执行二级排放标准的有（　　）。（2017 年考题）

A．排入《地表水环境质量标准》中Ⅲ类水域的污水

B．排入《地表水环境质量标准》中Ⅴ类水域的污水

C．排入《海水水质标准》中第三类海域的污水

D．排入设置二级污水处理厂的城镇排水系统的污水

13．根据《地表水环境质量标准》，地表水环境质量标准基本项目适用于全国范围内的（　　）。（2019 年考题）

A．具有使用功能的江河　　　　　B．具有使用功能的湖库

C．具有使用功能的渠道　　　　　D．黑臭水体

14．根据《污水综合排放标准》，该标准适用于（　　）。（2019 年考题）

A．现有单位水污染的排放管理　　　B．建设项目的环境影响评价

C．建设项目环境保护设施设计、竣工验收　　D．建设项目投产后的排放管理

15．根据《污水综合排放标准》，下列污染物中，属于第一类污染物的有（　　）。（2020 年考题）

A．总砷　　　　B．总氰化物　　　　C．总铜　　　　D．总锌

参考答案

一、单项选择题

1．D　【解析】与近海水域相连的河口水域根据水环境功能按《地表水环境质量标准》（GB 3838）进行管理。

2．C　【解析】某水域同时具有多种使用功能的，执行最高功能类别对应的标准值。

3．D　【解析】此题考查的范围较广，只有把海水水质的分类全部记住了，才能完整无误地答对。

4．A　【解析】其他 3 个选项都有行业标准。

5．C　【解析】由于该饮料厂污水经市政污水处理厂一级强化处理，不是二级处理，不能执行三级排放标准。

6．C

7．C　【解析】此题考得较细。从化学需氧量浓度值来看，能达到Ⅲ类，氨氮浓度值能达到Ⅳ类，因此，总体来说该河流水质能达到Ⅳ类。

8．A　【解析】其他几个选项都有行业标准。

9．B　【解析】排入未设置二级污水处理厂的城镇排水系统的污水，必须根据排水系统出水受纳水域的功能要求分别执行：排入《地表水环境质量标准》（GB 3838）Ⅲ类水域（划定的保护区和游泳区除外）和排入《海水水质标准》（GB 3097）中二类海域的污水，执行一级标准；排入《地表水环境质量标准》中Ⅳ类、Ⅴ类水域和排入《海水水质标准》中三类海域的污水，执行二级标准。

10．D　11．B　12．B　13．B　14．D　15．D　16．B　17．D

18．B　【解析】《地表水环境质量标准》（GB 3838）规定的项目标准值，要求水样采集后自然沉降 30 min，取上层非沉降部分按规定方法进行分析。

19．D　【解析】第三类海水适用于一般工业用水区和滨海风景旅游区。一类、二类海水水质较好，也适用于一般工业用水。

20．C

21．A　【解析】第一类适用于海洋渔业水域、海上自然保护区和珍稀濒危海洋生物保护区。

22．B　【解析】淀粉业执行《淀粉工业水污染物排放标准》（GB 25461）；白酒业执行《发酵酒精和白酒工业水污染物排放标准》（GB 27631）；制糖业执行《制糖工业水污染物排放标准》（GB 21909）。

23．A　【解析】高频考点。第一类污染物共 13 种，包括：总汞、烷基汞、总镉、总铬、六价铬、总砷、总铅、总镍、苯并[*a*]芘、总铍、总银、总α放射性、总β放射性。

24．B

25．B　【解析】温度的标准与地表水的级别相同。

26．C

27．C　【解析】根据《污水综合排放标准》（GB 8979），排入 GB 3838 Ⅲ类水域（划定的保护区和游泳区除外）和排入 GB 3097 中二类海域的污水，执行一级标准。GB 3838 中Ⅰ类、Ⅱ类水域和Ⅲ类水域中划定的保护区，GB 3097 中一类海域，禁止新建排污口。二类海域执行一级标准，可以新建排污口。

28．A　【解析】根据《污水综合排放标准》（GB 8979），第一类污染物：部分行业和污水排放方式，也部分受纳水体的功能类别，一律在车间或车间处理设施排放口采样；第二类污染物：在排污单位排放口采样。第一类污染物包括总汞、烷基汞、总镉、总铬、六价铬、总砷、总铅、总镍、苯并[*a*]芘、总铍、总银、总α放射性、总β放射性，铜不是第一类污染物，在排污单位排放口采样。

29．B　【解析】工业污水按生产周期确定监测频率。生产周期小于 8 h 的，每 2 h 采样一次；生产周期大于 8 h 的，每 4 h 采样一次。

30．C　【解析】地表水环境质量评价应根据应实现的水域功能类别，选取相应类别标准，进行单因子评价，评价结果应说明水质达标情况，超标的应说明超标项目和超标倍数。

31．A　【解析】船舶工业有行业排放标准。

32．D　【解析】根据《污水综合排放标准》（GB 8979），第一类污染物：部分行业和污水排放方式，也部分受纳水体的功能类别，一律在车间或车间处理设施排放口采样；第二类污染物：在排污单位排放口采样。第一类污染物包括总汞、烷基汞、总镉、总铬、六价铬、总砷、总铅、总镍、苯并[*a*]芘、总铍、总银、总α放射性、总β放射性，铜不是第一类污染物，在排污单位排放口采样。

33．D　【解析】人体非直接接触的娱乐用水区适用Ⅳ类标准。

34．C　【解析】海水浴场适用《海水水质标准》第二类水质类别。

35．D　【解析】《地表水环境质量标准》（GB 3838）中Ⅰ类、Ⅱ类水域和Ⅲ类水域中划定的保护区，《海水水质标准》（GB 3097）中一类海域，禁止新建排污口，现有排污口按水体功能要求，实行污染物总量控制，以保证受纳水体水质符合规定用途的水质标准。

36．B

37．A　【解析】水质评价的原则：①地表水环境质量评价应根据应实现的水域功能类别，选取相应类别标准，进行单因子评价，评价结果应说明水质达标情况，超标的应说明超标项目和超标倍数。②丰、平、枯水期特征明显的水域，应分水期进行水质评价。

38．A　【解析】按照海域的不同使用功能和保护目标，海水水质分四类：第一类适用于海洋渔业水域、海上自然保护区和珍稀濒危海洋生物保护区；第二类适用于水产养殖区、海水浴场、人体直接接触海水的海上运动或娱乐区，以及与人类食用直接有关的工业用水区；第三类适用于一般工业用水区、滨海风景旅游区；第四类适用于海洋港口水域、海洋开发作业区。

39．C　【解析】要牢记 13 种第一类污染物：总汞、烷基汞、总镉、总铬、六价铬、总砷、总铅、总镍、苯并[a]芘、总铍、总银、总α放射性、总β放射性（简记为：砷铅镍汞镉铬铍银放射苯并[a]芘）。

40．C　【解析】工业污水按生产周期确定监测频率。生产周期>8 h 的，每 4 h 采样一次。第一类污染物不分行业和污水排放方式，也不分受纳水体的功能类别，一律在车间或车间处理设施排放口采样（采矿行业的尾矿坝出水口不得视为车间排放口）。

41．D　【解析】依据地表水水域环境功能和保护目标，按功能高低依次划分为五类：Ⅰ类主要适用于源头水、国家自然保护区；Ⅱ类主要适用于集中式生活饮用水地表水水源地一级保护区、珍稀水生生物栖息地、鱼虾类产卵场、仔稚幼鱼的索饵场等；Ⅲ类主要适用于集中式生活饮用水地表水水源地二级保护区、鱼虾类越冬场、洄游通道、水产养殖区等渔业水域及游泳区；Ⅳ类主要适用于一般工业用水区及人体非直接接触的娱乐用水区；Ⅴ类主要适用于农业用水区及一般景观要求水域。

42．D　【解析】《地表水环境质量标准》基本项目中常规项目的监测分析方法如下表所示：

项目	分析方法	最低检出限/（mg/L）	项目	分析方法	最低检出限/（mg/L）
水温	温度计法		五日生化需氧量	稀释与接种法	2
pH	玻璃电极法		氨氮	纳氏试剂比色法	0.05
溶解氧	碘量法	0.2		水杨酸分光光度法	0.01
	电化学探头法		总磷	钼酸铵分光光度法	0.01
高锰酸盐指数		0.5	总氮	碱性过硫酸钾消解紫外分光光度法	0.05
化学需氧量	重铬酸盐法	当取样体积为 10 mL 时，检出限为 4 mg/L，测定下限为 16 mg/L	石油类	红外分光光度法	0.01

注：最低检出限为本标准叫法，教材将最低检出限改为测定下限，严格说二者定义和含义不同。

43．A　【解析】按照海域的不同使用功能和保护目标，海水水质分四类。第一类适用于海洋渔业水域、海上自然保护区和珍稀濒危海洋生物保护区。第二类适用于水产养殖区、海水浴场、人体直接接触海水的海上运动或娱乐区，以及与人类食用直接有关的工业用水区。第三类适用于一般工业用水区、滨海风景旅游区。第四类适用于海洋港口水域、海洋开发作业区。

44．A　【解析】13 种第一类污染物要牢记：总汞、烷基汞、总镉、总铬、六价铬、总砷、总铅、总镍、苯并[a]芘、总铍、总银、总α放射性、总β放射性（简记为"砷铅镍汞镉铬铍银放射苯并[a]芘"）。第一类污染物，不分行业和污水排放方式，也不分受纳水体的功能类别，一律在车间或车间处理设施排放口采样，其最高允许排放浓度必须达到《污水综合排放标准》要求（采矿行业的尾矿坝出水口不得视为车间排放口）。第二类污染物，在排污单位排放口采样，其最高允许排放浓度必须达到《污水综合排放标准》（GB 8978）要求。

45．D

46．C　【解析】《地表水环境质量标准》（GB 3838）适用于中华人民共和国领域内江河、湖泊、运河、渠道、水库等具有使用功能的地表水水域。

47．B　【解析】根据《海水水质标准》第 5 条，污水集中排放形成的混合区，不得影响邻近功能区的水质和鱼类洄游通道。

48．D　【解析】根据《污水综合排放标准》4.1，排入《地表水环境质量标准》（GB 3838）中Ⅲ类水域（划定的保护区和游泳区除外）和排入《海水水质标准》（GB 3097）中的二类海域的污水，执行一级标准；排入 GB 3838 中Ⅳ类、Ⅴ类水域和排入 GB 3097 中三类海域的污水，执行二级标准；GB 3838 中Ⅰ类、Ⅱ类水域和Ⅲ类水域中划定的保护区，GB 3097 中一类海域，禁止新建排污口，现有排污口应按水体功能要求，实行污染物总量控制，以保证受纳水体水质符合规定用途的水质标准。

49．B　【解析】根据《海水水质标准》3.1 海水水质分类，海水水质分为四类，第二类适用于水产养殖区、海水浴场、人体直接接触海水的海上运动或娱乐区，以及与人类食用直接有关的工业用水区。

50．B　【解析】根据《地表水环境质量标准》，Ⅱ类水域标准主要适用于集中式生活饮用水地表水源地一级保护区、珍稀水生生物栖息地、鱼虾类产卵场、仔稚幼鱼的索饵场等。

51．B　【解析】根据《海水水质标准》3.1 海水水质分类，海水水质分为四类，第二类适用于水产养殖区、海水浴场，人体直接接触海水的海上运动或娱乐区，以及与人类食用直接有关的工业用水区。

52．A　【解析】根据《污水综合排放标准》4.1，排入《地表水环境质量标准》（GB 3838）中Ⅲ类水域（划定的保护区和游泳区除外）和排入《海水水质标准》（GB 3097）中的二类海域的污水，执行一级标准；排入 GB 3838 中Ⅳ类、Ⅴ类水域和排入 GB 3097 中三类海域的污水，执行二级标准；GB 3838 中Ⅰ类、Ⅱ类水域和Ⅲ类水域中划定的保护区，GB 3097 中一类海域，禁止新建排污口，现有排污口应按水体功能要求，实行污染物总量控制，以保证受纳水体水质符合规定用途的水质标准。

二、不定项选择题

1．AB

2．BD　【解析】4 个选项都与鱼虾有关，注意"鱼虾类产卵场""仔稚幼苗的索饵场"对于水质的要求较高，属Ⅱ类功能区。

3．ABD　【解析】集中式生活饮用水地表水水源地水质评价的项目应包括《地表水环境质量标准》中的基本项目、补充项目以及由县级以上人民政府环境保护行政主管部门选择确定的特定项目。

4．ABD　【解析】丰、平、枯水期明显的水域，应分水期进行水质评价。关于水质评价的原则，2011 年也出现了一题，这个原则包括的几句话，全部都考了。

5．ABD　【解析】《地表水环境质量标准》中的基本项目适用于中华人民共和国领域内江河、湖泊、运河、渠道、水库等具有使用功能的地表水水域。具有特定功能的水域，执行相应的专业用水水质标准，如《海水水质标准》（GB 3097）、《渔业水质标准》（GB 11607）、《农田灌溉水质标准》（GB 5084）等。

6．ABD　7．CD　8．BD　9．BD　10．ACD　11．AD

12．BC　【解析】排入 GB 3838 中Ⅲ类水域的污水执行一级标准。排入设置二级污水处理厂的城镇排水系统的污水执行三级标准。

13．ABC　【解析】地表水环境质量标准基本项目适用于全国江河、湖泊、运河、渠道、水库等具有使用功能的地表水水域。

14．ABCD　【解析】《污水综合排放标准》适用于现有单位水污染物的排放管理，以及建设项目的环境影响评价、建设项目环境保护设施设计、竣工验收及其投产后的排放管理。

15．A　【解析】根据《污水综合排放标准》，第一类污染物包括总汞、烷基汞、总镉、总铬、六价铬、总砷、总铅、总镍、苯并[a]芘、总铍、总银、总 α 放射性、总 β 放射性。

第五章　地下水环境影响评价技术导则与相关标准

第一节　环境影响评价技术导则　地下水环境

引言：《环境影响评价技术导则　地下水环境》（HJ 610—2016）于 2016 年 1 月发布并实施，本书收录了 2016 年后的考题，供考生参考。

一、单项选择题（每题的备选项中，只有一个最符合题意）

1．根据《环境影响评价技术导则　地下水环境》，下列因素中，属于建设项目地下水环境影响评价工作等级分级表中等级划分依据的是（　　）。（2016 年考题）

　　A．污水排放量　　　　　　　　　　B．地下水水位
　　C．地下水埋藏条件　　　　　　　　D．地下水环境敏感程度

2．根据《环境影响评价技术导则　地下水环境》，下列项目中，应进行地下水环境影响一级评价的是（　　）。（2016 年考题）

　　A．线性工程项目
　　B．地下水环境影响行业分类为 I 类的项目
　　C．地质条件较好的含水层储油等形式的地下储油库项目
　　D．位于热水、矿泉水、温泉水等特殊地下水资源保护区的项目

3．某建设项目地下水环境影响评价工作等级为一级。根据《环境影响评价技术导则　地下水环境》，该项目调查评价区环境水文地质资料的调查精度应不低于（　　）。（2016 年考题）

　　A．1∶10 000　　　　　　　　　　B．1∶50 000
　　C．1∶100 000　　　　　　　　　　D．1∶200 000

4．根据《环境影响评价技术导则　地下水环境》，关于地下水环境现状调查评价范围的说法，错误的是（　　）。（2016 年考题）

　　A．线性工程应以工程边界两侧向外延伸 200 m 作为调查评价范围
　　B．穿越饮用水水源保护区时，调查评价范围应至少包含水源保护区

C. 地下水环境现状调查评价范围应包括与建设项目相关的重要地下水环境保护目标

D. 地下水环境影响评价工作等级为一级的项目，地下水环境现状调查评价范围不小于 $50 km^2$

5. 某建设项目地下水环境影响评价工作等级为一级。根据《环境影响评价技术导则 地下水环境》，该项目场地及其下游影响区的地下水水质监测点原则上不得少于（ ）个。（2016 年考题）

A. 7   B. 5   C. 3   D. 2

6. 根据《环境影响评价技术导则 地下水环境》，确定地下水污染防渗区可不考虑的因素是（ ）。（2016 年考题）

A. 污染物类型   B. 污染控制难易程度

C. 地下水埋深   D. 天然包气带防污性能

7. 根据《环境影响评价技术导则 地下水环境》，建设项目按其对地下水环境影响的程度分为（ ）。（2017 年考题）

A. 二类   B. 三类   C. 四类   D. 五类

8. 根据《环境影响评价技术导则 地下水环境》，关于地下水环境影响识别的说法，错误的是（ ）。（2017 年考题）

A. 地下水污染特征因子应根据建设项目液体物料成分等进行识别

B. 地下水环境敏感程度应根据建设项目的地下水环境敏感特征进行识别

C. 地下水环境影响应根据建设项目建设期和运营期两个阶段的工程特征进行识别

D. 对于随生产运行时间推移对地下水环境影响可能加剧的建设项目，应按运营期的变化特征分初、中、后期分别进行环境影响识别

9. 某建设项目位于规划的地下水集中式饮用水水源保护区。根据《环境影响评价技术导则 地下水环境》，判定该项目的地下水环境敏感程度为（ ）。（2017 年考题）

A. 敏感   B. 较敏感

C. 不敏感   D. 判据不充分，无法判定

10. 某焦化项目位于地下热水资源较丰富的滨海区。根据《环境影响评价技术导则 地下水环境》，判定该项目的地下水环境影响评价工作等级为（ ）。（2017 年考题）

A. 一级   B. 二级

C. 三级   D. 判据不充分，无法判定

11. 某建设项目地下水环境影响评价工作等级为二级。根据《环境影响评价技

术导则 地下水环境》，该项目场地及其下游影响区的地下水水质监测点原则上不得少于（ ）个。（2017年考题）

    A. 2　　　　　　B. 3　　　　　　C. 5　　　　　　D. 7

12. 根据《环境影响评价技术导则 地下水环境》，关于重点防渗区防渗技术要求的说法，正确的是（ ）。（2017年考题）

    A. 等效黏土防渗层厚度 Mb≥6.0 m，渗透系数 $K≤1.0×10^{-7}$ cm/s

    B. 等效黏土防渗层厚度 Mb≥3.0 m，渗透系数 $K≤1.0×10^{-7}$ cm/s

    C. 等效黏土防渗层厚度 Mb≥1.5 m，渗透系数 $K≤1.0×10^{-7}$ cm/s

    D. 等效黏土防渗层厚度 Mb≥1.0 m，渗透系数 $K≤1.0×10^{-7}$ cm/s

13. 根据《环境影响评价技术导则 地下水环境》，社区医疗、卫生院建设项目地下水环境影响评价的项目类别是（ ）类。（2018年考题）

    A. Ⅰ　　　　　　B. Ⅱ　　　　　　C. Ⅲ　　　　　　D. Ⅳ

14. 根据《环境影响评价技术导则 地下水环境》，地下水现状调查与评价阶段的工作内容不包括（ ）。（2018年考题）

    A. 环境水文地质调查　　　　　　　B. 地下水污染源调查

    C. 地下水环境现状监测　　　　　　D. 地下水环境评价范围确定

15. 某建设项目位于规划的地下水集中式饮用水水源准保护区以外的补给径流区，根据《环境影响评价技术导则 地下水环境》，该项目地下水环境敏感程度为（ ）。（2018年考题）

    A. 敏感　　　　B. 较敏感　　　　C. 不敏感　　　　D. 无法判定

16. 某地面以下的化学品输送管道项目，穿越一集中式应急饮用水水源准保护区，根据《环境影响评价技术导则 地下水环境》，该项目地下水环境影响评价工作等级判定为（ ）。（2018年考题）

    A. 一级　　　　　B. 二级　　　　　C. 三级　　　　　D. 无法判定

17. 某项目的地下水环境影响评价工作等级为一级，根据《环境影响评价技术导则 地下水环境》，该项目场地及其下游影响区的地下水水质监测点数量不得少于（ ）个。（2018年考题）

    A. 1　　　　　　B. 3　　　　　　C. 5　　　　　　D. 7

18. 根据《环境影响评价技术导则 地下水环境》，地下水环境影响预测的内容应给出（ ）。（2018年考题）

    A. 基本水质因子不同时段在包气带中的迁移规律

    B. 基本水质因子不同时段在地下水中的影响范围和程度

    C. 预测期内水文地质单元边界处特征因子随时间的变化规律

    D. 预测期内地下水环境保护目标处特征因子随时间的变化规律

19．根据《环境影响评价技术导则　地下水环境》，下列情景组合中，应确定地下水污染防治分区为重点防渗区的是（　　）。（2018 年考题）

A．污染物为重金属+天然包气带防污性能为"强"+污染控制难易程度为"易"

B．污染物为重金属+天然包气带防污性能为"中"+污染控制难易程度为"难"

C．污染物为氨氮+天然包气带防污性能为"弱"+污染控制难易程度为"难"

D．污染物为氨氮+天然包气带防污性能为"强"+污染控制难易程度为"易"

20．根据《环境影响评价技术导则　地下水环境》，下列区域中，地下水环境敏感程度分级属于较敏感的是（　　）。（2019 年考题）

A．温泉水地下水资源保护区　　　　B．分散式饮用水水源地

C．备用集中式饮用水水源准保护区　D．规划的集中式饮用水水源准保护区

21．某建设项目地下水环境影响评价项目类别为Ⅲ类，评级范围涉及矿泉水地下水资源保护区，根据《环境影响评价技术导则　地下水环境》，该项目地下水环境影响评价等级为（　　）。（2019 年考题）

A．一级　　　　　　　　　　　　　B．二级

C．三级　　　　　　　　　　　　　D．条件不足，无法判断

22．根据《环境影响评价技术导则　地下水环境》，在建设项目地下水评价工作等级为一级时，场地环境水文地质资料的调查精度至少应为（　　）。（2019 年考题）

A．1∶5 000 比例尺　　　　　　　B．1∶10 000 比例尺

C．1∶25 000 比例尺　　　　　　　D．1∶50 000 比例尺

23．建设项目（除线性工程外）地下水环境影响现状调查评价范围可采用公式计算法确定，计算公式 $L=\alpha \times K \times I \times T / n_e$ 中一般 α 取（　　）。（2019 年考题）

A．1　　　　　B．2　　　　　C．3　　　　　D．4

24．根据《环境影响评价技术导则　地下水环境》，关于地下水污染防渗分区的防渗技术要求表达正确的是（　　）。（2019 年考题）

A．重点防渗区等效黏土防渗层 Mb $\geqslant$ 6.0 m，$K \leqslant 10^{-6}$ cm/s

B．简单防渗区只进行一般地面硬化即可

C．一般防渗区可参照危险废物填埋场污染控制标准执行

D．一般防渗区 Mb $\geqslant$ 1.5 m，$K \leqslant 10^{-6}$ cm/s

25．根据《环境影响评价技术导则　地下水环境》，关于建设项目地下水环境影响预测方法选取的说法正确的有（　　）。（2019 年考题）

A．一级评价应采用数值法　　　　B．二级评价建议优先采用数值法

C．三级评价应采用解析法　　　　D．三级评价可采用类比分析法

26．根据《环境影响评价技术导则　地下水环境》，识别建设项目可能导致地

下水污染的特征因子不考虑（　　）。（2020年考题）

    A．项目所在区域地下水主要污染成分

    B．项目污废水成分

    C．项目固废浸出液成分

    D．项目液体物料成分

27．某项目场地下游紧邻分散式饮用水水源地。根据《环境影响评价技术导则 地下水环境》，该项目地下水环境敏感程度应确定为（　　）。（2020年考题）

    A．极敏感　　　　B．敏感　　　　C．较敏感　　　　D．不敏感

28．某项目地下水环境影响评价工作等级为一级。根据《环境影响评价技术导则 地下水环境》，关于该项目评价区的环境水文地质资料调查精度的说法，正确的是（　　）。（2020年考题）

    A．调查精度应不低于1：10 000比例尺

    B．调查精度应不低于1：50 000比例尺

    C．调查精度以不低于1：10 000比例尺为宜

    D．调查精度以不低于1：50 000比例尺为宜

29．根据《环境影响评价技术导则 地下水环境》，输油管线项目地下水调查评价范围是以工程沿线边界两侧分别向外延伸（　　）m。（2020年考题）

    A．100　　　　　　B．200　　　　　　C．500　　　　　　D．1 000

30．某化学原料制造项目共涉及4个场地。其天然包气带垂向渗透系数和厚度分别为 1.2×10^{-5} cm/s 和 120 m、3.2×10^{-7} cm/s 和 90 m、2.1×10^{-7} cm/s 和 110 m、1.3×10^{-5} cm/s 和 80 m。根据《环境影响评价技术导则 地下水环境》，该项目预测范围应扩展至包气带的场地数量是（　　）个。（2020年考题）

    A．1　　　　　　B．2　　　　　　C．3　　　　　　D．4

31．根据《环境影响评价技术导则 地下水环境》，地下水环境影响预测模型概化的工作内容不包括（　　）。（2020年考题）

    A．水文地质条件概化　　　　　　B．污染源概化

    C．水文地质参数初始值确定　　　D．预测时段确定

32．根据《环境影响评价技术导则 地下水环境》，建设项目防渗技术要求不考虑（　　）。（2020年考题）

    A．污染物浓度　　　　　　　　　B．污染控制难易程度

    C．污染物特性　　　　　　　　　D．场地天然包气带防污性能

33．某焦化项目位于地下热水资源丰富的滨海区。根据《环境影响评价技术导则 地下水环境》，判定其地下水环境影响评价等级应为（　　）。（2021年考题）

    A．一级　　　　　　　　　　　　B．二级

C. 三级　　　　　　　　　　　　D. 判据不充分，无法判定

34. 某建设项目地下水环境影响评价工作等级为一级。根据《环境影响评价技术导则　地下水环境》，该项目调查场地环境水文地质资料的调查精度应不低于（　　）。（2021年考题）

A. 1∶50 000　　　　　　　　　B. 1∶10 000

C. 1∶100 000　　　　　　　　 D. 1∶200 000

35. 某建设项目地下水环境影响评价工作等级为二级。根据《环境影响评价技术导则　地下水环境》，该项目场地及其下游影响区的地下水水质监测点原则上不得少于（　　）个。（2021年考题）

A. 1　　　　　B. 2　　　　　C. 3　　　　　D. 5

36. 包气带厚度超过100 m的评价区，缺乏近3年内至少一期的地下水水位动态监测资料，根据《环境影响评价技术导则　地下水环境》，下列关于地下水环境现状监测频率的说法正确的有（　　）。（2021年考题）

A. 水位监测频率为枯、平、丰水期　B. 至少应开展一期水质、水位现状监测

C. 水位监测频率为二期　　　　　　D. 水质监测频率为一期

37. 根据《环境影响评价技术导则　地下水环境》，评价建设项目对地下水水质影响时，可采用（　　）判据得出可以满足标准要求的结论。（2021年考题）

A. 在建设项目实施的某个阶段，有个别评价因子出现较大范围超标，但采取环保措施后，仍不满足《地下水质量标准》（GB/T 14848）或国家（行业、地方）相关标准要求的

B. 新建项目排放的主要污染物，改扩建项目已经排放的及将要排放的主要污染物在评价范围内地下水中已经超标，但超标值较小的

C. 建设项目各个不同阶段，除小范围以外地区，均能满足GB/T 14848或国家（行业、地方）相关标准要求的

D. 在建设项目实施的某个阶段，有个别评价因子出现较大范围超标，但采取环保措施后，可满足GB/T 14848或国家（行业、地方）相关标准要求的

38. 某建设项目涉及两处场地，分别对应不同的地下水环境影响评价项目类别。根据《环境影响评价技术导则　地下水环境》，关于该项目地下水环境影响评价工作等级的说法，正确的是（　　）。（2022年考题）

A. 各场地分别判定评价等级，并按最高等级开展评价

B. 各场地分别判定评价等级，并按相应等级开展评价

C. 按环境敏感程度最高的场地确定评价等级并开展评价

D. 按项目类别高的场地确定评价等级并开展评价

39. 根据《环境影响评价技术导则　地下水环境》，关于地下水环境影响评价

技术要求的说法，错误的是（　　）。（2022 年考题）

　　A．一级评价应详细掌握调查评价区水文地质条件

　　B．二级评价应基本掌握调查评价区水文地质条件

　　C．一级评价应采取数值法进行地下水环境影响预测

　　D．二级评价应采用类比法进行地下水环境影响预测

　　40．根据《环境影响评价技术导则　地下水环境》，关于环境现状调查评价范围的说法，错误的是（　　）。（2022 年考题）

　　A．可采用查表法确定调查范围

　　B．可采用公式计算法确定调查范围

　　C．查表范围超出所处水文地质单元边界时，以查表范围作为调查范围

　　D．计算范围超出所处水文地质单元边界时，以所处水文地质单元边界作为调查范围

　　41．根据《环境影响评价技术导则　地下水环境》，一级评价项目调查评价区环境水文地质资料的调查精度应不低于（　　）比例尺。（2022 年考题）

　　A．1∶10 000　　　B．1∶50 000　　　　C．1∶100 000　　　D．1∶200 000

　　42．根据《环境影响评价技术导则　地下水环境》，三级评价项目的地下水水质监测点数量一般应不小于（　　）个。（2022 年考题）

　　A．1　　　　　　　B．3　　　　　　　　C．5　　　　　　　D．7

　　43．根据《环境影响评价技术导则　地下水环境》，新建铅锌钛采选项目的地下水水质现状监测因子可不包括（　　）。（2022 年考题）

　　A．铅　　　　　　　　　　　　　B．氨氮

　　C．溶解性总固体　　　　　　　　D．DNAPLs（重非水相液体）

　　44．根据《环境影响评价技术导则　地下水环境》，地下水水文地质条件调查内容不包括（　　）。（2023 年考题）

　　A．包气带岩性　　　　　　　　　B．含水层分布

　　C．地下水化学类型　　　　　　　D．地下水污染源分布

　　45．根据《环境影响评价技术导则　地下水环境》，关于扩建项目地下水环境影响预测因子选择的说法，错误的是（　　）。（2023 年考题）

　　A．应选择浓度最高的特征因子　　B．应选择标准指数最大的特征因子

　　C．应选择新增加的特征因子　　　D．应选择地方要求控制的污染物

　　46．根据《环境影响评价技术导则　地下水环境》，水文地质条件概化内容不包括（　　）。（2023 年考题）

　　A．边界性质　　　B．介质特征　　　C．水流特征　　　D．水化学特征

　　47．根据《环境影响评价技术导则　地下水环境》，关于地下水环境影响评价

原则的说法，错误的是（　　）。（2023 年考题）

    A．应叠加环境质量现状值后再进行评价

    B．应评价建设项目对地下水水质的直接和间接影响

    C．应重点评价建设项目对地下水环境保护目标的影响

    D．应对建设项目各实施阶段的地下水环境影响进行评价

48．根据《环境影响评价技术导则　地下水环境》，地下水污染防渗分区可不考虑的因素是（　　）。（2023 年考题）

    A．天然包气带防污性能　　　　　　B．污染物类型

    C．污染物控制难易程度　　　　　　D．地下水环境敏感程度

二、不定项选择题（每题的备选项中至少有一个符合题意）

1．根据《环境影响评价技术导则　地下水环境》，关于地下水质量现状监测取样要求的说法，正确的有（　　）。（2017 年考题）

    A．建设项目为新建有色金属冶炼项目，且特征因子为六价铬时，应至少在含水层底部取一个样品

    B．建设项目为改、扩建有色金属冶炼项目，且特征因子为六价铬时，应至少在含水层底部取一个样品

    C．建设项目为新建项目，且特征因子为 DNAPLs（重质非水相液体）时，应至少在含水层底部取一个样品

    D．建设项目为改、扩建项目，且特征因子为 DNAPLs（重质非水相液体）时，应至少在含水层底部取一个样品

2．根据《环境影响评价技术导则　地下水环境》，下列地下水评价工作等级为二级的建设项目中，应开展枯、丰二期地下水水位监测的有（　　）。（2017 年考题）

    A．位于沙漠分布区的建设项目

    B．位于丘陵山区分布区的建设项目

    C．位于岩溶裂隙分布区的建设项目

    D．位于山前冲（洪）积分布区的建设项目

3．根据《环境影响评价技术导则　地下水环境》，关于地下水环境影响预测范围确定的说法，正确的有（　　）。（2018 年考题）

    A．地下水环境影响预测范围通常与调查评价范围一致

    B．预测层应以潜水含水层或污染物直接进入的含水层为主

    C．当建设项目场地包气带厚度超过 100 m 时，预测范围应扩展至包气带

    D．当建设项目场地天然包气带垂向渗透系数小于 $1×10^{-7} cm/s$ 时，预测范围应扩展至包气带

4. 某工业污水集中处理项目，位于黄土地区分散式饮用水水源地分布区，缺少连续的地下水水位和水质因子监测资料，根据《环境影响评价技术导则　地下水环境》，该项目现状调查的水位监测频率应包括（　　）。（2018 年考题）

　　A. 洪汛期　　　　　B. 丰水期　　　　　C. 平水期　　　　　D. 枯水期

5. 根据《环境影响评价技术导则　地下水环境》，地下水水质现状监测因子原则上应包括的类别有（　　）。（2019 年考题）

　　A. 基本水质因子　　　　　　　　　　B. 特征因子

　　C. 常规水质因子　　　　　　　　　　D. 特殊因子

6. 根据《环境影响评价技术导则　地下水环境》，关于二级评价项目地下水水质监测点布设的具体要求的说法，正确的有（　　）。（2019 年考题）

　　A. 潜水含水层的水质监测点应不少于 7 个

　　B. 可能受建设项目影响且具有饮用水开发利用价值的含水层 2～5 个

　　C. 原则上建设项目场地上游和两侧的地下水水质监测点均不得少于 1 个

　　D. 原则上建设项目场地及其下游影响区的地下水水质监测点均不得少于 3 个

7. 评价等级为二级的建设项目位于黄土地区，缺乏近 3 年内地下水水位动态监测资料和水质监测数据，根据《环境影响评价技术导则　地下水环境》，下列关于地下水环境现状监测频率的说法正确的有（　　）。（2019 年考题）

　　A. 水位监测频率为枯、平、丰水期　　　B. 水位监测频率为一期

　　C. 水位监测频率为二期　　　　　　　　D. 水质监测频率为一期

8. 根据《环境影响评价技术导则　地下水环境》，地下水环境保护措施与对策的基本要求包括（　　）。（2021 年考题）

　　A. 地下水环境保护对策措施应采纳建设项目可行性研究提出的污染防控对策

　　B. 应提出地下水环境跟踪监测方案

　　C. 应初步估算各项地下水环境保护措施的投资概算

　　D. 应给出各项地下水环境保护措施与对策的实施效果

9. 根据《环境影响评价技术导则　地下水环境》，地下水环境保护目标包括（　　）。（2022 年考题）

　　A. 包气带　　　　　　　　　　　　　B. 潜水含水层

　　C. 集中式饮用水水源　　　　　　　　D. 分散式饮用水水源地

参考答案

一、单项选择题

1．D　【解析】建设项目的地下水环境敏感程度可分为敏感、较敏感、不敏感三级。

2．C　【解析】对于利用废弃盐岩矿井洞穴或人工专制盐岩洞穴、废弃矿井巷道加水幕系统、人工硬岩洞库加水幕系统、地质条件较好的含水层储油、枯竭的油气层储油等形式的地下储油库，危险废物填埋场应进行一级评价，不按导则的列表划分评价工作等级。

3．B　【解析】一级评价要求场地环境水文地质资料的调查精度应不低于 1：10 000 比例尺，评价区的环境水文地质资料的调查精度应不低于 1：50 000 比例尺。

4．D　【解析】查表法：地下水环境影响评价工作等级为一级的项目，地下水环境现状调查评价范围≥20 km^2。

5．C　【解析】建设项目场地及其下游影响区的地下水水质监测点一级不得少于 3 个，二级不得少于 2 个，三级不得少于 1 个。

6．C　7．C

8．C　【解析】地下水环境影响的识别应在初步工程分析和确定地下水环境保护目标的基础上进行。根据建设项目建设期、运营期和服务期满后三个阶段的工程特征，识别其"正常状况"和"非正常状况"下的地下水环境影响。

9．A

10．A　【解析】焦化项目做报告书，属地下水的 I 类项目。

11．A　【解析】二级评价项目潜水含水层的水质监测点应不少于 5 个，可能受建设项目影响且具有饮用水开发利用价值的含水层 2～4 个。原则上建设项目场地上游和两侧的地下水水质监测点均不得少于 1 个，建设项目场地及其下游影响区的地下水水质监测点不得少于 2 个。

12．A

13．D　【解析】查《环境影响评价技术导则　地下水环境》附录 A 地下水环境影响评价行业分类表。此知识点庞杂，无法记忆，性价比太低，可忽略。

14．D　【解析】见下图：

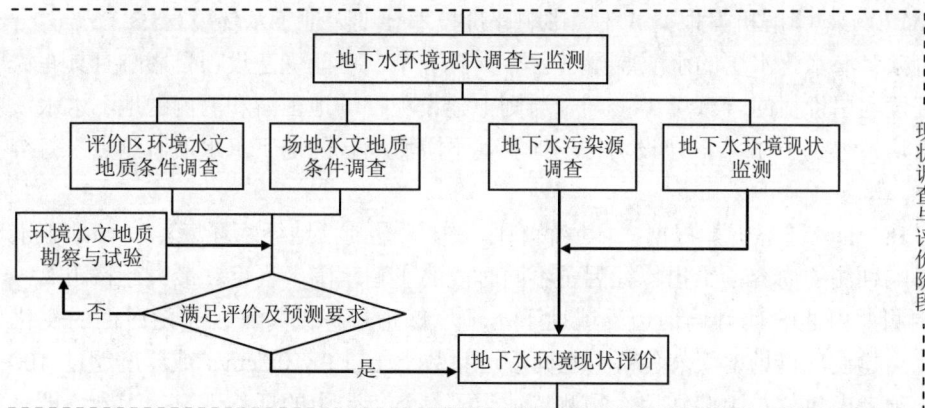

15．B　【解析】见地下水环境敏感程度分级表。

分级	地下水环境敏感特征
敏感	集中式饮用水水源（包括已建成的在用、备用、应急水源，在建和规划的饮用水水源）准保护区；除集中式饮用水水源以外的国家或地方政府设定的与地下水环境相关的其他保护区，如热水、矿泉水、温泉等特殊地下水资源保护区
较敏感	集中式饮用水水源（包括已建成的在用、备用、应急水源，在建和规划的饮用水水源）准保护区以外的补给径流区；未划定准保护区的集中式饮用水水源，其保护区以外的补给径流区；分散式饮用水水源地；特殊地下水资源（如矿泉水、温泉等）保护区以外的分布区等其他未列入上述敏感分级的环境敏感区
不敏感	上述地区之外的其他地区

注：表中"环境敏感区"系指《建设项目环境影响评价分类管理名录》中所界定的涉及地下水的环境敏感区。

16．A　【解析】评价工作等级应依据建设项目行业分类和地下水环境敏感程度分级进行判定，可划分为一级、二级、三级。根据《环境影响评价技术导则　地下水环境》附录 A 确定建设项目所属的地下水环境影响评价项目类别。地面以下的化学品输送管道为Ⅱ类项目，集中式应急饮用水水源准保护区地下水环境敏感程度为敏感，根据评价工作等级分级表，该项目地下水环境影响评价工作等级判定为一级。评价工作等级分级表简记为"敏感 112，较敏感 123，不敏感 233"。从行、列看，都是 112、123、233 这个规律。

评价工作等级分级表

环境敏感程度 ＼ 项目类别	Ⅰ类项目	Ⅱ类项目	Ⅲ类项目
敏感	一	一	二
较敏感	一	二	三
不敏感	二	三	三

17．B　【解析】根据《环境影响评价技术导则　地下水环境》8.3.3.3，"一级评价项目潜水含水层的水质监测点应不少于 7 个，可能受建设项目影响且具有饮用水开发利用价值的含水层 3～5 个。原则上建设项目场地上游和两侧的地下水水质监测点均不得少于 1 个，建设项目场地及其下游影响区的地下水水质监测点不得少于 3 个。"

18．D　【解析】根据《环境影响评价技术导则　地下水环境》9.9，地下水环境影响预测的内容：给出特征因子不同时段的影响范围、程度、最大迁移距离；给出预测期内建设项目场地边界或地下水环境保护目标处特征因子随时间的变化规律；当建设项目场地天然包气带垂向渗透系数小于 $1.0×10^{-6}$ cm/s 或厚度超过 100 m 时，须考虑包气带阻滞作用，预测特征因子在包气带中的迁移规律；污染场地修复治理工程项目应给出污染物变化趋势或污染控制的范围。

19．B　【解析】地下水污染防渗分区参照下表。氨氮属于其他污染物类型。

防渗分区	天然包气带防污性能	污染控制难易程度	污染物类型	防渗技术要求
重点防渗区	弱	难	重金属持久性有机污染物	等效黏土防渗层　Mb≥6.0 m，$K≤10^{-7}$ cm/s，或参照《危险废物填埋场污染控制标准》执行
	中—强	难		
	弱	易		
一般防渗区	弱	易—难	其他类型	等效黏土防渗层　Mb≥1.5 m，$K≤10^{-7}$ cm/s，或参照《生活垃圾填埋场污染控制标准》执行
	中—强	难		
	中	易	重金属持久性有机污染物	
	强	易		
简单防渗区	中—强	易	其他类型	一般地面硬化

20．B　【解析】集中式饮用水水源（包括已建成的在用、备用、应急水源，在建和规划的饮用水水源）准保护区以外的补给径流区；未划定准保护区的集中式饮用水水源，其保护区以外的补给径流区；分散式饮用水水源地；特殊地下水资源（如矿泉水、温泉等）保护区以外的分布区等其他未列入上述敏感分级的环境敏感区，为较敏感。

21．B

22．B　【解析】一级评价要求场地环境水文地质资料的调查精度应不低于 1∶10 000 比例尺，评价区的环境水文地质资料的调查精度应不低于 1∶50 000 比例尺。二级评价环境水文地质资料的调查精度要求能够清晰反映建设项目与环境敏感区、地下水环境保护目标的位置关系，并根据建设项目特点和水文地质条件复杂程度确定调查精度，建议一般以不低于 1∶50 000 比例尺为宜。简要记为"调查精度要简记，全部都是不低于，一级一万是场地，精度五万评价区，二级五万需牢记"。

23．B　【解析】公式计算法确定地下水环境影响现状调查评价范围：$L=\alpha \times K \times I \times T/n_e$，式中：$L$——下游迁移距离，m；$\alpha$——变化系数，$\alpha \geqslant 1$，一般取 2；$K$——渗透系数，m/d；$I$——水力坡度，量纲为 1；$T$——质点迁移天数，取值不小于 5 000 d；$n_e$——有效孔隙度，量纲为 1。

24．B

25．D　【解析】预测方法的选取应根据建设项目工程特征、水文地质条件及资料掌握程度来确定，当数值方法不适用时，可用解析法或其他方法预测。一般情况下，一级评价应采用数值法，不宜概化为等效多孔介质的地区除外；二级评价中水文地质条件复杂且适宜采用数值法时，建议优先采用数值法；三级评价可采用解析法或类比分析法。

26．A　【解析】根据《环境影响评价技术导则　地下水环境》5.3.2，"特征因子应根据建设项目污废水成分（可参照 HJ/T 2.3）、液体物料成分、固废浸出液成分等确定。"

27．C　【解析】地下水环境敏感程度分级参照下表确定。

分级	地下水环境敏感特征
敏感	集中式饮用水水源（包括已建成的在用、备用、应急水源，在建和规划的饮用水水源）准保护区；除集中式饮用水水源以外的国家或地方政府设定的与地下水环境相关的其他保护区，如热水、矿泉水、温泉等特殊地下水资源保护区
较敏感	集中式饮用水水源（包括已建成的在用、备用、应急水源，在建和规划的饮用水水源）准保护区以外的补给径流区；未划定准保护区的集中式饮用水水源，其保护区以外的补给径流区；分散式饮用水水源地；特殊地下水资源（如矿泉水、温泉等）保护区以外的分布区等其他未列入上述敏感分级的环境敏感区
不敏感	上述地区之外的其他地区

注：表中"环境敏感区"系指《建设项目环境影响评价分类管理名录》中所界定的涉及地下水的环境敏感区。

28．B　【解析】根据《环境影响评价技术导则　地下水环境》7.5.1，"一级评价要求场地环境水文地质资料的调查精度应不低于 1：10 000 比例尺，调查评价区的环境水文地质资料的调查精度应不低于 1：50 000 比例尺。"

29．B　【解析】根据《环境影响评价技术导则　地下水环境》8.2.2.2，"线性工程应以工程边界两侧分别向外延伸 200 m 作为调查评价范围。"

30．B　【解析】根据《环境影响评价技术导则　地下水环境》9.2.3，"当建设项目场地天然包气带垂向渗透系数小于 1.0×10^{-6} cm/s 或厚度超过 100 m 时，预测范围应扩展至包气带。"

31．D　【解析】根据《环境影响评价技术导则　地下水环境》9.8，预测模型概化包括水文地质条件概化、污染源概化、水文地质参数初始值的确定。

32．A　【解析】根据《环境影响评价技术导则　地下水环境》11.2.2.1，未颁布相关标准的行业，应根据预测结果和建设项目场地包气带特征及其防污性能，提出防渗技术要求；或根据建设项目场地天然包气带防污性能、污染控制难易程度和污染物特性，参照地下水污染防渗分区参照表提出防渗技术要求。

33．A　【解析】焦化项目属地下水的Ⅰ类项目。根据《环境影响评价技术导则　地下水环境》表 1，该项目位于地下热水资源丰富的滨海区，属于特殊地下水资源保护区，环境敏感程度为敏感，因此评价等级为一级。

34．B　【解析】一级评价要求场地环境水文地质资料的调查精度应不低于1∶10 000 比例尺，评价区的环境水文地质资料的调查精度应不低于 1∶50 000 比例尺。

35．B　【解析】二级评价项目潜水含水层的水质监测点应不少于 5 个，可能受建设项目影响且具有饮用水开发利用价值的含水层 2～4 个。原则上建设项目场地上游和两侧的地下水水质监测点均不得少于 1 个，建设项目场地及其下游影响区的地下水水质监测点不得少于 2 个。

36．B　【解析】根据《环境影响评价技术导则　地下水环境》8.3.3.6，"在包气带厚度超过 100 m 的评价区或监测井较难布置的基岩山区，若掌握近 3 年内至少一期的监测资料，评价期内可不进行地下水水位、水质现状监测；若无上述资料，至少开展一期现状水位、水质监测。"

37．D　【解析】得出可以满足标准要求的结论有两个：一是在建设项目各个不同阶段，除场界内小范围以外地区，均能满足《地下水质量标准》或国家（行业、地方）相关标准要求的；二是在建设项目实施的某个阶段，有个别评价因子出现较大范围超标，但采取环保措施后，可满足《地下水质量标准》（GB/T 14848）或国家（行业、地方）相关标准要求的。

38．B　【解析】根据《环境影响评价技术导则　地下水环境》6.2.2.3，"当同一建设项目涉及两个或两个以上场地时，各场地应分别判定评价工作等级，并按相应等级开展评价工作。"

39．D　【解析】根据《环境影响评价技术导则　地下水环境》7.3.4，二级评价应根据建设项目特征、水文地质条件及资料掌握情况，采用数值法或解析法进行影响预测，评价对地下水环境保护目标的影响。选项 A、B、C 说法正确。

40．C　【解析】根据《环境影响评价技术导则　地下水环境》8.2.2.1，"当建设项目所在地水文地质条件相对简单，且所掌握的资料能够满足公式计算法的要求时，应采用公式计算法确定；当不满足公式计算法的要求时，可采用查表法确定。当计算或查表范围超出所处水文地质单元边界时，应以所处水文地质单元边界为宜。"

41．B　【解析】根据《环境影响评价技术导则　地下水环境》7.5.1，"一级评价要求场地环境水文地质资料的调查精度应不低于 1：10 000 比例尺，调查评价区的环境水文地质资料的调查精度应不低于 1：50 000 比例尺。"

42．B　【解析】根据《环境影响评价技术导则　地下水环境》8.3.3.3 现状监测点的布设原则，三级评价项目潜水含水层水质监测点应不少于 3 个，可能受建设项目影响且具有饮用水开发利用价值的含水层 1～2 个。原则上建设项目场地上游及下游影响区的地下水水质监测点各不得少于 1 个。

43．D　【解析】根据《环境影响评价技术导则　地下水环境》8.3.3.5 地下水水质现状监测因子，"a）检测分析地下水中 K^+、Na^+、Ca^{2+}、Mg^{2+}、CO_3^{2-}、HCO_3^-、Cl^-、SO_4^{2-} 的浓度。b）地下水水质现状监测因子原则上应包括两类：1）基本水质因子以 pH、氨氮、硝酸盐、亚硝酸盐、挥发性酚类、氰化物、砷、汞、铬（六价）、总硬度、铅、氟、镉、铁、锰、溶解性总固体、高锰酸盐指数、硫酸盐、氯化物、总大肠菌群、细菌总数等以及背景值超标的水质因子为基础，可根据区域地下水水质状况、污染源状况适当调整；2）特征因子根据 5.3.2 的识别结果确定，可根据区域地下水水质状况、污染源状况适当调整。"

根据 8.3.3.4，建设项目为改、扩建项目，且特征因子为 DNAPLs（重质非水相液体）时，应至少在含水层底部取一个样品。项目为新建铅锌钛采选，无需评价DNAPLs。

44．D　【解析】根据《环境影响评价技术导则　地下水环境》，地下水环境现状调查与评价包括水文地质条件调查和地下水污染源调查。地下水污染源分布不属于水文地质条件调查内容。

45．A　【解析】根据《环境影响评价技术导则　地下水环境》9.5，"预测因子应包括：a）根据 5.3.2 识别出的特征因子，按照重金属、持久性有机污染物和其他类别进行分类，并对每一类别中的各项因子采用标准指数法进行排序，分别取标准指数最大的因子作为预测因子；b）现有工程已经产生的且改、扩建后将继续产生的特征因子，改、扩建后新增加的特征因子；c）污染场地已查明的主要污染物，按照 a）筛选预测因子；d）国家或地方要求控制的污染物。"

46．D　【解析】根据《环境影响评价技术导则　地下水环境》9.8.1，"根据调查评价区和场地环境水文地质条件，对边界性质、介质特征、水流特征和补径排等条件进行概化。"

47．B　【解析】根据《环境影响评价技术导则　地下水环境》10.1，评价应以地下水环境现状调查和地下水环境影响预测结果为依据，对建设项目各实施阶段（建设期、运营期及服务期满后）不同环节及不同污染防控措施下的地下水环境影响进行评价。地下水环境影响预测未包括环境质量现状值时，应叠加环境质量现状值后再进行评价。应评价建设项目对地下水水质的直接影响，重点评价建设项目对地下水环境保护目标的影响。

48．D　【解析】根据《环境影响评价技术导则　地下水环境》11.2.2.1，"未颁布相关标准的行业，根据预测结果和建设项目场地包气带特征及其防污性能，提出防渗技术要求；或根据建设项目场地天然包气带防污性能、污染控制难易程度和污染物特性，参照表 7 提出防渗技术要求。"

二、不定项选择题

1．D　【解析】地下水水质现状监测取样要求有 3 个：① 地下水水质取样应根据特征因子在地下水中的迁移特性选取适当的取样方法。② 一般情况下，只取一个水质样品，取样点深度宜在地下水位以下 1.0 m 左右。③ 建设项目为改、扩建项目，且特征因子为 DNAPLs（重质非水相液体）时，应至少在含水层底部取一个样品。虽然只有一个答案，但属不定项选择题。

2．D　【解析】对于地下水导则中的"表 4　地下水环境现状监测频率参照表"，特殊性质的监测频率要记住。

3．ABCD　【解析】地下水环境影响预测范围一般与调查评价范围一致，预测层位应以潜水含水层或污染物直接进入的含水层为主，兼顾与其水力联系密切且具有饮用水开发利用价值的含水层。当建设项目场地天然包气带垂向渗透系数小于 1×10^{-6} cm/s 或厚度超过 100 m 时，预测范围应扩展至包气带。注意，D 选项的表述为：当建设项目场地天然包气带垂向渗透系数小于 1×10^{-7} cm/s 时，预测范围应扩展至包气带。1×10^{-7} cm/s 小于 1×10^{-6} cm/s，所以预测范围更应扩展至包气带。

4．BCD　【解析】工业污水集中处理项目为 Ⅰ 类（地下水类型需要从《环境影响评价技术导则　地下水环境》附录中查），分散式饮用水水源地分布区地下水环境敏感程度为较敏感，所以评价工作等级为一级，位于黄土地区，水位监测频率为枯、平、丰三期。

5．AB　【解析】地下水水质现状监测因子原则上应包括两类：基本水质因子、特征因子。注意：地下水水质现状监测要检测分析地下水环境中 $K^+ + Na^+$、Ca^{2+}、Mg^{2+}、CO_3^{2-}、HCO_3^-、Cl^-、SO_4^{2-} 的浓度。简记为"钾钠钙镁，氯硫二碳"。注意：其实是 8 种离子浓度，但 K^+、Na^+ 沿用地下水行业的惯例，需一起检测，所以也可以说 7 种离子浓度，$K^+ + Na^+$ 不要分开写。8 种离子相当于地下水的"血型"，是了解和查明地下水化学组分空间分布现状的基本项目，但这些不属于地下水水质现状监测因子。

6．C　【解析】地下水水质监测点布设的具体要求：二级评价项目潜水含水层的水质监测点应不少于 5 个，可能受建设项目影响且具有饮用水开发利用价值的含水层2～4个。原则上建设项目场地上游和两侧的地下水水质监测点均不得少于1个，建设项目场地及其下游影响区的地下水水质监测点不得少于2个。

7．BD　【解析】不同评价工作等级地下水环境现状监测频率的要求：（1）水位监测频率要求：① 评价等级为一级的建设项目，若掌握近3年内至少一个连续水文年的枯、平、丰水期地下水位动态监测资料，评价期内至少开展一期地下水水位监测；若无上述资料，依据《环境影响评价技术导则　地下水环境》表4开展水位监测。② 评价等级为二级的建设项目，若掌握近3年内至少一个连续水文年的枯、丰水期地下水位动态监测资料，评价期可不再开展现状地下水位监测；若无上述资料，依据表4开展水位监测。③ 评价等级为三级的建设项目，若掌握近3年内至少一期的监测资料，评价期内可不再进行现状水位监测；若无上述资料，依据表4开展水位监测。（2）基本水质因子的水质监测频率应参照表4，若掌握近3年至少一期水质监测数据，基本水质因子可在评价期补充开展一期现状监测；特征因子在评价期内需至少开展一期现状监测。（3）在包气带厚度超过100 m的评价区或监测井较难布置的基岩山区，若掌握近3年内至少一期的监测资料，评价期内可不进行现状水位、水质监测；若无上述资料，至少开展一期现状水位、水质监测。

表4　地下水环境现状监测频率参照

频次　　评价等级　分布区	水位监测频率			水质监测频率		
	一级	二级	三级	一级	二级	三级
山前冲（洪）积	枯平丰	枯平	一期	枯丰	枯	一期
滨海（含填海区）	二期[a]	一期	一期	一期	一期	一期
其他平原区	枯丰	一期	一期	枯	一期	一期
黄土地区	枯平丰	一期	一期	二期	一期	一期
沙漠地区	枯丰	一期	一期	一期	一期	一期
丘陵地区	枯丰	一期	一期	一期	一期	一期
岩溶裂隙	枯丰	一期	一期	枯丰	一期	一期
岩溶管道	二期	一期	一期	二期	一期	一期

注：a."二期"的间隔有明显水位变化，其变化幅度接近年内变幅。

8．BCD　【解析】根据《环境影响评价技术导则　地下水环境》11.1，地下水环境保护措施与对策的基本要求包括：根据建设项目特点、调查评价区和场地环境水文地质条件，在建设项目可行性研究提出的污染防控对策的基础上，根据环境影响预测与评价结果，提出需要增加或完善的地下水环境保护措施和对策。给出各项地下水环境保护措施与对策的实施效果，初步估算各措施的投资概算，列表给出并分析其技术、经济可行性。提出合理、可行、操作性强的地下水污染防控的环境管理体系，包括地下水环境跟踪监测方案和定期信息公开等。

9．BCD 　【解析】根据《环境影响评价技术导则　地下水环境》3.17，地下水环境保护目标包括：潜水含水层和可能受建设项目影响且具有饮用水开发利用价值的含水层，集中式饮用水水源和分散式饮用水水源地，以及《建设项目环境影响评价分类管理名录》中所界定的涉及地下水的环境敏感区。

第二节　相关的地下水环境标准

一、单项选择题（每题的备选项中，只有一个最符合题意）

1．某地下水水样挥发性酚类（以苯酚计）检测浓度为 0.001 mg/L，苯并[a]芘浓度为 0.002 μg/L，根据《地下水质量标准》（GB/T 14848）（标准值见下表），判定该地下水质量类别为（ 　 ）类。（2018 年考题）

指标类别	Ⅰ 类	Ⅱ 类	Ⅲ 类	Ⅳ 类	Ⅴ 类
挥发性酚类（以苯酚计）/（mg/L）	≤0.001	≤0.001	≤0.002	≤0.01	>0.01
苯并[a]芘/（μg/L）	≤0.002	≤0.002	≤0.01	≤0.50	>0.50

A．Ⅰ 　　　　　　B．Ⅱ 　　　　　　C．Ⅲ 　　　　　D．Ⅳ

2．根据《地下水质量标准》（GB/T 14848），关于地下水监测频率的规定，下列说法正确的是（ 　 ）。（2019 年考题）

A．潜水监测频率应不少于每年两次（丰水期和枯水期各 1 次）

B．潜水监测频率应不少于每年两次（平水期和枯水期各 1 次）

C．承压水监测频率可以根据质量变化情况确定，宜每年 1 次（枯水期 1 次）

D．承压水监测频率可以根据质量变化情况确定，宜每年 1 次（平水期 1 次）

3．根据《地下水质量标准》（GB/T 14848），已知某污染物Ⅰ类、Ⅱ类、Ⅲ类、Ⅳ类标准分别为 0.001 mg/L、0.001 mg/L、0.002 mg/L、0.01 mg/L，某处地下水该污染物分析测试结果为 0.001 mg/L，采用单指标评价，该地下水质量应为（ 　 ）类。（2019 年考题）

A．Ⅰ 　　　　　　B．Ⅱ 　　　　　　C．Ⅲ 　　　　　D．Ⅳ

4．根据《地下水质量标准》（GB/T 14848），潜水监测频率至少应为（ 　 ）。（2020 年考题）

A．枯水期 1 次 　　　　　　　　　　B．丰水期 1 次

C．丰水期和枯水期各 1 次 　　　　　D．平水期 1 次

二、不定项选择题（每题的备选项中至少有一个符合题意）

1. 根据《地下水质量标准》（GB/T 14848），关于地下水评价，说法正确的有（　）。（2010 年考题）

　　A. 评价结果应说明水质达标情况

　　B. 地下水质量评价分类指标划分为五类

　　C. 单项组分评价，不同类别标准值相同时，从劣不从优

　　D. 使用两次以上的水质分析资料进行评价时，可分别进行地下水质量评价

2. 根据《地下水质量标准》（GB/T 14848），可直接作为生活饮用水水源的地下水水质类别有（　）类。（2014 年考题）

　　A. Ⅰ　　　　　　B. Ⅱ　　　　　　C. Ⅲ　　　　　　D. Ⅳ

3. 根据《地下水质量标准》（GB/T 14848），下列指标中，属于地下水水质监测项目的有（　）。（2015 年考题）

　　A. 氰化物　　　　B. 溶解氧　　　　C. 大肠菌群　　　D. 高锰酸盐指数

4. 根据《地下水质量标准》（GB/T 14848），适用于各种用途的地下水包括（　）类。（2021 年考题）

　　A. Ⅰ　　　　　　B. Ⅱ　　　　　　C. Ⅲ　　　　　　D. Ⅳ

5. 根据《地下水环境质量标准》（GB/T 14848），除一般化学指标以外，地下水质量常规指标还包括（　）。（2022 年考题）

　　A. 微生物指标　　　　　　　　　　B. 毒理性指标

　　C. 感官性状指标　　　　　　　　　D. 放射性指标

参考答案

一、单项选择题

1. A　【解析】地下水质量单指标评价，按指标值所在的限值范围确定地下水质量类别，指标限值相同时，从优不从劣。挥发性酚类Ⅰ类、Ⅱ类限值均为 0.001 mg/L，地下水水样挥发性酚类（以苯酚计）检测浓度为 0.001 mg/L，应定为Ⅰ类；苯并[a]芘Ⅰ类、Ⅱ类限值均为 0.002 μg/L，地下水水样苯并[a]芘浓度 0.002 μg/L，应定为Ⅰ类。地下水质量综合评价，按单指标评价结果最差的类别确定，并指出最差类别的指标。判定该地下水质量类别为Ⅰ类。

2. A　【解析】地下水质量应定期监测。潜水监测频率应不少于每年两次（丰水期和枯水期各 1 次），承压水监测频率可以根据质量变化情况确定，宜每年 1 次。

3．A　【解析】地下水质量单指标评价，按指标值所在的限值范围确定地下水质量类别，指标限值相同时，从优不从劣。示例：挥发性酚类Ⅰ类、Ⅱ类限值均为 0.001 mg/L，若质量分析结果为 0.001 mg/L 时，应定为Ⅰ类，不定为Ⅱ类。

4．C　【解析】地下水质量应定期监测。潜水监测频率应不少于每年两次（丰水期和枯水期各 1 次）。

二、不定项选择题

1．ABD　【解析】选项 C 应是"从优不从劣"。

2．AB　【解析】Ⅱ类适用于主要反映地下水化学组分的天然背景含量，适用于各种用途。Ⅲ类水以人体健康基准值为依据，主要适用于集中式生活饮用水水源及工业、农业用水。

3．ACD　【解析】"溶解氧"属于地表水水质监测项目，不属于地下水水质监测项目。

4．AB　【解析】根据《地下水质量标准》（GB/T 14848），"依据我国地下水质量状况和人体健康风险，参照生活饮用水、工业、农业等用水质量要求，依据各组分含量高低（pH 除外），分为五类。

Ⅰ类：地下水化学组分含量低，适用于各种用途；

Ⅱ类：地下水化学组分含量较低，适用于各种用途；

Ⅲ类：地下水化学组分含量中等，以 GB 5749—2006 为依据，主要适用于集中式生活饮用水水源及工农业用水；

Ⅳ类：地下水化学组分含量较高，以农业和工业用水质量要求以及一定水平的人体健康风险为依据，适用于农业和部分工业用水，适当处理后可作生活饮用水；

Ⅴ类：地下水化学组分含量高，不宜作为生活饮用水水源，其他用水可根据使用目的选用。"

5．ABCD　【解析】根据《地下水质量标准》3.2，"反映地下水质量基本状况的指标，包括感官性状及一般化学指标、微生物指标、常见毒理学指标和放射性指标。"

第六章　声环境影响评价技术导则与相关标准

第一节　环境影响评价技术导则　声环境

引言：《环境影响评价技术导则　声环境》（HJ 2.4—2021）于 2021 年 12 月发布，2022 年 7 月实施。本书收录了部分历年考题中仍有一定参考价值的题目，供考生参考。

一、单项选择题（每题的备选项中，只有一个最符合题意）

1. 各倍频带声压级经能量叠加法求得的和为总声压级。根据《环境影响评价技术导则　声环境》，同一噪声源在相同位置、相同时段测得的评价量中，大小关系必定成立的是（　　）。（2010 年考题）

　　A．总声压级≥A 声级　　　　　　　　B．A 声级≥总声压级

　　C．总声压级≥各倍频带声压级　　　　D．A 声级≥各倍频带声压级

2. 根据《环境影响评价技术导则　声环境》，预测紧邻道路第一排第十层居民住宅处的环境噪声影响时，主要考虑的声传播衰减因素是（　　）。（2010 年考题）

　　A．几何发散衰减　　　　　　　　　　B．地面效应衰减

　　C．临路建筑引起的声级衰减　　　　　D．绿化林带引起的声级衰减

3. 根据《环境影响评价技术导则　声环境》，关于建设项目实施过程中声环境影响评价时段，说法正确的是（　　）。（2010 年考题）

　　A．建设项目实施过程中，声环境影响评价时段不包括施工期

　　B．建设项目实施过程中，声环境影响评价时段不包括运行期

　　C．运行期声源为流动声源时，仅以工程预测近期作为环境影响评价时段

　　D．运行期声源为固定声源时，固定声源投产运行后作为环境影响评价时段

4. 根据《环境影响评价技术导则　声环境》，不符合声环境现状监测点布置原则的是（　　）。（2010 年考题）

　　A．布点应覆盖整个评价范围

B. 为满足预测需要，可在评价范围内垂直于线声源不同距离处布设监测点

C. 评价范围内没有明显声源，且声级较低时，可选择有代表性的区域布设监测点

D. 评价范围内有明显声源，且呈线声源特点时，受影响敏感目标处的现状声级均需实测

5. 根据《环境影响评价技术导则　声环境》，可以采用点声源模式进行预测的是（　　）。（2010 年考题）

A. 已知距卡车 1 m 处的噪声级，预测距卡车 30 m 处的噪声级

B. 已知距卡车 30 m 处的噪声级，预测距卡车 1 m 处的噪声级

C. 已知卡车声功率级，预测距卡车 1 m 处的噪声级

D. 已知卡车声功率级，预测距卡车 30 m 处的噪声级

6. 根据《环境影响评价技术导则　声环境》，（　　）属于拟建停车场声环境影响评价内容。（2010 年考题）

A. 场界噪声贡献值及周围敏感目标处噪声预测值达标情况

B. 场界噪声预测值及周围敏感目标处噪声贡献值达标情况

C. 分析施工场地边界噪声与《工业企业厂界环境噪声排放标准》的相符性

D. 分析施工噪声对周围敏感目标的影响与《建筑施工场界噪声限值》的相符性

7. 某工厂技改前停止生产情况下，厂界外敏感目标处噪声背景值为 47 dB，正常生产情况下噪声级为 50 dB；技改后厂区噪声对该敏感目标的噪声贡献值为 53 dB。根据《环境影响评价技术导则　声环境》，技改后该敏感目标处的声环境影响预测值为（　　）dB。（2010 年考题）

A. 53　　　　　　B. 54　　　　　　C. 55　　　　　　D. 56

8. 某建设项目位于 3 类声环境功能区，项目建设前后评价范围内敏感目标噪声级增加量高达 5 dB（A）。根据《环境影响评价技术导则　声环境》，该项目的声环境评价工作等级应为（　　）。（2011 年考题）

A. 一级　　　　　B. 二级　　　　　C. 三级　　　　　D. 四级

9. 某建设项目声环境影响评价等级为一级，根据《环境影响评价技术导则　声环境》，关于绘制等声级线图说法正确的是（　　）。（2011 年考题）

A. 固定声源评价无须绘制等声级线图

B. 机场周围飞机噪声评价无须绘制等声级线图

C. 项目流动声源经过路段均应绘制等声级线图

D. 项目流动声源经过的城镇建成区和规划区路段应绘制等声级线图

10. 根据《环境影响评价技术导则　声环境》，不属于声环境现状调查主要内容的是（　　）。（2011 年考题）

　　A. 声环境敏感目标　　　　　　　　B. 拟建项目声源

　　C. 声环境功能区划　　　　　　　　D. 主要现状声源

11. 某改、扩建城市地面道路两侧紧邻高层居民楼，根据《环境影响评价技术导则　声环境》，预测该居民楼一层处在受道路交通噪声影响时，可忽略的声传播衰减因素是（　　）。（2011 年考题）

　　A. 几何发散衰减　　　　　　　　　B. 反射体引起的修正

　　C. 大气吸收引起的衰减　　　　　　D. 声屏蔽引起的衰减

12. 根据《环境影响评价技术导则　声环境》，评价受发电厂噪声影响的日托幼儿园的声环境质量，必须选择的评价量是（　　）。（2012 年考题）

　　A. A 声功率级　　　　　　　　　　B. 最大 A 声级

　　C. 夜间等效声级　　　　　　　　　D. 昼间等效声级

13. 某企业位于 2 类声环境功能区，距离厂界 200 m 的敏感目标处声级昼间为 60 dB（A）、夜间为 55 dB（A）。根据《环境影响评价技术导则　声环境》，该项目声环境影响评价范围应为（　　）。（2012 年考题）

　　A. 厂界外 200 m 范围内

　　B. 距企业声源外 200 m 范围内

　　C. 扩大至满足 2 类声环境功能区夜间标准值距离处

　　D. 扩大至满足 3 类声环境功能区夜间标准值距离处

14. 位于建筑物屋顶的某冷却塔声功率级为 90 dB（A），根据《环境影响评价技术导则　声环境》，采用点声源模型预测该冷却塔噪声影响时，必须补充的声源资料是（　　）。（2012 年考题）

　　A. 冷却塔的运行时段和运行时间　　B. 冷却塔的形状

　　C. 冷却塔的 A 声级　　　　　　　　D. 冷却塔的直径

15. 根据《环境影响评价技术导则　声环境》，不属于声环境现状调查内容的是（　　）。（2012 年考题）

　　A. 评价范围内的噪声源　　　　　　B. 评价范围内的企业规模

　　C. 评价范围内声环境功能区划　　　D. 评价范围内声环境敏感目标分布

16. 根据《环境影响评价技术导则　声环境》，关于户外声传播衰减的说法正确的是（　　）。（2012 年考题）

　　A. 噪声频率越低，大气吸收引起的衰减越大

　　B. 噪声频率越低，绿化林带引起的衰减越大

　　C. 噪声频率越高，声屏障引起的衰减越大

　　D. 噪声频率越高，几何发散衰减越大

17. 根据《环境影响评价技术导则　声环境》，属于机场飞机噪声影响预测内

容的是（　　）。（2012 年考题）

　　A．敏感目标处每次飞行事件的有效感觉噪声级

　　B．敏感目标处昼夜等效声级

　　C．敏感目标处起飞事件的计权等效连续感觉噪声级

　　D．敏感目标处计权等效连续感觉噪声级

　　18．根据《环境影响评价技术导则　声环境》，评价建设项目对厂界和敏感目标处的环境噪声影响，采用的评价量分别是（　　）。（2012 年考题）

　　A．贡献值、贡献值　　　　　　　　　B．预测值、预测值

　　C．贡献值、预测值　　　　　　　　　D．预测值、贡献值

　　19．根据《环境影响评价技术导则　声环境》，环境影响评价类别按声源种类划分，可分为（　　）的评价。（2013 年考题）

　　A．稳态声源和非稳态声源　　　　　　B．稳态声源和突发声源

　　C．固定声源和流动声源　　　　　　　D．机械声源和气流声源

　　20．某新建乡村道路拟穿越的区域无明显声源，现状声级较低，下列噪声现状监测点布设，符合《环境影响评价技术导则　声环境》要求的是（　　）。（2013 年考题）

　　A．选择有代表性区域布设测点

　　B．在全部敏感目标处布设测点

　　C．在评价范围内距离拟建道路不同距离的空旷地处布设测点

　　D．在评价范围内距离拟建道路不同高度的空旷地处布设测点

　　21．根据《环境影响评价技术导则　声环境》，下列关于环境噪声监测执行标准的说法，正确的是（　　）。（2013 年考题）

　　A．农贸市场边界噪声测量执行《工业企业厂界环境噪声排放标准》

　　B．商品混凝土厂厂界噪声测量执行《建筑施工场界环境噪声排放标准》

　　C．机场周围铁路边界噪声测量执行《铁路边界噪声限值及其测量方法》

　　D．交通干线两侧区域声环境质量监测执行《城市区域环境噪声标准》

　　22．根据《环境影响评价技术导则　声环境》，下列关于声环境影响预测范围与评价范围关系的说法，正确的是（　　）。（2013 年考题）

　　A．预测范围应与评价范围相同　　　　B．预测范围应大于评价范围

　　C．预测范围小于评价范围　　　　　　D．预测范围应与评价范围无关

　　23．根据《环境影响评价技术导则　声环境》，下列关于户外声传播衰减的说法，正确的是（　　）。（2013 年考题）

　　A．屏障引起的衰减与声波频率无关

　　B．大气吸收引起的衰减与声波频率无关

C. 距声源较近处可忽略大气吸收引起的衰减

D. 无限长线声源几何发散衰减大于点声源几何发散衰减

24. 根据《环境影响评价技术导则　声环境》，在评价项目边界（厂界、场界）噪声时，评价量选择正确的是（　　）。（2013 年考题）

A. 扩建项目以扩建工程的噪声贡献值作为评价量

B. 新建项目以该项目的噪声贡献值与其他环境噪声的叠加值作为评价量

C. 扩建项目以扩建工程噪声贡献值和现有工程噪声贡献值的叠加值作为评价量

D. 扩建项目以扩建工程噪声贡献值、现有工程噪声贡献值和其他环境噪声的叠加值作为评价量

25. 根据《环境影响评价技术导则　声环境》，若按声源种类划分，声环境影响评价类别分为（　　）。（2014 年考题）

A. 稳态声源和突发声源的声环境影响评价

B. 固定声源和流动声源的声环境影响评价

C. 现有声源和新增声源的声环境影响评价

D. 高噪声源和低噪声源的声环境影响评价

26. 某电厂高压蒸汽管路排放高频噪声，该噪声的下列测量值中（测点位置和测量时间均相同），大小关系一定成立的是（　　）。（2014 年考题）

A. 倍频带声压级≥倍频带 A 声级　　　　B. 最大声压级≥最大 A 声级

C. 总声压级≥各倍频带声压级　　　　　D. 声压级≥A 声级

27. 某公路扩建项目通过 1 类和 3 类声环境功能区，扩建前后受噪声影响人口数量变化不大，扩建前评价范围内敏感目标处噪声超标 5 dB（A）以上，扩建后噪声级增量在 3 dB（A）以下。根据《环境影响评价技术导则　声环境》，该项目声环境影响评价工作等级为（　　）。（2014 年考题）

A. 一级　　　　　　　　　　　　　　　B. 二级

C. 三级　　　　　　　　　　　　　　　D. 现状评价一级，影响评价二级

28. 某新建高速公路位于 2 类声环境功能区，经计算距高速公路中心线 280 m 处夜间噪声贡献值为 50 dB（A）、距高速公路中心线 390 m 处夜间噪声预测值为 50 dB（A）。根据《环境影响评价技术导则　声环境》，该项目声环境影响评价范围应为距高速公路中心线（　　）m 范围内。（2014 年考题）

A. 100　　　　　　B. 200　　　　　　C. 280　　　　　　D. 390

29. 根据《环境影响评价技术导则　声环境》，下列关于环境噪声现状监测标准的说法，正确的是（　　）。（2014 年考题）

A. 大型商场室内噪声监测执行《声环境质量标准》

B．铁路施工场界噪声监测执行《铁路边界噪声限值及测量方法》

C．机场周围飞机噪声监测执行《工业企业厂界环境噪声排放标准》

D．农贸市场边界噪声监测执行《社会生活环境噪声排放标准》

30．根据《环境影响评价技术导则　声环境》，下列户外声传播衰减中，与声波频率无关的是（　　）。（2014年考题）

　A．几何发散衰减　　　　　　　　B．大气吸收衰减

　C．屏障引起的衰减　　　　　　　D．绿化林带引起的衰减

31．某项目建设位于 2 类声环境功能区，项目建设前后厂界噪声级增量在 5 dB（A）以上、敏感目标处噪声级增量为 3 dB（A），且受噪声影响人口数量增加较多。根据《环境影响评价技术导则　声环境》，该项目声环境影响评价工作等级应为（　　）。（2015年考题）

　A．一级　　　B．二级　　　C．三级　　　D．不定级，进行相关分析

32．某新建高速公路位于 2 类声环境功能区，依据该高速公路设计流量计算得到的距高速公路中心线 300 m 处夜间噪声贡献值为 50 dB（A）、400 m 处夜间噪声预测值为 50 dB（A）。根据《环境影响评价技术导则　声环境》，该项目声环境影响评价范围应为高速公路中心线两侧（　　）m 范围内。（2015年考题）

　A．100　　　　　B．200　　　　　C．300　　　　　D．400

33．根据《环境影响评价技术导则　声环境》，关于环境噪声现状监测执行标准的说法，正确的是（　　）。（2015年考题）

　A．机场厂界噪声监测执行《机场周围飞机噪声环境标准》

　B．铁路施工厂界噪声测量标准执行《铁路边界噪声限值及测量方法》

　C．城市轨道交通车站站台噪声测量执行《社会生活环境噪声排放标准》

　D．商品混凝土生产企业厂界噪声测量执行《工业企业厂界环境噪声排放标准》

34．已知某声源最大几何尺寸为 D，A 声功率级为 L_{AW}，根据《环境影响评价技术导则　声环境》，若按公式 $L_A(r)=L_{AW}-20\lg(r)-11$ 计算距声源中心 r 处的 A 声级 $L_A(r)$，必须满足的条件是（　　）。（2015年考题）

　A．声源处于自由声场、$r>D$　　　　　B．声源处于自由声场、$r>2D$

　C．声源处于半自由声场、$r>D$　　　　D．声源处于半自由声场、$r>2D$

35．某面声源宽 a，长 b，预测点位于面声源心轴线上，与面源中心的距离为 r，根据《环境影响评价技术导则　声环境》，关于该面声源噪声衰减的说法，正确的是（　　）。（2015年考题）

　A．距离 r 加倍，衰减 3 dB　　　　　B．距离 r 加倍，衰减 6 dB

　C．$r<a/\pi$，几乎不衰减　　　　　　D．$a/\pi<r<b/\pi$，几乎不衰减

36．某企业车间外墙安装甲、乙两台风机，其中甲风机昼间运行 8 h，运行时对

厂界外居民点的噪声贡献值为 56 dB（A）；乙风机昼间运行 16 h，运行时对厂界外居民点的噪声贡献值为 53 dB（A）。关于该居民点处甲、乙风机噪声昼间等效声级（L_d）大小关系的说法，正确的是（　　）。（2015 年考题）

A. 甲风机 L_d 大于乙风机 L_d　　　　　B. 甲风机 L_d 等于乙风机 L_d

C. 甲风机 L_d 小于乙风机 L_d　　　　　D. 甲、乙风机 L_d 大小关系无法确定

37. 某双向四车道高速公路拟两侧各拓宽一个车道，扩建前双向四车道在有正常车流和无车流通过的情况下敏感目标处噪声分别为 65 dB（A）和 58 dB（A），扩建后六车道达到设计车流量时对敏感目标的噪声贡献值为 68 dB（A）。则扩建后敏感目标处的噪声预测值为（　　）dB（A）。（2015 年考题）

A. 68　　　　　B. 68～69　　　　　C. 69～70　　　　　D. 70～72

38. 根据《环境影响评价技术导则　声环境》，下列评价量中，不属于声环境质量评价量的是（　　）。（2016 年考题）

A. 昼间等效声级　　　　　B. 夜间等效声级

C. 昼夜等效声级　　　　　D. 计权等效连续感觉噪声级

39. 某公路扩建项目通过 1 类和 3 类声环境功能区，扩建前后受噪声影响人口数量变化不大，扩建后评价范围内敏感目标处噪声超标量在 5 dB（A）以上，噪声级增量为 3～5 dB（A）。根据《环境影响评价技术导则　声环境》，该项目声环境影响评价工作等级为（　　）。（2016 年考题）

A. 一级　　　　　B. 二级　　　　　C. 三级　　　　　D. 三级从简

40. 某新建高速公路位于 2 类声环境功能区，经计算距离高速公路中心线 300 m 处夜间噪声贡献值为 50 dB（A）、400 m 处夜间噪声预测值为 50 dB（A）。根据《环境影响评价技术导则　声环境》，该项目声环境影响评价范围应为高速公路中心线两侧（　　）m 范围内。（2016 年考题）

A. 100　　　　　B. 200　　　　　C. 300　　　　　D. 400

41. 某建设项目声环境影响评价工作等级为二级。根据《环境影响评价技术导则　声环境》，关于该项目声环境影响评价工作基本要求的说法，错误的是（　　）。（2016 年考题）

A. 噪声预测应覆盖评价范围内全部敏感目标，给出各敏感目标的预测值

B. 在缺少声源源强资料时，通过类比测量获得源强数据，并给出类比测量的条件

C. 评价范围内代表性敏感目标的声环境质量现状需实测，不能利用已有监测资料

D. 应给出防治措施的最终降噪效果和达标分析

42. 根据《环境影响评价技术导则　声环境》，关于声环境现状监测布点原则

的说法，错误的是（　　）。（2016年考题）

    A. 布点应覆盖整个评价范围

    B. 布点取代表性敏感目标的各楼层布设测点

    C. 评价范围内没有明显声源且声级较低时，可选择有代表性的区域布设测点

    D. 评价范围内有明显声源并对敏感目标的声环境质量有影响时，应根据声源种类采取不同的布点原则

43. 根据《环境影响评价技术导则　声环境》，关于声环境噪声现状监测执行标准的说法，正确的是（　　）。（2016年考题）

    A. 机场场界噪声测量执行《机场周围飞机噪声环境标准》

    B. 农贸市场场界噪声测量执行《工业企业厂界环境噪声排放标准》

    C. 城市轨道交通车站站台噪声测量执行《铁路边界噪声限值及测量方法》

    D. 铁路项目施工场地边界噪声测量执行《建筑施工场界环境噪声排放标准》

44. 根据《环境影响评价技术导则　声环境》，下列内容中，不属于声环境现状评价内容的是（　　）。（2016年考题）

    A. 评价范围内规划敏感目标分布情况

    B. 评价范围内声环境功能区划情况

    C. 评价范围内现主要声源种类的数量

    D. 评价范围内现状噪声超标区内的人口数及分布情况

45. 根据《环境影响评价技术导则　声环境》，户外声传播过程中，与声屏障引起的衰减值无关的因素是（　　）。（2016年考题）

    A. 声源源强大小   B. 声屏障的长度

    C. 声源几何尺寸   D. 入射声波波长

46. 已知某声源最大几何尺寸为 D，A 声功率级为 L_{AW}。根据《环境影响评价技术导则　声环境》，若按公式 $L_A(r)=L_{AW}-20\lg(r)-8$ 计算距声源中心 r 处的 A 声级 $L_A(r)$，必须满足的条件是（　　）。（2016年考题）

    A. 处于自由声场的无指向性声源，$r>2D$

    B. 处于自由声场的无指向性声源，$r>D$

    C. 处于半自由声场的无指向性声源，$r>2D$

    D. 处于半自由声场的无指向性声源，$r>D$

47. 某地铁风亭夜间运行 2 h，运行时对附近一居民住宅的噪声贡献值为 56 dB（A），则该居民住宅处受风亭噪声影响的夜间（8 h）等效声级为（　　）dB（A）。（2016年考题）

    A. 56   B. 53   C. 50   D. 47

48. 根据《环境影响评价技术导则　声环境》，下列要求中，不符合噪声防治

对策制定原则的是（　　）。（2016 年考题）

　　A．工业项目应针对投产后噪声影响最大预测值制定噪声防治措施

　　B．城市轨道交通项目应根据铁路边界噪声排放限值制定噪声防治措施

　　C．公路项目应针对运营近、中、远期的噪声影响预测值分期制定噪声防治措施

　　D．应从声源降噪、传播途径降噪和敏感目标自身防护等角度制定噪声防治措施

　　49．某无指向性球形声源半径 $r=2$ m，距声源外表面 1 m 处的 A 声级为 L_A，声源 A 声功率级 L_{AW}。根据《环境影响评价技术导则　声环境》，关于该声源源强表达量大小关系的说法，正确的是（　　）。（2017 年考题）

　　A．$L_A > L_{AW}$　　　　　　　　　　B．$L_A < L_{AW}$

　　C．$L_A = L_{AW}$　　　　　　　　　　D．L_A 与 L_{AW} 大小关系无法确定

　　50．某建设项目位于 1 类声环境功能区，项目建设前后敏感目标噪声级增高量在 3 dB（A）以下，受噪声影响人口显著增多。根据《环境影响评价技术导则　声环境》，该项目声环境影响评价工作等级应为（　　）。（2017 年考题）

　　A．一级　　　　　　　　　　　　　B．二级

　　C．三级　　　　　　　　　　　　　D．判据不充分，无法判定

　　51．某新建高速公路位于 2 类声环境功能区，经计算距高速公路中心线 150 m 和 360 m 处夜间噪声贡献值分别为 55 dB（A）和 50 dB（A）。根据《环境影响评价技术导则　声环境》，该项目声环境影响评价范围应为高速公路中心线两侧（　　）m 范围内。（2017 年考题）

　　A．150　　　　　B．200　　　　　C．360　　　　　D．400

　　52．根据《环境影响评价技术导则　声环境》，关于公路建设项目声环境现状监测布点的说法，正确的是（　　）。（2017 年考题）

　　A．应在代表性敏感目标处布设监测点

　　B．应在垂直拟建公路不同距离处布设监测点

　　C．应在拟建公路两侧采用网格法布设监测点

　　D．敏感目标高于（含）三层建筑时，应在各楼层布设监测点

　　53．根据《环境影响评价技术导则　声环境》，关于环境噪声现状监测执行标准的说法，正确的是（　　）。（2017 年考题）

　　A．机场周围飞机噪声测量执行《机场周围飞机噪声环境标准》

　　B．铁路施工场界噪声测量执行《铁路边界噪声限值及其测量方法》

　　C．城市轨道交通车站站台噪声测量执行《社会生活环境噪声排放标准》

　　D．商品混凝土搅拌站边界噪声测量执行《建筑施工场界环境噪声排放标准》

　　54．已知某声源最大几何尺寸为 D，距声源中心 r_0 处的声级为 $L_p(r_0)$。根据《环境影响评价技术导则　声环境》，若按公式 $L_p(r) = L_p(r_0) - 20 \lg(r/r_0)$ 计算

距该声源中心 r 处的声级 $L_p(r)$，r_0、r 需满足的条件是（　　）。（2017 年考题）

A. $r_0>2D$，$r>2D$　　　　　　　　　B. $r_0>2D$，r 无要求

C. r_0 无要求，$r>2D$　　　　　　　D. $r_0>D$，$r>2D$

55. 根据《环境影响评价技术导则　声环境》，关于户外声传播衰减的说法，错误的是（　　）。（2017 年考题）

A. 屏障引起的衰减与声波频率有关

B. 大气吸收引起的衰减与声传播距离有关

C. 计算屏障衰减后，还需考虑地面效应衰减

D. 户外声传播衰减计算需要考虑反射体引起的修正

56. 已知某线声源长度为 L_0，在线声源垂直平分线上距线声源 r_0 和 r 处的声级分别为 $L_p(r_0)$ 和 $L_p(r)$，根据《环境影响评价技术导则　声环境》，当 $r<L_0/3$ 且 $r_0<L_0/3$，可用于简化计算 $L_p(r)$ 的公式是（　　）。（2017 年考题）

A. $L_p(r)=L_p(r_0)-10\lg(r/r_0)$　　　　B. $L_p(r)=L_p(r_0)-20\lg(r/r_0)$

C. $L_p(r)=L_p(r_0)-10\lg(r_0/r)$　　　　D. $L_p(r)=L_p(r_0)-20\lg(r_0/r)$

57. 某声源昼间运行 2 h，运行时辐射至厂界的噪声级为 56 dB（A）。根据《环境影响评价技术导则　声环境》，该声源辐射至厂界的噪声昼间（16 h）等效声级为（　　）dB（A）。（2017 年考题）

A. 56　　　　　　B. 53　　　　　　C. 50　　　　　　D. 47

58. 根据《环境影响评价技术导则　声环境》，关于公路建设项目噪声影响预测内容的说法，正确的是（　　）。（2017 年考题）

A. 应预测给出预测点处噪声贡献值与现状噪声值的差值

B. 应预测高层噪声敏感建筑各楼层所受的噪声影响

C. 应预测给出满足声环境功能区标准要求的距离

D. 应按预测值绘制代表性路段的等声级线图

59. 某工业企业所在区域噪声背景值为 55 dB（A），技改前全厂噪声源对厂界噪声贡献值为 62 dB（A），技改后全厂噪声源对厂界噪声贡献值为 61 dB（A），根据《环境影响评价技术导则　声环境》和《工业企业厂界环境噪声排放标准》，技改后该工业企业厂界环境噪声值为（　　）dB（A）。（2017 年考题）

A. 61　　　　　　B. 62　　　　　　C. 63　　　　　　D. 约 65

60. 根据《环境影响评价技术导则　声环境》，下列内容中，不属于声环境影响范围和程度分析内容的是（　　）。（2017 年考题）

A. 评价范围内不同声级范围所覆盖的面积

B. 评价范围内不同声级范围内声源分布状况

C. 评价范围内不同声级范围内受影响的人口数

D．评价范围内不同声级范围内主要建筑物类型、名称和数量

61．根据《环境影响评价技术导则　声环境》，需按昼间、夜间两个时段进行噪声影响预测的项目不包括（　　）。（2018年考题）

  A．铁路项目　　　　　　　　　　B．机场项目

  C．内河航运项目　　　　　　　　D．城市轨道交通项目

62．根据《环境影响评价技术导则　声环境》，关于飞机噪声评价量的说法，正确的是（　　）。（2018年考题）

  A．有效感觉噪声级为声源源强表达量

  B．计权等效连续感觉噪声级为声源源强表达量

  C．有效感觉噪声级和计权等效连续感觉噪声级均为声源源强表达量

  D．有效感觉噪声级和计权等效连续感觉噪声级为声环境质量评价量

63．某建设项目位于 3 类声环境功能区，项目建设前后厂界噪声级增量为 5 dB（A），评价范围内敏感目标处噪声级增量为 2 dB（A），且受影响人口数量变化不大，根据《环境影响评价技术导则　声环境》，判定该项目声环境影响评价等级为（　　）。（2018年考题）

  A．一级　　　　　B．三级　　　　　C．二级　　　　　D．三级从简

64．某新建高速公路位于 2 类声环境功能区，经计算，距离高速路中心线 260 m 处夜间噪声贡献值为 50 dB（A）。距离高速路中心线 280 m 的敏感目标处夜间噪声预测值为 50 dB（A），根据《环境影响评价技术导则　声环境》，该项目声环境影响评价范围应为高速路中心线两侧（　　）m 范围内。（2018年考题）

  A．35±5　　　　　B．200　　　　　C．260　　　　　D．280

65．根据《环境影响评价技术导则　声环境》，监测飞机地面试车噪声对机场外敏感目标的影响时，应执行的标准是（　　）。（2018年考题）

  A．《声环境质量标准》

  B．《社会生活环境噪声排放标准》

  C．《机场周围飞机噪声环境标准》

  D．《工业企业厂界环境噪声排放标准》

66．已知某线声源长度为 L_0，在线声源垂直平分线上距线声源 r_0 和 r 处声压级分别为 $L_p(r_0)$ 和 $L_p(r)$。根据《环境影响评价技术导则　声环境》，按公式 $L_p(r)=L_p(r_0)-15\lg(r/r_0)$ 近似计算该线声源的噪声影响时，应满足的条件是（　　）。（2018年考题）

  A．$r>L_0$ 且 $r_0>L_0$　　　　　　B．$r<L_0/3$ 且 $r_0<L_0/3$

  C．$L_0/3<r<L_0$，且 $L_0/3<r_0<L_0$　　　D．无条件限制

67．根据《环境影响评价技术导则　声环境》，户外声传播过程中，与大气吸

收引起的衰减无关的因素是（　　）。（2018 年考题）

  A. 大气温度、湿度   B. 声传播距离

  C. 声波频率   D. 声源源强

  68. 根据《环境影响评价技术导则　声环境》，关于预测点处 A 声级与各倍频带声压级关系的说法，正确的是（　　）。（2018 年考题）

  A. A 声级大于各倍频带声压级

  B. A 声级为各倍频带声压级代数和

  C. A 声级小于各倍频带声压级中的最大值

  D. A 声级不一定大于各倍频带声压级中的最大值

  69. 某高速公路拟由双向四车道扩建为双向六车道，扩建前敏感目标处声环境现状值为 57 dB（A），扩建后六车道车流对敏感目标的噪声贡献值为 63 dB（A）。根据《环境影响评价技术导则　声环境》，扩建后该敏感目标处的噪声预测值为（　　）。（2018 年考题）

  A. 63 dB（A）   B. 64 dB（A）

  C. 65 dB（A）   D. 已知条件不足，无法确定

  70. 根据《环境影响评价技术导则　声环境》，声环境影响预测所需声源资料不包括（　　）。（2018 年考题）

  A. 声源空间位置   B. 声源噪声源强

  C. 声源噪声变幅   D. 声源种类和数量

  71. 根据《环境影响评价技术导则　声环境》及相关标准，下列说法正确的是（　　）。（2019 年考题）

  A. 声环境功能区的环境质量评价量有昼夜间等效声级

  B. 声环境功能区的环境质量评价量有 A 声功率级（L_{AW}）

  C. 声源源强表达量有中心频率为 63 Hz～8 kHz 8 个倍频带的声功率级（L_W）

  D. 机场周围区域受飞机低空飞越噪声环境影响的评价量为等效感觉噪声级（L_{EPN}）

  72. 某建设项目位于 2 类声环境功能区，项目建设前后敏感目标处噪声级增量为 3 dB（A），且受噪声影响的人口数量增加较多。根据《环境影响评价技术导则　声环境》，该项目声环境影响评价工作等级应为（　　）。（2019 年考题）

  A. 一级   B. 二级

  C. 三级   D. 不定级，进行相关分析

  73. 对于一长方形的有限大面声源（长度为 b，高度为 a，并且 $a<b$），预测点在该声源中心轴线上距声源中心距离为 r。根据《环境影响评价技术导则　声环境》，关于面声源衰减的说法，错误的是（　　）。（2019 年考题）

A. 如 $r<a/\pi$ 时，该声源可近似为面声源，几乎不衰减，衰减量 $A_{div}\approx0$

B. 当 $a/\pi<r<b/\pi$ 时，该声源可近似为线声源，类似线声源衰减特性，衰减量 $A_{div}\approx10\lg(r/r_0)$

C. 当 $r>b/\pi$ 时，该声源可近似为点声源，类似点声源衰减特性，衰减量 $A_{div}\approx20\lg(r/r_0)$

D. 当 $r>b/\pi$ 时，该声源可近似为点声源，类似点声源衰减特性，衰减量 $A_{div}\approx15\lg(r/r_0)$

74. 已知某声源最大几何尺寸为 D，A 声功率级为 L_{AW}，根据《环境影响评价技术导则　声环境》，若按公式 $L_A(r)=L_{AW}-20\lg(r)-8$ 计算距声源中心 r 处的 A 声级 $L_A(r)$，必须满足的条件是（　　）。（2019 年考题）

A. 处于半自由声场的无指向性声源，$r>D$

B. 处于自由声场的无指向性声源，$r>D$

C. 处于半自由声场的无指向性声源，$r>2D$

D. 处于自由声场的无指向性声源，$r>2D$

75. 根据《环境影响评价技术导则　声环境》，关于不同类型声源的说法，正确的是（　　）。（2020 年考题）

A. 点声源辐射声波的声压幅值与声波传播距离成正比

B. 点声源辐射声波的声压幅值与声波传播距离成反比

C. 线声源辐射声波的声压幅值与声波传播距离成反比

D. 线声源辐射声波的声压幅值与声波传播距离成反比

76. 某项目分别涉及 2 类和 4 类声环境功能区，项目建成后评价范围内敏感目标噪声级增量超过 5 dB（A）。根据《环境影响评价技术导则　声环境》，关于该项目声环境影响评价工作等级的说法，正确的是（　　）。（2020 年考题）

A. 应为一级　　　B. 应为二级　　　C. 应为三级　　　D. 无法判定

77. 某新建公路项目预测噪声贡献值距公路中心线 260 m 处方可达到所在声环境功能区标准限值，叠加背景噪声后预测值需距公路边界线 300 m 处方可满足所在声环境功能区标准限值。该项目声环境影响评价范围为（　　）。（2020 年考题）

A. 公路中心线两侧 200 m 以内　　　B. 公路中心线两侧 260 m 以内

C. 公路中心线两侧 300 m 以内　　　D. 公路边界线两侧 200 m 以内

78. 某设备最大几何尺寸为 10 m，距设备几何中心 r_0 处的噪声级为 $L_p(r_0)$。根据《环境影响评价技术导则　声环境》，采用公式 $L_p(r)=L_p(r_0)-20\lg(r/r_0)$ 计算距设备 r 处噪声级 $L_p(r)$ 时，需满足的条件是（　　）。（2020 年考题）

A. $r>10$ m　　　　　　　　　　B. $r_0>10$ m、$r>10$ m

C. $r>20$ m　　　　　　　　　　D. $r_0>20$ m、$r>20$ m

79. 某新建项目对厂界和界外敏感目标预测点的噪声贡献值分别为 55 dB（A）和 49 dB（A），两预测点处背景噪声均为 49 dB（A）。根据《环境影响评价技术导则　声环境》，该项目厂界噪声排放值和界外敏感目标处噪声预测值分别为（　　）。（2020 年考题）

    A. 56 dB（A）、52 dB（A）　　　　　　B. 55 dB（A）、52 dB（A）

    C. 56 dB（A）、49 dB（A）　　　　　　D. 55 dB（A）、49 dB（A）

80. 根据《环境影响评价技术导则　声环境》，关于噪声防治措施的说法，错误的是（　　）。（2020 年考题）

    A. 公路项目可采取敏感目标搬迁的噪声防治措施

    B. 铁路项目可采取调整列车运行方式的噪声防治措施

    C. 机场项目可采取调整声环境功能区的噪声防治措施

    D. 工业项目可采取调整总图布置的噪声防治措施

81. 根据《环境影响评价技术导则　声环境》，环境噪声不包括（　　）。（2021 年考题）

    A. 自然风雨声　　　　　　　　　　　B. 交通运输噪声

    C. 工业生产噪声　　　　　　　　　　D. 建筑施工产生噪声

82. 根据《环境影响评价技术导则　声环境》，以下说法错误的是（　　）。（2021 年考题）

    A. 昼间等效声级（L_d）属于声环境质量评价量

    B. 夜间等效声级（L_n）属于工业企业厂界噪声评价量

    C. 倍频带声压级（L_p）属于声环境质量评价量

    D. 最大 A 声级（L_{max}）属于频发、偶发噪声评价量

83. 根据《环境影响评价技术导则　声环境》，机场周围飞机噪声评价范围说法正确的是（　　）。（2021 年考题）

    A. 机场周围飞机噪声评价范围应根据飞行量计算到 L_{EPN} 为 80 dB 的区域

    B. 机场周围飞机噪声评价范围应根据飞行量计算到 L_{WECPN} 为 80 dB 的区域

    C. 机场周围飞机噪声评价范围应根据飞行量计算到 L_{WECPN} 为 70 dB 的区域

    D. 机场周围飞机噪声评价范围应根据飞行量计算到 L_{EPN} 为 70 dB 的区域

84. 根据《环境影响评价技术导则　声环境》，下列关于环境噪声监测执行标准的说法，正确的是（　　）。（2021 年考题）

    A. 农贸市场边界噪声测量执行《工业企业厂界环境噪声排放标准》

    B. 交通干线两侧区域声环境质量监测执行《城市区域环境噪声标准》

    C. 机场周围铁路边界噪声测量执行《机场周围飞机噪声环境标准》

    D. 混凝土搅拌站厂界噪声测量执行《工业企业厂界环境噪声排放标准》

85．根据《环境影响评价技术导则　声环境》，下列选项中不属于铁路建设项目交通噪声防治措施的有（　　）。（2021 年考题）

A．列车运行方式调整　　　　　　B．禁鸣

C．列车车厢调整　　　　　　　　D．运行速度调整

86．根据《环境影响评价技术导则　声环境》，可视为点声源的是（　　）。（2022 年考题）

A．声波波长大于声源几何尺寸的面状声源

B．声波波长小于声源几何尺寸的线状声源

C．声波波长远远大于声源几何尺寸的球状声源

D．声波波长远远小于声源几何尺寸的不规则形状声源

87．某拟建于机场附近的码头项目，噪声源包括固定声源和移动声源。根据《环境影响评价技术导则　声环境》，关于该项目声环境影响评价的说法，正确的是（　　）。（2022 年考题）

A．应分别评价该项目固定声源和移动声源各自的噪声影响并评价叠加影响

B．应评价该项目固定声源、移动声源以及机场航空器噪声的噪声叠加影响

C．应评价该项目固定声源和机场航空器噪声对声环境敏感目标的叠加影响

D．应评价该项目移动声源和机场航空器噪声对声环境敏感目标的叠加影响

88．根据《环境影响评价技术导则　声环境》，下列指标中，属于声环境质量评价量的是（　　）。（2022 年考题）

A．有效感觉噪声级　　　　　　　B．A 计权声功率级

C．夜间等效 A 声级　　　　　　　D．距离声源 r 处的倍频带声压级

89．根据《环境影响评价技术导则　声环境》，下列情形中，可直接判定声环境影响评价工作等级为一级的是（　　）。（2022 年考题）

A．评价范围内声环境保护目标较多的

B．评价范围内分布有 1 类声环境功能区的

C．建设前后评价范围内受影响人口数量显著增加的

D．评价范围内声环境保护目标处噪声现状监测值超标达 5 dB（A）的

90．根据《环境影响评价技术导则　声环境》，关于以固定声源为主的建设项目声环境影响评价范围的说法，错误的是（　　）。（2022 年考题）

A．一级评价项目，可根据预测结果适当扩大评价范围

B．一级评价项目，可根据实际情况适当缩小评价范围

C．二级评价项目，可根据预测结果适当扩大评价范围

D．二级评价项目，可根据实际情况适当缩小评价范围

91．根据《环境影响评价技术导则　声环境》，关于噪声源调查与分析对象，

说法正确的是（　　）。（2022 年考题）

    A．三级评价调查分析拟建项目主要声源

    B．二级评价调查分析拟建项目所有声源

    C．一级评价调查分析拟建项目所有声源

    D．三级评价不开展噪声源分析

    92．根据《环境影响评价技术导则　声环境》，声环境现状监测布点原则不包括（　　）。（2022 年考题）

    A．当评价范围内没有明显的声源时，可选择在有代表性的区域布设测点

    B．当声环境保护目标高于三层建筑时，应选取有代表性楼层设置测点

    C．当既有声源为固定声源时，可在距离拟建声源不同距离处布设衰减测点

    D．当既有声源为线声源时，可在垂直于线声源不同水平距离处布设衰减测点

    93．根据《环境影响评价技术导则　声环境》，关于声环境预测内容的说法，正确的是（　　）。（2022 年考题）

    A．应预测建设项目在施工期和运营期声环境保护目标处的噪声贡献值和预测值

    B．应预测建设项目在施工期和运营期厂界（场界、边界）噪声贡献值和预测值

    C．一级评价应绘制运行期代表性评价水平年噪声预测值等声级线图

    D．二级评价应绘制运行期代表性评价水平年噪声预测值等声级线图

    94．根据《环境影响评价技术导则　声环境》，关于建设项目噪声防治措施一般要求的说法，正确的是（　　）。（2022 年考题）

    A．公路项目噪声防治措施还应同时满足公路边界噪声限值要求

    B．铁路项目噪声防治措施还应同时满足铁路边界噪声限值要求

    C．公路项目噪声防治措施应按代表性评价水平年的最大噪声影响预测值制定

    D．铁路项目噪声防治措施应按单列车通过对声环境保护目标的影响程度制定

    95．某工业企业声环境保护目标处，扩建前全厂停产和正常生产时噪声分别为 51 dB（A）和 54 dB（A），扩建后全厂正常生产时噪声为 57 dB（A）。根据《环境影响评价技术导则　声环境》，关于该扩建项目声环境保护目标处噪声背景值、贡献值、预测值的说法，正确的是（　　）。（2023 年考题）

    A．该扩建项目声环境保护目标处背景值为 51 dB（A）

    B．该扩建项目声环境保护目标处背景值为 54 dB（A）

    C．该扩建项目声环境保护目标处贡献值为 57 dB（A）

    D．该扩建项目声环境保护目标处预测值为 60 dB（A）

    96．根据《环境影响评价技术导则　声环境》，一次飞行事件的有效感觉噪

级 $L_{EPN}=L_{Amax}+10 \lg (T_d/20)+13$，其中 T_d 为测点处该飞行事件 A 声级（　　）的飞机噪声持续时间。（2023 年考题）

A. $L_{Amax}-10$ 至 L_{Amax}

B. L_{Amax} 至 $L_{Amax}+10$

C. $L_{Amax}-10$ 至 $L_{Amax}+10$

D. $L_{Amax}-5$ 至 $L_{Amax}+5$

97. 某新建商品混凝土企业，厂区内移动声源为运输物料和成品的货车。根据《环境影响评价技术导则　声环境》，关于该企业声环境影响评价的说法，正确的是（　　）。（2023 年考题）

A. 厂界噪声预测值为固定声源影响值

B. 厂界噪声预测值为移动声源影响值

C. 声环境保护目标噪声预测值为固定声源影响和背景噪声叠加值

D. 声环境保护目标噪声预测值为固定声源、移动声源影响和背景噪声叠加值

98. 根据《环境影响评价技术导则　声环境》，关于声环境现状调查中监测布点原则的说法，错误的是（　　）。（2023 年考题）

A. 布点应覆盖评价范围内的声环境保护目标

B. 布点应考虑代表性声环境保护目标的楼层数

C. 现状声源为固定声源时，应重点监测受既有声源影响的声环境保护目标

D. 拟建项目声源为移动声源时，测点应布在有代表性的声环境保护目标处

99. 根据《环境影响评价技术导则　声环境》，关于评价标准确定依据的说法，错误的是（　　）。（2023 年考题）

A. 应根据声源类别确定评价标准

B. 应根据项目所处声环境功能区类别确定评价标准

C. 对未划分声环境功能区的区域，应采用地方环境主管部门确定的评价标准

D. 对未划分声环境功能区的区域，应根据声源的类别和项目所处的声环境功能区类别确定评价标准

100. 根据《环境影响评价技术导则　声环境》，关于声环境预测与评价的说法，正确的是（　　）。（2023 年考题）

A. 声环境预测范围大于评价范围

B. 评价范围内声环境保护目标和建设项目厂界（场界、边界）应作为预测点和评价点

C. 预测建设项目在施工期和运营期所有声环境保护目标处的噪声贡献值

D. 预测和评价建设项目在施工期和运营期厂界（场界、边界）噪声预测值

101. 根据《环境影响评价技术导则　声环境》，声屏障措施不适于（　　）。（2023 年考题）

A. 机场项目航空噪声防治

B. 公路项目交通噪声防治

C. 铁路项目交通噪声防治　　　　　D. 工业项目设备噪声防治

二、不定项选择题（每题的备选项中至少有一个符合题意）

1. 根据《环境影响评价技术导则　声环境》，关于声环境现状监测布点，说法正确的有（　　）。（2010 年考题）

A. 厂界（或场界、边界）布设监测点

B. 覆盖整个评价范围

C. 代表性敏感点布设监测点

D. 必要时距离现有声源不同距离处布设监测点

2. 根据《环境影响评价技术导则　声环境》，三级声环境影响评价的基本要求有（　　）。（2010 年考题）

A. 必须绘制噪声等声级图

B. 必须预测防治措施的降噪效果

C. 必须实测主要敏感目标处的现状声级

D. 必须给出各敏感目标处的噪声预测值及厂界（或场界、边界）噪声值

3. 关于工业企业厂界噪声预测内容，符合《环境影响评价技术导则　声环境》要求的有（　　）。（2010 年考题）

A. 厂界噪声各倍频带声压级

B. 厂界噪声的最大值及位置

C. 叠加背景值后的厂界噪声值

D. 建设项目声源对厂界噪声的贡献值

4. 根据《环境影响评价技术导则　声环境》，城市轨道交通项目声环境现状评价应包括的内容有（　　）。（2011 年考题）

A. 评价范围内声环境功能区划及敏感目标超、达标情况

B. 评价范围内既有主要噪声源分布及厂界超、达标情况

C. 评价范围内城市轨道交通项目对不同声环境功能区的声环境影响

D. 评价范围内不同声环境功能区超标范围内的人口数量及分布情况

5. 某改、扩建铁路 200 m 范围内，分布有物流仓库、街心公园、机关单位、居民住宅等。根据《环境影响评价技术导则　声环境》，在声环境影响预测时，应预测的敏感目标有（　　）。（2011 年考题）

A. 物流仓库　　　B. 街心公园　　　　C. 机关单位　　　　D. 居民住宅

6. 根据《环境影响评价技术导则　声环境》，下列噪声预测范围或预测点中，符合声环境预测基本要求的有（　　）。（2011 年考题）

A. 预测范围必须大于评价范围

B．建设项目厂界（或场界、边界）可不设预测点

C．应将各敏感目标作为预测点

D．只需选择有代表性的敏感目标作为预测点

7．根据《环境影响评价技术导则　声环境》，声环境影响预测中需要收集的影响声波传播的参量有（　　）。（2011年考题）

A．声源和预测点间的地形高差　　　　B．声源发声持续时间

C．声源数量　　　　　　　　　　　　D．声源与预测点之间的地面覆盖情况

8．根据《环境影响评价技术导则　声环境》，声环境影响一级评价的基本要求有（　　）。（2012年考题）

A．测量代表性敏感目标处声环境质量现状

B．测量全部敏感目标处声环境现状

C．噪声预测仅覆盖已测量的代表性敏感目标

D．噪声预测应覆盖全部敏感目标

9．根据《环境影响评价技术导则　声环境》，可作为声环境敏感目标的噪声预测点的有（　　）。（2012年考题）

A．厂界处　　　　　B．居民住宅　　　　C．科研单位　　　　D．鸟类自然保护区

10．根据《环境影响评价技术导则　声环境》，声环境影响预测中需要调查的影响声波传播的参量有（　　）。（2013年考题）

A．声源种类

B．声源发声持续时间

C．声源与预测点间障碍物位置及长、宽、高等数据

D．声源和预测点间树林、灌木等的分布情况

11．拟建的城市轨道交通车辆段项目位于2类声环境功能区内。根据《环境影响评价技术导则　声环境》，声环境影响评价的主要内容有（　　）。（2013年考题）

A．车辆段边界噪声达标分析

B．车辆段边界噪声对周边环境的影响范围及程度分析

C．车辆段选址环境合理性分析

D．车辆段噪声源布局调整建议

12．已知线声源长度为 l_0，在垂直平分线上距线声源 r_0 和 r 处声压级分别为 $L_p(r_0)$ 和 $L_p(r)$。根据《环境影响评价技术导则　声环境》，下列关于线声源简化条件和方法的说法，正确的有（　　）。（2014年考题）

A．当 $r > l_0$ 且 $r_0 < l_0$ 时，有限长线声源可当作点声源，且 $L_p(r) = L_p(r_0) - 20\lg(r/r_0)$

B．当 $r > l_0$ 且 $r_0 > l_0$ 时，有限长线声源可当作点声源，且 $L_p(r) = L_p(r_0) -$

$20 \lg (r/r_0)$

C. 当 $r>l_0/3$ 且 $r_0<l_0/3$ 时，有限长线声源可当作无限长线声源，且 $L_p(r) = L_p(r_0) - 20 \lg (r/r_0)$

D. 当 $r<l_0/3$ 且 $r_0<l_0/3$ 时，有限长线声源可当作无限长线声源，且 $L_p(r) = L_p(r_0) - 10 \lg (r/r_0)$

13. 某项目声环境影响评价工作等级为一级，根据《环境影响评价技术导则　声环境》，关于该项目声环境影响评价工作基本要求的说法，正确的有（　　）。（2015年考题）

A. 噪声预测覆盖全部敏感目标

B. 在缺少声源源强资料时，通过类比测量取得源强数据

C. 评价范围内具有代表性的敏感目标的声环境质量现状需要实测

D. 给出建设项目建成前后不同类别声环境功能区内受影响的人口分布、噪声超标的范围和程度

14. 根据《环境影响评价技术导则　声环境》，下列户外声传播衰减中，与声波频率有关的有（　　）。（2015年考题）

A. 几何发散衰减　　　　　　　B. 屏障引起的衰减

C. 绿化林带引起的衰减　　　　D. 大气吸收引起的衰减

15. 根据《环境影响评价技术导则　声环境》，下列要求中，符合噪声污染防治措施制定原则的有（　　）。（2015年考题）

A. 铁路项目的噪声防治措施应同时满足边界噪声排放要求

B. 应针对项目投产后噪声影响最大预测值制定工业项目的噪声防治措施

C. 应针对公路项目不同代表性时段的噪声贡献值分别制定噪声防治措施

D. 应从声源降噪、传播途径降噪、敏感目标自身防护等角度制定噪声防治措施

16. 根据《环境影响评价技术导则　声环境》，关于评价工作等级为一级的道路项目等声级线图绘制要求的说法，正确的有（　　）。（2016年考题）

A. 应按贡献值绘制等声级线图

B. 应按预测值绘制等声级线图

C. 经过城镇建成区路段的评价应绘制等声级线图

D. 经过城镇规划区路段的评价应绘制等声级线图

17. 某声源宽 a，长 b，预测点位于声源中心轴线上，与面声源中心的距离为 r，根据《环境影响评价技术导则　声环境》，关于该面源噪声衰减的说法，正确的有（　　）。（2016年考题）

A. $r<a/\pi$ 时，距离加倍几乎不衰减

B. $a/\pi<r<b/\pi$ 时，距离加倍衰减 3 dB 左右

C. $r > b/\pi$ 时，距离加倍几乎不衰减

D. 距离（r）加倍衰减 3 dB 左右

18. 根据《环境影响评价技术导则 声环境》，下列措施中，属于公路项目噪声污染防治措施的有（ ）。（2016 年考题）

A. 设置声屏障　　　　　　　　　B. 调整公路等级

C. 改善路面材料　　　　　　　　D. 邻路建筑物使用功能变更

19. 根据《环境影响评价技术导则 声环境》，关于评价工作等级为一级的建设项目等声级线图绘制要求的说法，正确的有（ ）。（2017 年考题）

A. 固定声源评价应绘制等声级线图

B. 机场周围飞机噪声评价应绘制等声级线图

C. 流动声源经过城镇规划区路段的评价需绘制等声级线图

D. 对高于（含）三层建筑的敏感目标的评价，需绘制垂直方向的等声级线图

20. 根据《环境影响评价技术导则 声环境》，下列资料中，属于建设项目声环境影响预测所需的基础资料有（ ）。（2017 年考题）

A. 声源和预测点间的地形

B. 声源和预测点间的高差

C. 室外声源周边建筑物门窗设置情况

D. 室内声源所在建筑物门窗设置情况

21. 某城市轨道交通建设项目全线采用地下线，根据《环境影响评价技术导则 声环境》，下列措施中，属于该项目声源降噪措施的有（ ）。（2017 年考题）

A. 轨道减振　　　　　　　　　　B. 风亭风口消声

C. 隧道内壁吸声　　　　　　　　D. 列车车厢隔声

22. 根据《环境影响评价技术导则 声环境》，下列选项中属于公路建设项目交通噪声防治措施的有（ ）。（2019 年考题）

A. 限速　　　　　B. 禁鸣　　　　　C. 设置声屏障　　　　　D. 敏感目标搬迁

23. 根据《环境影响评价技术导则 声环境》，风机噪声源强表达正确的有（ ）。（2020 年考题）

A. 风机噪声的倍频带声功率级为 90 dB（A）

B. 风机噪声的 A 声功率级为 90 dB（A）

C. 距风机中心 5 m 处的 A 声级为 90 dB（A）

D. 风机噪声的有效感觉噪声级为 90 dB（A）

24. 根据《环境影响评价技术导则 声环境》，符合改、扩建高速公路项目声环境监测布点原则的有（ ）。（2020 年考题）

A. 在全部声环境保护目标处布设噪声测点

B. 必须选取若干线声源的垂线，在垂线上距声源不同距离处布设监测点

C. 在代表性的声环境保护目标的代表性楼层设置监测点

D. 声环境保护目标的现状声级必须通过实测

25. 根据《环境影响评价技术导则　声环境》，声环境影响预测点应包括（　）。（2021 年考题）

A. 建设项目厂界　　　　　　　　B. 评价范围边界处

C. 主要声源附近　　　　　　　　D. 评价范围内声环境保护目标

26. 根据《环境影响评价技术导则　声环境》，高速公路项目噪声防治措施包括（　）。（2022 年考题）

A. 临路建筑物功能变更　　　　　B. 改善路面结构和路面材料

C. 调整行驶车辆车型比例　　　　D. 敏感建筑物噪声防护

27. 根据《环境影响评价技术导则　声环境》，噪声源调查的说法，正确的有（　）。（2023 年考题）

A. 应调查主要固定声源和移动声源

B. 三级评价无需调查主要噪声源

C. 应标识固定声源的具体位置或移动声源的路线、跑道等位置

D. 应给出主要声源的数量、位置和强度

参考答案

一、单项选择题

1. C　【解析】A 声级只是一种测量仪器得出的表达式，无法比较。

2. A　【解析】高层建筑物，几何发散衰减亦即距离衰减是最主要的，其他是附带考虑的因素。

3. D　【解析】选项 C 的正确说法：运行期声源为流动声源时，将工程预测的代表性时段（近期、中期、远期）作为环境影响评价时段。

4. D　【解析】当声源为流动声源，且呈现线声源特点时，现状测点位置选取应兼顾敏感目标的分布状况、工程特点及线声源噪声影响随距离衰减的特点，布设在具有代表性的声环境保护目标处。

5. A　【解析】本题考查点声源的概念。

6. A　【解析】注意"预测值"和"贡献值"的区别。

7. B　【解析】本题主要考查背景值、贡献值、预测值的含义及其应用，此题较灵活。由题中给出的信息可知，技改前厂区噪声对该敏感目标的噪声贡献值应为

47 dB，技改后厂区噪声对该敏感目标的噪声贡献值为 53 dB，两者相差 6 dB，叠加后增加 1 dB。

8．B　【解析】如建设项目符合两个以上级别的划分原则，按较高级别的评价工作等级评价。

9．D

10．B　【解析】现状调查基本内容不包括拟建项目声源。

11．C　【解析】该居民楼紧邻道路，距离较近，因此可以忽略大气吸收引起的衰减。

12．D　【解析】注意是"日托幼儿园"，晚上没有学生。

13．C　【解析】如依据建设项目声源计算得到的贡献值到 200 m 处仍不能满足相应功能区标准值时，应将评价范围扩大到满足标准值的距离。

14．A　【解析】建设项目的声源资料主要包括：声源种类、数量、空间位置、噪声级、频率特性、发声持续时间和对敏感目标的作用时间段等。

15．B　16．C

17．D　【解析】机场飞机噪声影响预测时应给出评价范围内敏感目标的计权等效连续感觉噪声级。

18．C　【解析】这个考点在案例考试中经常出现。

19．C　20．A

21．C　【解析】选项 A 执行《社会生活环境噪声排放标准》（GB 22337），选项 B 执行《工业企业厂界环境噪声排放标准》（GB 12348），选项 D 执行《声环境质量标准》（GB 3096），《城市区域环境噪声标准》已于 2008 年废止。

22．A　【解析】根据《环境影响评价技术导则　声环境》，声环境影响预测范围应与评价范围相同。

23．C

24．C　【解析】新建项目以新建工程的噪声贡献值作为评价量，扩建项目以扩建工程的噪声贡献值和现有工程噪声贡献值的叠加值作为评价量。

25．B　【解析】按声源种类划分，可分为固定声源和流动声源。

26．C　【解析】2010 年出过此题。各倍频带声压级经能量叠加法求得的和为总声压级，故 C 项正确。A 声级只是一种测量仪器得出的表达式，无法比较。

27．B　【解析】如建设项目符合两个以上级别的划分原则，按较高级别的评价工作等级评价。

28．C　【解析】2 类声环境功能区为昼间 60 dB（A）、夜间 50 dB（A）。如依据建设项目声源计算得到的贡献值到 200 m 处，仍不能满足相应功能区标准值时，应将评价范围扩大到满足标准值的距离。注意：这里是"贡献值"不是"预测值"。

29．D　【解析】《声环境质量标准》（GB 3096）规定的环境噪声监测包括一般户外、噪声敏感建筑物户外、噪声敏感建筑物室内，大型商场不属于噪声敏感建筑物，其室内噪声监测不适用《声环境质量标准》（GB 3096）；铁路施工场界噪声监测执行《建筑施工场界环境噪声排放标准》（GB 12523）；机场周围飞机噪声监测执行《机场周围飞机噪声环境标准》（GB 9660）；农贸市场边界噪声执行《社会生活环境噪声排放标准》（GB 22337）。

30．A　【解析】几何发散衰减与声波频率无关。

31．B　【解析】建设项目所处的声环境功能区为《声环境质量标准》（GB 3096）规定的1类、2类地区，或建设项目建设前后评价范围内敏感目标噪声级增高量达3～5 dB（A）［含5 dB（A）］，或受噪声影响人口数量增加较多时，评价等级为二级。

32．C　【解析】一般以道路中心线外两侧 200 m 以内为评价范围。依据建设项目声源计算得到的贡献值到 200 m 处，仍不能满足相应功能区标准值时，应将评价范围扩大到满足标准值的距离。从题中可知，2 类声环境功能区的夜间噪声限值为 50 dB（A），距高速公路中心线 300 m 处夜间噪声贡献值为 50 dB（A），则说明在 200 m 处的夜间噪声贡献值不能满足相应功能区标准值，因此，选 C。

33．D　【解析】机场厂界噪声监测执行《机场周围飞机噪声测量方法》（GB 9661），而非《机场周围飞机噪声环境标准》（GB 9660）。铁路施工厂界噪声测量标准执行《建筑施工场界环境噪声排放标准》（GB 12523）。城市轨道交通车站站台噪声测量执行《城市轨道交通车站站台声学要求和测量方法》（GB 14227）。

34．B　【解析】本题中的公式是点源公式，且声源处于自由声场。

35．C　【解析】选项 C 的意思是预测点距面源太近，几乎不衰减。

36．B　【解析】为了方便比较，两台风机都按 16 h 进行昼间等效声级（L_d）的计算。甲风机有 8 h 是运行的，有 8 h 是停止运行的，不运行时的噪声贡献值为 0。甲风机 $L_d = 10 \times \lg\left[(8 \times 10^{0.1 \times 56} + 8 \times 10^{0.1 \times 0})/16\right] = 53$ dB（A）。乙风机 $L_d = 53$ dB（A）。

37．B　【解析】从题中可知，敏感目标处噪声背景值为 58 dB（A），扩建后对敏感目标的噪声贡献值为 68 dB（A），也就是说 58 dB（A）与 68 dB（A）的计算。从考试技巧来说，这几个值要记住：声压差相差 0 dB（A），增值 3 dB（A）；声压差相差 6 dB（A），增值 1 dB（A）；声压差相差 10 dB（A），增值 0.4 dB（A）。当然，也可以用公式进行计算。

38．C　39．B

40．C　【解析】如依据建设项目声源计算得到的贡献值到 200 m 处，仍不能满足相应功能区标准值时，应将评价范围扩大到满足标准值的距离。2 类声环境功能区的夜间噪声限值为 50 dB。

41．C　【解析】二级声环境质量现状以实测为主。

42．B　【解析】布点应覆盖整个评价范围，包括厂界（或场界、边界）和敏感目标。当敏感目标高于（含）三层建筑时，还应选取有代表性的不同楼层设置测点。

43．D　【解析】机场场界噪声测量执行《机场周围飞机噪声测量方法》（GB 9661）；农贸市场场界噪声测量执行《社会生活环境噪声排放标准》（GB 22337）；城市轨道交通车站站台噪声测量执行《城市轨道交通车站站台声学要求和测量方法》（GB 14227）。

44．A

45．A　【解析】声源源强大小与任何衰减都没有关系。选项 B、C 影响声波的绕越长度，从而影响声程差。

46．C　【解析】题中给出的公式适用于半自由声场点声源的预测，$r>2D$ 时才能把声源简化为点声源。

47．C　【解析】$10\lg\left[\left(2\times10^{5.6}+6\times10^{0}\right)\div8\right]=50$

48．B　【解析】交通运输类建设项目（如公路、铁路、城市轨道交通、机场项目等）的噪声防治措施应针对建设项目不同代表性时段的噪声影响预测值分期制定，以满足声环境功能区及敏感目标功能要求。其中，铁路建设项目的噪声防治措施还应同时满足铁路边界噪声排放标准要求。

49．B　50．A

51．C　【解析】如依据建设项目声源计算得到的贡献值到 200 m 处仍不能满足相应功能区标准值时，应将评价范围扩大到满足标准值的距离。

52．A　【解析】当敏感目标高于（含）三层建筑时，还应选取有代表性的不同楼层设置测点，并不是各楼层布点。

53．A

54．C　【解析】该公式为无指向性点声源几何发散衰减的公式。在声环境影响评价中，声源中心到预测点之间的距离超过声源最大几何尺寸 2 倍时，可将该声源近似为点声源。

55．A　【解析】户外声源声波在空气中传播引起声级衰减的主要因素有：几何发散引起的衰减（包括反射体引起的修正）、屏障引起的衰减、地面效应引起的衰减、空气吸收引起的衰减、绿化林带以及气象条件引起的附加衰减等。

56．A

57．D　【解析】利用等效连续 A 声级的数学表示公式：$L_{eq}=10\lg\left(\dfrac{1}{T}\displaystyle\int_{0}^{T}10^{0.1L_A(t)}dt\right)$ 进行计算。

58. C 【解析】选项 A 的正确说法是：预测值与现状噪声值的差值；选项 B 的正确说法是：预测高层建筑有代表性的不同楼层所受的噪声影响；选项 D 的正确说法是：按贡献值绘制代表性路段的等声级线图。

59. B 【解析】55 dB（A）和 61 dB（A）的叠加值为 62 dB（A）。

60. B

61. B 【解析】① 根据《声环境质量标准》（GB 3096），声环境功能区的环境质量评价量为昼间等效声级（L_d）、夜间等效声级（L_n），突发噪声的评价量为最大 A 声级（L_{max}、L_{Amax}）。② 根据《机场周围飞机噪声环境标准》（GB 9660），机场周围区域受飞机通过（起飞、降落、低空飞越）噪声环境影响的评价量为计权等效连续感觉噪声级（L_{WECPN}）。

62. A 【解析】根据《机场周围飞机噪声环境标准》（GB 9660），机场周围区域受飞机通过（起飞、降落、低空飞越）噪声环境影响的评价量为计权等效连续感觉噪声级（L_{WECPN}）。等（有）效感觉噪声级（L_{EPN}）为声源源强表达量。

63. B 【解析】见下表：

声环境影响评价工作等级划分表

评价等级	建设项目所在区域的声环境功能区类别	建设项目建设前后所在区域（评价范围内）的声环境质量变化程度（敏感目标噪声级增高量）	受建设项目影响的人口数量
一级评价	0 类区及对噪声有特别限制要求的保护区等敏感目标	>5 dB（A）	显著增多
二级评价	1 类、2 类地区	≥3 dB（A），≤5 dB（A）	增加较多
三级评价	3 类、4 类地区	<3 dB（A）	变化不大

注：划分等级时，三个依据分别考虑，按较高级别的评价等级评价。改、扩建项目，按改、扩建后敏感目标噪声级较项目改、扩建前的现状值增高量来确定评价等级。另外，二级评价含 3 dB（A）、5 dB（A），一级、三级不含。

64. C 【解析】城市道路、公路、铁路、城市轨道交通地上线路和水运线路等建设项目：① 满足一级评价的要求，一般以道路中心线（不是道路红线）外两侧 200 m 以内为评价范围；② 二级、三级评价范围可根据建设项目所在区域和相邻区域的声环境功能区类别及敏感目标等实际情况适当缩小。如依据建设项目声源计算得到的贡献值到 200 m 处，仍不能满足相应功能区标准值时，应将评价范围扩大到满足标准值的距离。距离高速路中心线 260 m 处夜间噪声贡献值为 50 dB（A），满足 2 类声环境功能区夜间噪声限值 50 dB（A）。

65. C 【解析】飞机地面试车是在机场，而非汽车生产企业内部，不属于工业企业噪声，不执行《工业企业厂界环境噪声排放标准》（GB 12348）；因飞机噪声的评价量为计权等效连续感觉噪声级，也不执行《声环境质量标准》（GB 3096）。判断机场周围受飞机通过所产生噪声影响的区域是否达标（监测飞机噪声对机场外敏感目标的影响）时执行《机场周围飞机噪声环境标准》（GB 9660）（标准规定了适用于机场周围受飞机通过所产生噪声影响的区域的噪声标准值。采用一昼夜的计权等效连续感觉噪声级作为评价量用 L_{WECPN} 示，单位为 dB。各适用区域的标准值如下，一类区域：特殊住宅区，居住、文教区≤70 dB；二类区域：除一类区域以外的生活区≤75 dB）。另外，《机场周围飞机噪声测量方法》（GB 9661）规定了机场周围飞机噪声的测量条件、测量仪器、测量方法和测量数据的计算方法，该标准适用于测量机场周围由于飞机起飞、降落或低空飞越时所产生的噪声。

66．C 　【解析】有限长线声源的几何发散衰减：设线声源长度为 L_0，单位长度线声源辐射的倍频带声功率级为 L_w。在线声源垂直平分线上距线声源 r 处的声压级为：① 当 $r>L_0$ 且 $r_0>L_0$ 时，可近似简化为：即在有限长线声源的远场，有限长线声源可当作点声源处理，$L_p(r)=L_p(r_0)-20\lg(r/r_0)$。② 当 $r<L_0/3$ 且 $r_0<L_0/3$ 时，可近似简化为：即在近场区，有限长线声源可当作无限长线声源处理，$L_p(r)=L_p(r_0)-10\lg(r/r_0)$。③ 当 $L_0/3<r<L_0$，且 $L_0/3<r_0<L_0$ 时，可作近似计算：$L_p(r)=L_p(r_0)-15\lg(r/r_0)$。

67．D 　【解析】空气吸收引起的衰减按公式计算：$A_{atm}=\alpha(r-r_0)/1\,000$，式中：$\alpha$ 为温度、湿度和声波频率的函数，所以，大气吸收引起的衰减与温度、湿度、声波频率及声传播的距离有关。

68．D 　【解析】倍频带声压级和 A 声级的换算关系为：设各个倍频带声压级为 L_{pi}，那么 A 声级为：$L_A=10\lg\left[\sum_{i=1}^{n}10^{0.1(L_{pi}-\Delta L_i)}\right]$，$\Delta L_i$ 为第 i 个倍频带的 A 计权网络修正值，dB；n 为总倍频带数。A 计权网络修正值见下表：

倍频带中心频率/Hz	63	125	250	500	1 000	2 000	4 000	8 000	16 000
ΔL_i/dB	−26.2	−16.1	−8.6	−3.2	0	1.2	1.0	−1.1	−6.6

在一个倍频带（程）带宽频率范围声压级的累加称为倍频带声压级。A 声级是通过 A 计权网络测得的声压级，也称为 A 计权声级。根据公式可知，各倍频带声压级经 A 计权网络修正后进行能量叠加后得到 A 声级。A 声级因为是 A 计权网络修正后的各倍频带声压级能量叠加后的，所以它会大于 A 计权下的各倍频带声压级。由于 A 计权网络修正值有正值、负值和 0，所以，通常为低频时 A 声级有小于未经 A 计权网络修正的各倍频带声压级（公式中的 L_{pi}），在 1 000～4 000 Hz，A 声级大于未经 A 计权网络修正的各倍频带声压级（公式中的 L_{pi}），频率继续增大，则小于未

经 A 计权网络修正的各倍频带声压级（公式中的 L_{pi}）；有时二者也可能相等。所以，对于稳态噪声，A 声级与未经 A 计权网络修正的各倍频带声压级（公式中的 L_{pi}）没有特定的大小关系，A 声级不一定大于各倍频带声压级中的最大值。

69. D 【解析】敏感目标噪声预测值应为扩建后车流贡献值叠加背景噪声值，而扩建前敏感目标处声环境现状值包含了背景值和扩建前车流贡献值的叠加，因此无法确定敏感目标处背景噪声值，从而无法计算扩建后该敏感目标处的噪声预测值。

70. C 【解析】声环境影响预测需要的声源资料：声源种类、数量、空间位置、噪声级、频率特性、发声持续时间和对敏感目标的作用时间段等。

71. C 【解析】根据《声环境质量标准》（GB 3096），声环境功能区的环境质量评价量为昼间等效声级（L_d）、夜间等效声级（L_n），突发噪声的评价量为最大 A 声级（L_{max}、L_{Amax}）。根据《机场周围飞机噪声环境标准》（GB 9660），机场周围区域受飞机通过（起飞、降落、低空飞越）噪声环境影响的评价量为计权等效连续感觉噪声级（L_{WECPN}）。声源源强表达量：A 声功率级（L_{AW}）或中心频率为 63 Hz～8 kHz 8 个倍频带的声功率级（L_W）；距离声源 r 处的 A 声级 $[L_A(r)]$ 或中心频率为 63 Hz～8 kHz 8 个倍频带的声压级 $[L_p(r)]$；等（有）效感觉噪声级（L_{EPN}）。

72. B 【解析】建设项目位于 2 类声环境功能区，项目建设前后敏感目标处噪声级增量为 3 dB（A），且受噪声影响人口数量增加较多，属于二级评价。

73. D 【解析】对于一长方形的有限大面声源（长度为 b，高度为 a，并 $a < b$），预测点在该声源中心轴线上距声源中心距离为 r：如 $r < a/\pi$ 时，该声源可近似为面声源，几乎不衰减，衰减量 $A_{div} \approx 0$；当 $a/\pi < r < b/\pi$，该声源可近似为线声源，类似线声源衰减特性，衰减量 $A_{div} \approx 10 \lg(r/r_0)$，距离加倍衰减 3 dB 左右；当 $r > b/\pi$ 时，该声源可近似为点声源，类似点声源衰减特性，衰减量 $A_{div} \approx 20 \lg(r/r_0)$，距离加倍衰减 6 dB 左右。

74. C 【解析】公式 $L_A(r) = L_{AW} - 20 \lg(r) - 8$ 的条件必须是无指向性点声源，所以 $r > 2D$；处于半自由空间，$L_A(r) = L_{AW} - 20 \lg(r) - 8$；处于自由空间，$L_A(r) = L_{AW} - 20 \lg r - 11$。简记为"自由见（减）诗意（11），半自由就剪（减）发（8）"，也可记为"光棍（11）最自由，想结婚吧（8）就半自由"。

75. B 【解析】根据《环境影响评价技术导则 声环境》，点声源是以球面波形式辐射声波的声源，辐射声波的声压幅值与声波传播距离（r）成反比；线声源是以柱面波形式辐射声波的声源，辐射声波的声压幅值与声波传播距离的平方根（$\sqrt{r}$）成反比；面声源是以平面波形式辐射声波的声源，辐射声波的声压幅值不随传播距离改变（不考虑空气吸收）。

76. A 【解析】根据《环境影响评价技术导则 声环境》5.1.2，"评价范围内有适用于 GB 3096 规定的 0 类声环境功能区域，或建设项目建设前后评价范围内声环境保护目标噪声级增量达 5 dB（A）以上［不含 5 dB（A）］，或受影响人口数量显著增加时，按一级评价。"

77．B　【解析】根据《环境影响评价技术导则　声环境》5.2.2，"如依据建设项目声源计算得到的贡献值到 200 m 处，仍不能满足相应功能区标准值时，应将评价范围扩大到满足标准值的距离。"

78．C　【解析】该公式为无指向性点声源几何发散衰减的公式。在声环境影响评价中，声源中心到预测点之间的距离超过声源最大几何尺寸 2 倍时，可将该声源近似为点声源。

79．B　【解析】本题主要考查敏感目标的预测值和厂界噪声值的区别。

80．C　【解析】机场噪声防治措施包括：①通过不同机场位置、跑道方位、飞行程序方案的声环境影响预测结果，分析敏感目标受影响的程度，提出优化的机场位置、跑道方位、飞行程序方案建议；②根据工程与环境特征，给出机型优选，昼间、傍晚、夜间飞行架次比例的调整，对敏感建筑物进行噪声防护或使用功能变更、拆迁等具体的措施方案及其降噪效果，并进行经济、技术可行性论证；③根据噪声影响热点和环境特点，提出机场噪声影响范围内的规划调整建议；④给出机场航空器噪声监测计划等对策建议。

81．A　【解析】根据《环境影响评价技术导则　声环境》3.1，噪声指在工业生产、建筑施工、交通运输和社会生活中所产生的干扰周围生活环境的声音（频率在 20～20 000 Hz 的可听声范围内）。

82．C　【解析】根据《环境影响评价技术导则　声环境》，声环境功能区的环境质量评价量为昼间等效声级（L_d）、夜间等效声级（L_n）；工业企业厂界、建筑施工场界噪声评价量为昼间等效声级（L_d）、夜间等效声级（L_n），频发、偶发噪声的评价量为最大 A 声级（L_{max}）。

83．C　【解析】根据《环境影响评价技术导则　声环境》，机场周围飞机噪声评价范围应根据飞行量计算到 L_{WECPN} 为 70 dB 的区域。

84．D　【解析】选项 A 执行《社会生活环境噪声排放标准》（GB 22337），选项 B 执行《声环境质量标准》（GB 3096），《城市区域环境噪声标准》已于 2008 年废止，选项 C 执行《铁路边界噪声限值及其测量方法》（GB 12525）。

85．C　【解析】根据《环境影响评价技术导则　声环境》C.3.5，铁路、城市轨道噪声防治措施包括：①通过不同选线方案声环境影响预测结果，分析声环境保护目标受影响的程度，提出优化的选线方案建议；②根据工程与环境特征提出局部线路和站场优化调整建议，明确声环境保护目标搬迁或功能置换措施，从列车、线路（路基或桥梁）、轨道的优选，列车运行方式、运行速度、鸣笛方式的调整，设置声屏障和对敏感建筑物进行噪声防护等方面，给出具体的措施方案及其降噪效果，并进行经济、技术可行性论证；③根据噪声影响特点和环境特点，提出城镇规划区段铁路（或城市轨道交通）与敏感建筑物之间的规划调整建议；④给出列车行驶规定及噪声监测计划等对策建议。

86．C　【解析】根据《环境影响评价技术导则　声环境》3.4，"任何形状的声源，只要声波波长远远大于声源几何尺寸，该声源可视为点声源。"

87．A　【解析】根据《环境影响评价技术导则　声环境》4.2.2，"建设项目同时包含固定声源和移动声源，应分别进行声环境影响评价。"

88．C　【解析】根据《环境影响评价技术导则　声环境》4.3.2，根据《声环境质量标准》（GB 3096），声环境质量评价量为昼间等效 A 声级、夜间等效 A 声级。

89．C　【解析】根据《环境影响评价技术导则　声环境》5.1.2，"评价范围内有适用于 GB 3096 规定的 0 类声环境功能区域，或建设项目建设前后评价范围内声环境保护目标噪声级增量达 5 dB（A）以上［不含 5 dB（A）］，或受影响人口数量显著增加时，按一级评价。"

90．D　【解析】根据《环境影响评价技术导则　声环境》5.2.1，以固定声源为主的建设项目，二级、三级评价范围可根据建设项目所在区域和相邻区域的声环境功能区类别及声环境保护目标等实际情况适当缩小。

91．A　【解析】根据《环境影响评价技术导则　声环境》6.1.3，一、二、三级评价均应调查分析拟建项目的主要噪声源。

92．C　【解析】根据《环境影响评价技术导则　声环境》7.3.1.1，"当声源为固定声源时，现状测点应重点布设在可能同时受到既有声源和建设项目声源影响的声环境保护目标处，以及其他有代表性的声环境保护目标处；为满足预测需要，也可在距离既有声源不同距离处布设衰减测点。"

93．A　【解析】根据《环境影响评价技术导则　声环境》8.5，选项 B 应为预测和评价建设项目在施工期和运营期厂界（场界、边界）噪声贡献值，评价其超标和达标情况。选项 C 和 D 应为一级评价应绘制运行期代表性评价水平年噪声贡献值等声级线图，二级评价根据需要绘制等声级线图。

94．B　【解析】根据《环境影响评价技术导则　声环境》9.1.3，"交通运输类建设项目（如公路、城市道路、铁路、城市轨道交通、机场项目等）的噪声防治措施应针对建设项目代表性评价水平年的噪声影响预测值进行制定。铁路建设项目噪声防治措施还应同时满足铁路边界噪声限值要求。结合工程特点和环境特点，在交通流量较大的情况下，铁路、城市轨道交通、机场等项目，还需考虑单列车通过（$L_{Aeq,Tp}$）、单架航空器通过（L_{Amax}）时噪声对声环境保护目标的影响，进一步强化控制要求和防治措施。"

95．A　【解析】根据《环境影响评价技术导则　声环境》3.9，背景噪声值是指评价范围内不含建设项目自身声源影响的声级。

96．A　【解析】根据《环境影响评价技术导则　声环境》3.13，L_{Amax} 是指一次噪声事件中测量时段内单架航空器通过时的最大 A 声级，T_d 是在 L_{Amax} 下 10 dB 的延续时间，即从 L_{Amax}−10 至 L_{Amax} 持续的时间。

97．D　【解析】根据《环境影响评价技术导则　声环境》4.2.2，"建设项目同时包含固定声源和移动声源，应分别进行声环境影响评价；同一声环境保护目标既受到固定声源影响，又受到移动声源（机场航空器噪声除外）影响时，应叠加环境影响后进行评价。"

98．C　【解析】根据《环境影响评价技术导则　声环境》7.3.1.1，监测布点原则：

a）布点应覆盖整个评价范围，包括厂界（场界、边界）和声环境保护目标。当声环境保护目标高于（含）三层建筑时，还应按照噪声垂直分布规律、建设项目与声环境保护目标高差等因素选取有代表性的声环境保护目标的代表性楼层设置测点；

b）评价范围内没有明显的声源时（如工业噪声、交通运输噪声、建设施工噪声、社会生活噪声等），可选择有代表性的区域布设测点；

c）评价范围内有明显声源，并对声环境保护目标的声环境质量有影响时，或建设项目为改、扩建工程，应根据声源种类采取不同的监测布点原则：1）当声源为固定声源时，现状测点应重点布设在可能同时受到既有声源和建设项目声源影响的声环境保护目标处，以及其他有代表性的声环境保护目标处；为满足预测需要，也可在距离既有声源不同距离处布设衰减测点；2）当声源为移动声源，且呈现线声源特点时，现状测点位置选取应兼顾声环境保护目标的分布状况、工程特点及线声源噪声影响随距离衰减的特点，布设在具有代表性的声环境保护目标处。为满足预测需要，可在垂直于线声源不同水平距离处布设衰减测点。

99．D　【解析】根据《环境影响评价技术导则　声环境》5.3，"应根据声源的类别和项目所处的声环境功能区类别确定声环境影响评价标准。没有划分声环境功能区的区域应采用地方生态环境主管部门确定的标准。"

100．B　【解析】根据《环境影响评价技术导则　声环境》8，声环境影响预测范围应与评价范围相同。建设项目评价范围内声环境保护目标和建设项目厂界（场界、边界）应作为预测点和评价点。预测建设项目在施工期和运营期所有声环境保护目标处的噪声贡献值和预测值，评价其超标和达标情况。预测和评价建设项目在施工期和运营期厂界（场界、边界）噪声贡献值，评价其超标和达标情况。

101．A　【解析】根据《环境影响评价技术导则　声环境》附录 C，机场项目航空噪声防治措施不包括设置声屏障。

二、不定项选择题

1．ABCD

2．D　【解析】三级评价可以用现状监测资料。对于噪声防治措施，要进行达标分析，没有要求预测防治措施的降噪效果。

3．BD　【解析】注意预测值和贡献值的区别。

4．AD　【解析】环境噪声现状评价主要内容有：以图、表结合的方式给出评价范围内的声环境功能区及其划分情况，以及现有敏感目标的分布情况。分析评价范围内现有主要声源种类、数量及相应的噪声级、噪声特性等，明确主要声源分布。分别评价不同类别的声环境功能区内各敏感目标的超标、达标情况，说明其受到现有主要声源的影响状况。给出不同类别的声环境功能区噪声超标范围内的人口数量及分布情况。

5．CD　6．C

7．AD　【解析】该题问的是影响声波传播的参量。B 和 C 是预测时需要的声源资料。

8．AD　9．BCD　10．CD

11．ABCD　【解析】位于 2 类声环境功能区内，评价等级为二级，评价内容按二级评价要求。

12．BD　13．ABCD

14．BCD　【解析】户外声传播衰减中与声波频率有关的有：屏障引起的衰减、绿化林带引起的衰减、大气吸收引起的衰减。

15．AD　【解析】工业企业建设项目噪声防治措施应根据建设项目投产后厂界噪声影响最大噪声贡献值以及声环境保护目标超标情况制定。交通运输类建设项目（如公路、铁路、城市轨道交通、机场项目等）的噪声防治措施应针对建设项目代表性评价水平年的噪声影响预测值进行制定。注意是"预测值"，不是"贡献值"。

16．A　17．AB　18．ACD

19．AB　【解析】根据《环境影响评价技术导则　声环境》8.6.2，判定为一级评价的工业企业建设项目应给出等声级线图；机场项目应给出飞机噪声等声级线图。

20．ABD　21．ABC

22．ABCD　【解析】公路、城市道路交通噪声防治措施：（1）通过选线方案的声环境影响预测结果比较，分析声环境保护目标受影响的程度，影响规模，提出选线方案推荐建议；（2）根据工程与环境特征，给出局部线路调整、声环境保护目标搬迁、临路建筑物使用功能变更、改善道路结构和路面材料、设置声屏障和对敏感建筑物进行噪声防护等具体的措施方案及其降噪效果，并进行经济、技术可行性论证；（3）根据噪声影响特点和环境特点，提出城镇规划区路段线路与敏感建筑物之间的规划调整建议；（4）给出车辆行驶规定（限速、禁鸣等）及噪声监测计划等对策建议。

23．BC 【解析】本题主要考查声源源强不同的表达方式。

24．C 【解析】根据《环境影响评价技术导则 声环境》7.3.1.1，评价范围内有明显的声源，并对声环境保护目标的声环境质量有影响时，或建设项目为改、扩建工程，应根据声源种类采取不同的监测布点原则。

当声源为移动声源，且呈现线声源特点时，现状测点位置选取应兼顾声环境保护目标的分布状况、工程特点及线声源噪声影响随距离衰减的特点，布设在具有代表性的声环境保护目标处。为满足预测需要，可在垂直于线声源不同水平距离处布设衰减测点。

25．AD 【解析】根据《环境影响评价技术导则 声环境》8.2，声环境影响预测点的确定原则为：建设项目评价范围内声环境保护目标和建设项目厂界（场界、边界）应作为预测点。

26．ABD 【解析】根据《环境影响评价技术导则 声环境》C.2.5，高速公路项目噪声防治措施应根据工程与环境特征，给出局部线路调整、声环境保护目标搬迁、临路建筑物使用功能变更、改善道路结构和路面材料、设置声屏障和对敏感建筑物进行噪声防护等具体的措施方案及其降噪效果，并进行经济、技术可行性论证。

27．ACD 【解析】根据《环境影响评价技术导则 声环境》6.1，噪声源调查包括拟建项目的主要固定声源和移动声源。给出主要声源的数量、位置和强度，并在标准规范的图中标识固定声源的具体位置或移动声源的路线、跑道等位置。噪声源调查内容和工作深度应符合环境影响预测模型对噪声源参数的要求。一、二、三级评价均应调查分析拟建项目的主要噪声源。

第二节　相关的声环境标准

一、单项选择题（每题的备选项中，只有一个最符合题意）

1．机场周围区域拟建一建筑材料厂，该厂运行期的声环境影响评价应执行的标准为（　）。（2010 年考题）

A. 《建筑施工场界噪声限值》《声环境质量标准》

B. 《工业企业厂界环境噪声排放标准》《声环境质量标准》

C. 《建筑施工场界噪声限值》《机场周围飞机噪声环境标准》

D. 《工业企业厂界环境噪声排放标准》《机场周围飞机噪声环境标准》

2．根据《工业企业厂界环境噪声排放标准》，邻近货物装卸区一侧厂界处夜间噪声评价量应包括（　　）。（2010年考题）

A．频发声级和偶发声级　　　　　B．脉冲声级和最大声级

C．等效声级和最大声级　　　　　D．稳态声级和非稳态声级

3．某娱乐场所边界背景噪声值为52 dB，正常营业时噪声测量值为54 dB。根据《社会生活环境噪声排放标准》，确定该娱乐场所在边界处排放的噪声级时测量结果的修正为（　　）。（2010年考题）

A．无须修正

B．修正值-3 dB

C．修正值-4 dB

D．应采取措施降低背景噪声后重新测量，再按要求进行修正

4．下列环境噪声监测点布设符合《声环境质量标准》的是（　　）。（2010年考题）

A．一般户外测点距任何反射面1 m处，距地面高度1.0 m以上

B．噪声敏感建筑物户内测点距墙壁或窗户1 m处，距地面高度1.2 m以上

C．噪声敏感建筑物户外测点距墙壁或窗户1 m处，距地面高度1.2 m以上

D．噪声敏感建筑物户内、户外测点均需距墙壁或窗户1 m处，距地面高度1.2 m以上

5．关于《声环境质量标准》适用范围，说法正确的是（　　）。（2011年考题）

A．不适用于铁路干线两侧区域的声环境质量评价

B．适用于对内河航道两侧区域的声环境质量评价

C．适用于机场周围区域的声环境质量管理

D．不适用于未划分声环境功能区的乡村区域的声环境质量管理

6．根据《声环境质量标准》，居住、商业、工业混杂区属于（　　）类声环境功能区。（2011年考题）

A．0　　　　　B．1　　　　　C．2　　　　　D．3

7．根据《声环境质量标准》，2类声环境功能区内夜间突发噪声最大声级不得超过（　　）dB（A）。（2011年考题）

A．10　　　　B．15　　　　C．60　　　　D．65

8．下列环境噪声监测点布置符合《声环境质量标准》要求的是（　　）。（2011

年考题）

A．教学楼外 1 m，距地面高度 1.2 m 处

B．教学楼室内距窗 1 m，距地面高度 1.2 m 处

C．教学楼窗外 1.5 m，距离地面高度 1.0 m 处

D．教学楼室内距窗 1.5 m，距地面高度 1.6 m 处

9．根据《城市区域环境振动标准》，文教区昼间和夜间每日发生几次的冲击振动，其铅垂向 Z 振级最大值分别不得超过（　　）dB。（2011 年考题）

A．80、77　　　　B．80、70　　　　C．73、70　　　　D．70、67

10．学校锅炉房噪声排放应执行的标准是（　　）。（2011 年考题）

A．《声环境质量标准》

B．《建筑施工场界噪声限值》

C．《社会生活环境噪声排放标准》

D．《工业企业厂界环境噪声排放标准》

11．某企业厂界噪声测量值为 61 dB（A），背景噪声值为 56 dB（A）。根据《工业企业厂界环境噪声排放标准》，测量结果修正值应为（　　）dB（A）。（2011 年考题）

A．−3　　　　　B．−2　　　　　C．−1　　　　　D．0

12．《社会生活环境噪声排放标准》的适用范围是（　　）。（2011 年考题）

A．各类社会生活噪声的管理、评价和控制

B．居住区家庭娱乐噪声的管理、评价和控制

C．营业性文化娱乐场所、商业经营活动中使用的向环境排放噪声的设备、设施的管理、评价和控制

D．营业性文化娱乐场所、商业经营活动及其他公共活动场所中使用的向环境排放噪声的设备、设施的管理、评价和控制

13．在室内固定设备结构传播噪声时，根据《社会生活环境噪声排放标准》，测点位置应布置在（　　）。（2011 年考题）

A．距任一反射面至少 1 m 以上，距地面 1.2 m，距外窗 1 m 处

B．距任一反射面至少 0.5 m 以上，距地面 1.2 m，距外窗 1 m 处

C．距任一反射面至少 1 m 以上，距地面 1.5 m，距外窗 0.5 m 处

D．距任一反射面至少 0.5 m 以上，距地面 1.5 m，距外窗 1 m 处

14．根据《声环境质量标准》，确定道路交通干线两侧 4a 类声环境功能区范围的依据中不包括（　　）。（2012 年考题）

A．道路沿线人口分布密度

B．交通干线相邻声环境功能区类别

C. 交通干线两侧建筑高度（楼层数）

D. 县级以上人民政府环境保护行政主管部门出具的意见

15. 根据《声环境质量标准》，关于环境噪声限值的规定，说法正确的是（　　）。（2012 年考题）

A. 穿越城区的既有铁路干线两侧区域不通过列车时的环境背景噪声按 4b 类限值执行

B. 城市轨道交通（地面段）两侧区域环境噪声按 4b 类限值执行

C. 昼间突发噪声最大声级超过声环境功能区环境噪声限值的幅度不得高于 10 dB（A）

D. 夜间突发噪声最大声级超过声环境功能区环境噪声限值的幅度不得高于 15 dB（A）

16. 根据《城市区域环境振动标准》，居民、文教区环境振动标准值是（　　）。（2012 年考题）

A. 昼间 65 dB，夜间 65 dB　　　　B. 昼间 70 dB，夜间 67 dB

C. 昼间 75 dB，夜间 72 dB　　　　D. 昼间 80 dB，夜间 80 dB

17. 下列噪声源环境噪声排放，不适用《工业企业厂界环境噪声排放标准》的是（　　）。（2012 年考题）

A. 学校变配电房　　　　　　　　B. 城市垃圾转运站

C. 医院制冷机房　　　　　　　　D. 居民区超市

18. 根据《工业企业厂界环境噪声排放标准》，关于噪声测量方法，说法正确的是（　　）。（2012 年考题）

A. 在敏感建筑物室内测量厂界噪声时，应在关窗条件下测量

B. 在敏感建筑物室内测量固定设备结构传声时，应在关窗条件下测量

C. 在厂界处测量稳态噪声时，至少测量 10 min 的等效声级

D. 在厂界处测量非稳态噪声时，必须分别测量昼间（16 h）、夜间（8 h）的等效声级

19. 某办公楼受商场设备的结构传播稳态噪声影响。根据《社会生活环境噪声排放标准》，评价该办公楼室内结构传播噪声影响时，噪声测量的量是（　　）。（2012 年考题）

A. 昼、夜间最大声级　　　　　　B. 昼、夜间频发的最大声级

C. 昼、夜间偶发的最大声级　　　D. 昼、夜间各 1 min 的等效声级

20. 根据《社会生活环境噪声排放标准》，在对娱乐场所边界噪声进行测量时，测点位置选择正确的是（　　）。（2012 年考题）

A. 在娱乐场所边界处设测点

B. 在距噪声敏感建筑物较近的娱乐场所边界处设测点

C. 在受娱乐场所噪声影响大的边界外 1 m 处设测点

D. 娱乐场所边界围墙内 1 m 处设测点

21. 根据《声环境质量标准》，下列关于标准适用范围的说法，正确的是（　）。（2013 年考题）

A. 该标准仅适用于城市区域声环境质量的评价和管理

B. 该标准适用于交通干线两侧区域声环境质量的评价和管理

C. 该标准适用于机场周围区域声环境质量的评价和管理

D. 该标准适用于建筑室内声环境质量的评价和管理

22. 下列环境噪声监测点布设，符合《声环境质量标准》要求的是（　）。（2013 年考题）

A. 噪声敏感建筑物户外测点，距墙壁或窗户 1.0 m，距地面高度 1.3 m

B. 噪声敏感建筑物户外测点，距墙壁或窗户 1.5 m，距地面高度 1.0 m

C. 噪声敏感建筑物户内测点，距墙壁和窗户 1.5 m，距地面高度 1.8 m

D. 噪声敏感建筑物户内测点，距墙壁和窗户 1.0 m，距地面高度 1.3 m

23. 根据《城市区域环境振动标准》，居民、文教区夜间冲击振动最大值不得超过（　）dB。（2013 年考题）

A. 75　　　　　B. 73　　　　　C. 70　　　　　D. 67

24. 某学校位于 2 类声环境功能区，教室受某企业结构传播固定设备噪声影响。根据《工业企业厂界环境噪声排放标准》，教室内结构传播噪声的等效声级应执行（　）限值。（2013 年考题）

A. A 类房间、1 类区　　　　　B. B 类房间、2 类区

C. A 类房间、2 类区　　　　　D. B 类房间、1 类区

25. 某冷冻厂位于 2 类声环境功能区，其东侧厂界与一幢西向开窗的住宅距离为 0.5 m。根据《工业企业厂界环境噪声排放标准》，监测该厂相邻住宅东侧厂界夜间噪声，其监测位置及评价依据是（　）。（2013 年考题）

A. 室内，$L_{Aeq} \leqslant 40$ dB　　　　　B. 室外，$L_{Aeq} \leqslant 50$ dB

C. 室内，$L_{Aeq} \leqslant 60$ dB　　　　　D. 室外，$L_{Aeq} \leqslant 65$ dB

26. 下列施工作业不适用《建筑施工场界环境噪声排放标准》的是（　）。（2013 年考题）

A. 桥梁建造工程　　　　　B. 桥梁垮塌事故抢修

C. 建筑物室外装修工程　　　　　D. 建筑物拆除工程

27. 下列设备排放的噪声中，适用《社会生活环境噪声排放标准》的是（　）。（2013 年考题）

A．超市货梯噪声　　　　　　　　　B．学校燃气锅炉噪声

C．住宅楼配套生活水泵噪声　　　　D．机关办公楼中央空调冷却塔噪声

28．根据《社会生活环境噪声排放标准》，下列关于社会生活噪声测量的说法，正确的是（　　）。（2013 年考题）

A．被测声源是稳态噪声，应同时测量最大声级

B．被测声源是非稳态噪声，测量 10 min 的等效声级

C．测量固定设备结构传播至噪声敏感建筑物室内噪声时，被测房间应处于关窗状态

D．噪声敏感建筑物受户外社会生活噪声影响，且不得不在室内测量时，测点所在房间应处于关窗状态

29．根据《声环境质量标准》，下列区域一定距离内，含有 4 类声环境功能区的是（　　）。（2014 年考题）

A．机场跑道两侧区域　　　　　　　B．城市支路两侧区域

C．铁路专用线两侧区域　　　　　　D．二级公路两侧区域

30．根据《声环境质量标准》，文教区执行的突发噪声限值是（　　）dB（A）。（2014 年考题）

A．夜间 55　　　　B．夜间 60　　　　C．昼间 65　　　　D．昼间 70

31．根据《城市区域环境振动标准》，铁路干线两侧环境振动标准值是（　　）。（2014 年考题）

A．昼间 75 dB、夜间 72 dB　　　　　B．昼间 75 dB、夜间 75 dB

C．昼间 80 dB、夜间 77 dB　　　　　D．昼间 80 dB、夜间 80 dB

32．某工业企业厂界 1 m 外有受影响的噪声敏感建筑物，且厂界处设有 3.5 m 高实体围墙。根据《工业企业厂界环境噪声排放标准》，下列关于该企业厂界噪声测点布设的说法，正确的是（　　）。（2014 年考题）

A．噪声测点应布设在噪声敏感建筑物室内

B．噪声测点应布设在噪声敏感建筑物室外 1 m 处

C．噪声测点应布设在围墙外 1 m，高于围墙 0.5 m 以上位置处

D．噪声测点应布设在围墙外 1 m，高于地面 1.2 m 处

33．某工业企业装卸货物产生突发的撞击声，根据《工业企业厂界环境噪声排放标准》，下列关于该企业厂界噪声测量结果评价的说法，正确的是（　　）。（2014 年考题）

A．需对各测点的昼间最大声压级进行评价

B．需对各测点的昼间最大 A 声级进行评价

C．需要对各测点的夜间最大声压级进行评价

D. 需要对各测点的夜间最大 A 声级进行评价

34. 根据《建筑施工场界环境噪声排放标准》，说法正确的是（　　）。（2014年考题）

A. 不同施工阶段排放限值相同

B. 打桩阶段排放限值最大

C. 无最大 A 声级排放限值

D. 夜间最大 A 声级限值为 65 dB（A）

35. 某教学楼位于 2 类声环境功能区，楼外 2 m 处为道路施工场地边界，在道路施工期间，教学楼外 1 m 处测得等效声级为昼间 65 dB（A）、夜间 56 dB（A），夜间背景噪声均为 40 dB（A）。根据《建筑施工场界环境噪声排放标准》和《声环境质量标准》，下列关于环境噪声评价结果的说法，正确的是（　　）。（2014年考题）

A. 教学楼室外环境噪声昼间等效声级达标

B. 教学楼室外环境噪声夜间等效声级达标

C. 临时教学楼侧道路施工场界昼间等效声级达标

D. 临时教学楼侧道路施工场界夜间等效声级达标

36. 根据《社会生活环境噪声排放标准》，下列关于结构传播固定设备室内噪声排放限值的说法，正确的是（　　）。（2014年考题）

A. 限值不区分类型

B. 限值不区分房间所处声环境功能区

C. 限值包括等效声级和倍频带声压级

D. 非稳态噪声最大声级允许超过限值 10 dB（A）

37. 根据《声环境质量标准》，下列区域中，属于 2 类声环境功能区的是（　　）。（2015年考题）

A. 康复疗养区　　　B. 居民、文教区　　　C. 物资仓储区　　　D. 商业金融区

38. 根据《声环境质量标准》，关于环境噪声监测类型的说法，正确的是（　　）。（2015年考题）

A. 环境噪声监测分为声环境功能区监测和噪声敏感建筑物监测

B. 环境噪声监测分为城市区域噪声监测和噪声敏感建筑物监测

C. 环境噪声监测分为声环境功能区监测和道路交通噪声监测

D. 环境噪声监测分为城市区域噪声监测和道路交通噪声监测

39. 根据《城市区域环境振动标准》，居民、文教区铅垂向 Z 振级标准值是（　　）。（2015年考题）

A. 昼间 65 dB、夜间 65 dB　　　　　　B. 昼间 70 dB、夜间 67 dB

C．昼间 75 dB、夜间 72 dB　　　　　　　　D．昼间 80 dB、夜间 80 dB

40．根据《工业企业厂界环境噪声排放标准》，关于固定设备通过建筑物结构传播至噪声敏感建筑物 A、B 类房间噪声限值的说法，错误的是（　　）。（2015 年考题）

A．A 类房间有等效声级限值

B．B 类房间无倍频带声压级限值

C．A、B 类房间限值与房间使用功能有关

D．A、B 类房间限值与所处声环境功能区有关

41．某项目施工场地一侧紧邻居民住宅（距离小于 1 m），项目施工时该住宅（受施工噪声影响方向窗户开启时）室内昼间等效声级为 65 dB（A）、夜间最大声级为 56 dB（A）。根据《建筑施工场界环境噪声排放标准》，关于该居民住宅处施工场界噪声排放达标情况的说法，正确的是（　　）。（2015 年考题）

A．昼间等效声级超标、夜间最大声级超标

B．昼间等效声级达标、夜间最大声级达标

C．昼间等效声级超标、夜间最大声级达标

D．昼间等效声级达标、夜间最大声级超标

42．根据《建筑施工场界环境噪声排放标准》，关于施工场界噪声测点布设的说法，正确的是（　　）。（2015 年考题）

A．测点应设在施工厂界处

B．在噪声敏感建筑物室内测量时，测点应设在室内靠窗口处

C．当场界无法测量到声源的实际排放时，测点可设在噪声敏感建筑物户外 1 m 处

D．场界外无噪声敏感建筑物时，测点应设在厂界外 1 m、高于场界围墙 0.5 m 以
　　上位置

43．某商住楼 1～2 层为大型超市，3 层以上为住宅。超市内大型货梯运行时对 3 层以上住宅室内产生噪声污染。关于该商住楼住宅室内噪声污染执行标准和限值的说法正确的是（　　）。（2015 年考题）

A．应执行《工业企业厂界环境噪声排放标准》中的厂界环境噪声排放限值

B．应执行《工业企业厂界环境噪声排放标准》中的结构传播固定设备室内噪
　　声排放限值

C．应执行《社会生活环境噪声排放标准》中的边界噪声排放限值

D．应执行《社会生活环境噪声排放标准》中的结构传播固定设备室内噪声排
　　放限值

44．根据《社会生活环境噪声排放标准》，关于受稳态噪声源影响的边界噪声测量的说法，正确的是（　　）。（2015 年考题）

A．必须测量昼间最大 A 声级　　　　B．必须测量夜间最大 A 声级

C．必须测量昼夜等效声级　　　　　D．只需测量昼间夜间 1 min 的等效声级

45．（　　）的声环境质量评价与管理不适用《声环境质量标准》。（2016 年考题）

A．受公路噪声影响的村庄　　　B．受铁路噪声影响的集镇

C．受施工噪声影响的学校　　　D．受飞机通过噪声影响的机场周围区域

46．根据《声环境质量标准》，下列区域中，属于 1 类声环境功能区的是（　　）。（2016 年考题）

A．康复疗养区等特别需要安静的区域

B．以行政办公为主要功能，需要保持安静的区域

C．以商业金融为主要功能，需要维护住宅安静的区域

D．以集市贸易为主要功能，需要维护住宅安静的区域

47．根据《城市区域环境振动标准》，交通干线道路两侧铅垂向 Z 振级标准值是（　　）。（2016 年考题）

A．昼间 70 dB、夜间 67 dB　　　　B．昼间 75 dB、夜间 72 dB

C．昼间 80 dB、夜间 75 dB　　　　D．昼间 80 dB、夜间 80 dB

48．（　　）的噪声排放不适用《工业企业厂界环境噪声排放标准》。（2016 年考题）

A．学校　　　　B．医院　　　　C．商场　　　　D．养老院

49．某工厂南侧厂界处设有 8 m 高声屏障，该侧厂界外 15 m 处有一居民住宅。根据《工业企业厂界环境噪声排放标准》，关于该工厂南侧厂界噪声测点布设的说法，正确的是（　　）。（2016 年考题）

A．在南侧厂界外 1 m、高度 1.2 m 以上布设测点，同时在该住宅内另设测点

B．在南侧厂界外 1 m、高度 1.2 m 以上布设测点，同时在该住宅外 1 m 处另设测点

C．在声屏障正上方 0.5 m 位置处布设测点，同时在该住宅内另设测点

D．在声屏障正上方 0.5 m 位置处布设测点，同时在该住宅外 1 m 处另设测点

50．某建筑施工场界噪声昼间、夜间等效声级分别为 65 dB（A）、55 dB（A），昼间、夜间最大声级分别为 85 dB（A）、70 dB（A）。根据《建筑施工场界环境噪声排放标准》，关于该建筑施工场界排放的说法，正确的是（　　）。（2016 年考题）

A．昼间达标，夜间达标　　　　B．昼间达标，夜间超标

C．昼间超标，夜间达标　　　　D．昼间超标，夜间超标

51．关于《社会生活环境噪声排放标准》适用范围的说法，正确的是（　　）。（2016 年考题）

A．适用于家庭装修活动排放的环境噪声管理、评价和控制

B．适用于商业经营活动排放的环境噪声管理、评价和控制

C．适用于公共活动场所排放的环境噪声管理、评价和控制

D．适用于非营业性文化娱乐场所排放的环境噪声管理、评价和控制

52．某 KTV 建成营业后通过建筑结构对楼上酒店客房产生较大的非稳态噪声污染。根据《社会生活环境噪声排放标准》，关于测量 KTV 通过建筑结构传播至客房内噪声的说法，正确的是（　　）。（2016 年考题）

A．在客房窗户开启状态下测量

B．测点须布设在客房内噪声最大位置处

C．测量正常营业时客房内 1 min 等效声级

D．须测量客房内噪声 31.5～500 Hz 各倍频带声压级

53．根据《声环境质量标准》，下列交通线路中，需在（　　）两侧一定距离内划定 4a 类声环境功能区。（2017 年考题）

A．三级公路　　　B．城市支路　　　C．内河航道　　　D．铁路干线

54．根据《声环境质量标准》，关于 1 类声环境功能区环境噪声限值的说法，正确的是（　　）。（2017 年考题）

A．昼间等效声级限值为 60 dB（A）　　B．夜间等效声级限值为 45 dB（A）

C．昼间最大声级限值为 70 dB（A）　　D．夜间最大声级限值为 55 dB（A）

55．根据《城市区域环境振动标准》，铅垂向 Z 振级昼间 70 dB、夜间 67 dB 适用的地带范围是（　　）。（2017 年考题）

A．文教区　　　　　　　　　B．商业中心区

C．工业集中区　　　　　　　D．交通干线道路两侧

56．铁路货场边界噪声控制应执行的标准是（　　）。（2017 年考题）

A．《社会生活环境噪声排放标准》

B．《铁路边界噪声限值及其测量方法》

C．《建筑施工场界环境噪声排放标准》

D．《工业企业厂界环境噪声排放标准》

57．根据《工业企业厂界环境噪声排放标准》，关于工业企业厂界环境噪声排放限值的说法，正确的是（　　）。（2017 年考题）

A．夜间频发噪声最大声级超过等效声级限值的幅度不得高于 15 dB（A）

B．夜间偶发噪声最大声级超过等效声级限值的幅度不得高于 20 dB（A）

C．未划分声环境功能区的区域，厂界环境噪声排放统一执行 3 类声环境功能区限值

D．当固定设备排放的噪声通过建筑物结构传播至噪声敏感建筑物室内时，其

等效声级不得超过规定的限值

58. 某企业北侧无噪声敏感建筑物，南侧厂界外 20 m 处有一村庄，企业厂界处建有 2.6 m 高围墙。根据《工业企业厂界环境噪声排放标准》，关于厂界噪声测点布设的说法，正确的是（　　）。（2017 年考题）

　　A. 北侧厂界测点选在厂界外 1 m，高于围墙 0.5 m 以上

　　B. 南侧厂界测点选在厂界外 1 m，高于围墙 0.5 m 以上

　　C. 南、北侧厂界测点均选在厂界外 1 m，高于围墙 1.2 m 以上

　　D. 南、北侧厂界测点均选在厂界外 1 m，高于围墙 0.5 m 以上

59. 某企业位于 3 类声环境功能区，对东、南、西、北四侧厂界昼间环境噪声进行测量，噪声值分别为 67 dB（A）、65 dB（A）、63 dB（A）和 61 dB（A）。根据《工业企业厂界环境噪声排放标准》，关于厂界噪声评价结果的说法，正确的是（　　）。（2017 年考题）

　　A. 昼间四侧厂界噪声均超标　　　　B. 昼间四侧厂界噪声均达标

　　C. 昼间只有东侧厂界噪声超标　　　D. 昼间四侧厂界噪声平均值达标

60. 根据《建筑施工场界环境噪声排放标准》，关于施工期间噪声等效声级测量的说法，正确的是（　　）。（2017 年考题）

　　A. 测量连续 20 min 的等效声级

　　B. 测量连续 1 h 的等效声级

　　C. 测量全部施工作业时段的等效声级

　　D. 测量昼间 16 h、夜间 8 h 的等效声级

61. 根据《声环境质量标准》，居住、商业、工业混杂区域中，需要维护住宅安静的区域属于（　　）。（2018 年考题）

　　A. 0 类声环境功能区　　　　　　　B. 1 类声环境功能区

　　C. 2 类声环境功能区　　　　　　　D. 3 类声环境功能区

62. 根据《声环境质量标准》，环境噪声监测按监测对象和目的划分为（　　）。（2018 年考题）

　　A. 声环境功能区监测和噪声敏感建筑物监测

　　B. 环境噪声常规（例行）监测和不定期监测

　　C. 区域环境噪声定点监测和网络普查监测

　　D. 城市交通噪声监测和固定声源噪声监测

63. 根据《城市区域环境振动标准》，铁路干线两侧铅垂向 Z 振级标准是（　　）。（2018 年考题）

　　A. 昼间 70 dB、夜间 67 dB　　　　B. 昼间 75 dB、夜间 72 dB

　　C. 昼间 80 dB、夜间 75 dB　　　　D. 昼间 80 dB、夜间 80 dB

64. 《工业企业厂界环境噪声排放标准》适用于（ ）。（2018 年考题）

A. 工业企业施工期噪声排放的管理、评价与控制

B. 机关、事业单位噪声排放的管理、评价与控制

C. 商业经营活动中向环境排放噪声的设备、设施的管理、评价与控制

D. 营业性文化娱乐向环境排放噪声的设备、设施的管理、评价与控制

65. 根据《工业企业厂界环境噪声排放标准》，关于噪声测量结果评价的说法，正确的是（ ）。（2018 年考题）

A. 各个测点的测量结果应单独评价

B. 各个测点的测量结果取平均值进行评价

C. 同一测点连续两天的测量结果取平均值进行评价

D. 同一测点昼间、夜间的测量结果按昼夜等效声级进行评价

66. 根据《建筑施工场界环境噪声排放标准》，关于环境噪声排放限值的说法，正确的是（ ）。（2018 年考题）

A. 昼间、夜间环境噪声排放限值与施工现场所处声环境功能区类别无关

B. 昼间施工噪声的最大声级超过昼间等效声级限值的幅度不得高于 15 dB（A）

C. 夜间施工噪声的最大声级超过夜间等效声级限值的幅度不得高于 10 dB（A）

D. 当场界距噪声敏感建筑物较近、室外不满足测量条件时，可在噪声敏感建筑物室内测量，以场界环境噪声排放限值减 15 dB（A）作为评价依据

67. 某酒店位于 1 类声环境功能区，设有娱乐场所，据《社会生活环境噪声排放标准》，关于娱乐场所通过建筑结构传播至该酒店客房内的噪声排放限值的说法，正确的是（ ）。（2018 年考题）

A. 各倍频带声压级执行 B 类房间噪声排放限值

B. 各倍频带声压级执行 A 类房间噪声排放限值

C. 最大声级超过 B 类房间噪声排放限值的幅度不得高于 10 dB（A）

D. 最大声级超过 A 类房间噪声排放限值的幅度不得高于 15 dB（A）

68. 根据《声环境质量标准》，关于噪声敏感建筑物监测的说法，错误的是（ ）。（2019 年考题）

A. 不得不在噪声敏感建筑物室内监测时，应在门窗关闭状况下进行室内噪声监测

B. 受铁路噪声影响的，昼、夜各测量不低于平均运行密度的 1 h 等效声级 L_{eq}

C. 若城市轨道交通（地面段）的运行车次密集，测量时间可缩短至 20 min

D. 受固定噪声源的非稳态噪声影响的，测量整个正常工作时间（或代表性时段）的等效声级 L_{eq}

69. 根据《声环境质量标准》，居住、商业、工业混杂区执行的夜间突发噪声

限值是（ ）。（2019 年考题）

    A. 夜间 50 dB   B. 夜间 65 dB   C. 昼间 60 dB   D. 昼间 75 dB

70. 根据《城市区域环境振动标准》，交通干线道路两侧铅垂向 Z 振级标准值为（ ）。（2019 年考题）

    A. 昼间 70 dB，夜间 67 dB   B. 昼间 75 dB，夜间 72 dB

    C. 昼间 80 dB，夜间 75 dB   D. 昼间 80 dB，夜间 80 dB

71. 关于《建筑施工场界环境噪声排放标准》适用范围的说法，正确的是（ ）。（2019 年考题）

    A. 标准适用于抢修、抢险施工过程产生噪声的管理

    B. 标准适用于已竣工交付使用的住宅楼进行室内装修活动产生噪声的管理

    C. 市政、通信、交通、水利等其他类型的施工噪声排放可参照本标准执行

    D. 标准不适用于农村地区周围有噪声敏感建筑物的建筑施工噪声排放的管理

72. 某项目施工场地一侧紧临居民住宅区（距离小于 1 m），项目施工时该住宅（受施工噪声影响方向窗户开启时）室内昼夜等效声级为 63 dB（A）、夜间最大声级为 58 dB（A）。根据《建筑施工场界环境噪声排放标准》，关于该居民住宅处施工场界噪声排放达标情况的说法，正确的是（ ）。（2019 年考题）

    A. 昼间等效声级超标，夜间最大声级超标

    B. 昼间等效声级达标，夜间最大声级达标

    C. 昼间等效声级超标，夜间最大声级达标

    D. 昼间等效声级达标，夜间最大声级超标

73. 某企业北侧、东侧无噪声敏感建筑物，南侧厂界 15 m 处有一村庄，企业厂界处建有 2.5 m 高围墙；西侧厂界处设有 6 m 高声屏障，该侧厂界外 15 m 处有一居民住宅。根据《工业企业厂界环境噪声排放标准》，关于厂界噪声测点布设的说法，正确的是（ ）。（2019 年考题）

    A. 北侧厂界测点选在厂界外 1 m、高度 1.2 m 以上、距任意反射面距离不小于 1 m 的位置

    B. 东侧厂界测点选在厂界外 1 m、高度 1.2 m 以上、距任意反射面距离不小于 1 m 的位置

    C. 南侧厂界测点选在厂界外 1 m、高于围墙 0.5 m 以上的位置

    D. 西侧厂界测点选在厂界外 1 m、高于围墙 0.5 m 以上的位置，同时应该在住宅外 1 m 处另设测点

74. 某歌舞厅边界背景噪声值为 63 dB，正常营业时噪声测量值为 67 dB。根据《社会生活环境噪声排放标准》，确定该歌舞厅所在边界处排放的噪声级时，测量结果的修正要求是（ ）。（2019 年考题）

A．无须修正　　　　　　B．修正值为−2 dB　　　C．修正值为−3 dB

D．应采取措施降低背景噪声后重新测量，再按要求进行修正

75．根据《声环境质量标准》，1 类声环境功能区执行的昼间环境噪声等效声级限值是（　　）dB（A）。（2020年考题）

A．45　　　　　　B．55　　　　　　C．60　　　　　　D．70

76．根据《城市区域环境振动标准》，文教区昼间铅垂向 Z 振级标准值为（　　）dB（A）。（2020年考题）

A．72　　　　　　B．70　　　　　　C．66　　　　　　D．65

77．某企业位于 2 类声环境功能区，四侧厂界昼间噪声排放值分别为 56 dB（A）、62 dB（A）、59 dB（A）、58 dB（A）。根据《工业企业厂界环境噪声排放标准》，关于厂界噪声评价的说法，正确的是（　　）。（2020年考题）

A．厂界昼间噪声能量平均值达标　　　　B．有一侧厂界昼间噪声排放超标

C．厂界昼间噪声算术平均值达标　　　　D．有两侧厂界昼间噪声排放超标

78．根据《建筑施工场界环境噪声排放标准》，关于建筑施工场界噪声排放限值的说法，错误的是（　　）。（2020年考题）

A．昼间噪声等效声级限值为 70 dB（A）

B．昼间噪声最大 A 声级限值为 70 dB（A）

C．夜间噪声等效声级限值为 55 dB（A）

D．夜间噪声最大声级限值为 70 dB（A）

79．根据《城市区域环境振动标准》，铁路干线两侧执行的夜间铅垂向 Z 振级标准限值是（　　）dB（A）。（2021年考题）

A．75　　　　　　B．80　　　　　　C．85　　　　　　D．90

80．根据《建筑施工场界环境噪声排放标准》，建筑施工场界噪声排放执行的夜间噪声最大限值是（　　）dB（A）。（2021年考题）

A．55　　　　　　B．60　　　　　　C．65　　　　　　D．最大 70

81．根据《声环境质量标准》，关于声环境功能区划分的说法，错误的是（　　）。（2022年考题）

A．高速公路两侧一定距离之内应划分为 4a 类声环境功能区

B．铁路干线两侧一定距离之内应划分为 4b 类声环境功能区

C．以居民住宅为主要功能的区域应划分为 1 类声环境功能区

D．以行政办公为主要功能的区域应划分为 2 类声环境功能区

82．根据《城市区域环境振动标准》，关于居民、文教区铅垂向 Z 振级标准值的说法，正确的是（　　）。（2022年考题）

A．昼间铅垂向 Z 振级标准值为 75 dB

B. 夜间铅垂向 Z 振级标准值为 67 dB

C. 昼间最大值不超过标准值 3 dB

D. 夜间最大值不超过标准值 10 dB

83. 根据《建筑施工场界环境噪声排放标准》，建筑施工场界夜间等效声级限值为（　　）dB（A）。（2022 年考题）

A. 45　　　　　　B. 50　　　　　　C. 55　　　　　　D. 60

84. 某社会生活噪声源边界噪声测量值比背景噪声值高 10 dB（A）以上。根据《社会生活环境噪声排放标准》，关于该噪声源噪声测量结果修正的说法，正确的是（　　）。（2022 年考题）

A. 需修正-3 dB（A）　　　　　　B. 需修正-2 dB（A）

C. 需修正-1 dB（A）　　　　　　D. 不需修正

二、不定项选择题（每题的备选项中至少有一个符合题意）

1. 根据《声环境质量标准》，关于 2 类声环境功能区突发噪声限值，说法正确的有（　　）。（2010 年考题）

A. 昼间突发噪声最大声级不高于 75 dB

B. 夜间突发噪声最大声级不高于 65 dB

C. 昼间突发噪声最大声级不高于 70 dB

D. 夜间突发噪声最大声级不高于 60 dB

2. 下列产生结构传播噪声的声源中，适用《工业企业厂界环境噪声排放标准》的有（　　）。（2010 年考题）

A. 铁路列车　　　　　　　　　B. 燃气轮机

C. 住宅楼集中供热水泵　　　　D. 罗茨风机

3. 下列场所中，噪声排放适用《工业企业厂界环境噪声排放标准》的有（　　）。（2011 年考题）

A. 宾馆改造工程施工场地　　　B. 商品混凝土厂

C. 机关单位　　　　　　　　　D. 机场区域内的工厂

4. 根据《工业企业厂界环境噪声排放标准》，当固定设备噪声通过结构传播至噪声敏感建筑物室内时，关于室内噪声排放限值，说法正确的有（　　）。（2011 年考题）

A. 住宅卧室与医院病房内的排放限值相同

B. 室内倍频带声压级限值随倍频带中心频率升高而减小

C. 位于 0 类声环境功能区的 A 类、B 类房间内排放限值相同

D. 位于 2 类、3 类、4 类声环境功能区的 A 类房间内排放限值相同

5. 位于 2 类声环境功能区的某高层建筑，1～3 层为大型超市，3 层以上为办公

楼，超市大型货梯排放的噪声应满足（　　）。（2011年考题）

  A. 在超市边界处排放的噪声不得超过《社会生活环境噪声排放标准》中 2 类声
环境功能区限值

  B. 在超市边界处排放的噪声不得超过《工业企业厂界环境噪声排放标准》中 2
类声环境功能区限值

  C. 通过建筑结构传播至楼上办公室内的噪声不得超过《社会生活环境噪声排放
标准》中 2 类声环境功能区 B 类房间限值

  D. 通过建筑结构传播至楼上办公室内的噪声不得超过《工业企业厂界环境噪声
排放标准》中 2 类声环境功能区 A 类房间限值

 6. 根据《建筑施工场界环境噪声排放标准》，施工期间的环境噪声测量时段和
测量量包括（　　）。（2013年考题）

  A. 测量夜间最大 A 声级   B. 测量连续 1 min 的等效声级

  C. 测量连续 20 min 的等效声级 D. 测量连续 8 h 的等效声级

 7.《建筑施工场界环境噪声排放标准》适用于（　　）。（2014年考题）

  A. 农村村庄附近天然气管道施工噪声排放的管理

  B. 远海区海上石油钻井平台施工噪声排放的管理

  C. 城市居民区市政工程施工噪声排放的管理

  D. 城市建成区污水管道抢修施工噪声排放的管理

 8. 下列场所或设施中，噪声排放适用《社会生活环境噪声排放标准》的有（　　）。
（2015年考题）

  A. 农贸市场   B. 地铁风亭

  C. 学校锅炉房   D. 酒店配套冷却塔

 9. 根据《声环境质量标准》，各类声环境功能区应执行的噪声限值有（　　）。

  A. 昼间等效声级   B. 夜间等效声级

  C. 昼间突发噪声最大声级 D. 夜间突发噪声最大声级

 10. 关于《建筑施工场界环境噪声排放标准》适用范围的说法，正确的有（　　）。
（2016年考题）

  A. 标准适用于抢修、抢险施工过程产生噪声的管理

  B. 标准适用于建筑装饰工程（家庭装修除外）施工过程产生噪声的管理

  C. 标准适用于农村地区周围有噪声敏感建筑物的建筑施工噪声排放的管理

  D. 标准适用于城市区域周围有噪声敏感建筑物的建筑施工噪声排放的管理

 11. 根据《声环境质量标准》，关于乡村区域适用的声环境质量要求的说法，
正确的有（　　）。（2017年考题）

  A. 村庄执行 1 类声环境功能区要求

B. 集镇执行 2 类声环境功能区要求

C. 独立于村庄、集镇之外的工业、仓储集中区执行 3 类声环境功能区要求

D. 位于交通干线两侧一定距离内的噪声敏感建筑物执行 4 类声环境功能区要求

12. 根据《建筑施工场界环境噪声排放标准》，关于环境噪声排放限值的说法，正确的是（　　）。（2017 年考题）

A. 对昼间施工噪声有等效声级和最大声级要求

B. 昼间、夜间环境噪声排放限值针对不同施工阶段有所差异

C. 昼间、夜间环境噪声排放限值与施工现场所处声环境功能区类别有关

D. 夜间施工噪声的最大声级超过夜间等效声级限值的幅度不得高于 15 dB（A）

13. 根据《声环境质量标准》，4a 类声环境功能区适用的区域为（　　）。（2019 年考题）

A. 三级公路两侧区域　　　　　　B. 城市次干路两侧区域

C. 内河航道两侧区域　　　　　　D. 铁路干线两侧区域

14. 根据《工业企业厂界环境噪声排放标准》，当固定设备噪声通过结构传播至噪声敏感建筑物室内时，关于室内噪声排放限值，说法正确的有（　　）。（2019 年考题）

A. 住宅卧室与医院病房内的排放限值相同

B. 室内倍频带声压级限值随倍频带中心频率升高而减小

C. 位于 0 类声环境功能区的 A 类、B 类房间内排放限值相同

D. 位于 2 类、3 类、4 类声环境功能区的 A 类房间内排放限值相同

15. 根据《社会生活环境噪声排放标准》，关于结构传播固定设备室内噪声排放限值的说法，错误的是（　　）。（2019 年考题）

A. 2 类区的 A 类房间昼、夜间限值分别严于 B 类房间

B. 2 类区的 B 类房间昼、夜间限值分别严于 A 类房间

C. 2 类区的 A 类房间昼、夜间限值分别严于 3 类区

D. 2 类区的 B 类房间昼、夜间限值分别严于 3 类区

16. 《建筑施工场界环境噪声排放标准》适用于（　　）。（2020 年考题）

A. 周围有噪声敏感建筑物的建筑施工场地

B. 已竣工交付使用的住宅楼室内装修活动

C. 所有建设施工场地

D. 工程临时混凝土拌合场

17. 以下执行《工业企业厂界环境噪声排放标准》的有（　　）。（2021 年考题）

A. 学校　　　　　B. 歌舞厅　　　　　C. 加油站　　　　　D. 医院

18.《电磁环境控制限值》规定的电磁环境公众暴露控制限值有（　　）。（2022 年考题）

A. 电场强度限值
B. 磁感应强度限值
C. 磁场强度限值
D. 无线电干扰限值

19.《工业企业厂界环境噪声排放标准》规定的厂界环境噪声排放限值有（　　）。（2022 年考题）

A. 等效声级限值
B. 倍频带声压级限值
C. 夜间频发噪声最大声级限值
D. 夜间偶发噪声最大声级限值

20.《工业企业厂界环境噪声排放标准》的适用范围（　　）。（2023 年考题）

A. 商业经营
B. 机关
C. 工厂
D. 营业性文化娱乐场所

参考答案

一、单项选择题

1. D

2. C　【解析】货物装卸属频发噪声，夜间有频发、偶发噪声影响时，同时测量最大声级。

3. D　【解析】本题考查测量结果的修正要求，有三种情况。噪声测量值与背景噪声值相差小于 3 dB（A）时，应采取措施降低背景噪声后，视情况按相关规定进行修正。

4. C　【解析】此题考查得很细，类似于不定项选择题。选项 A 的正确说法是：距离任何反射物（地面除外）至少 3.5 m 外测量，距地面高度 1.2 m 以上；选项 B、D 的正确说法分别是：噪声敏感建筑物户内，距离墙面和其他反射面至少 1 m，距窗约 1.5 m 处，距地面 1.2～1.5 m 高；噪声敏感建筑物户外，距墙壁或窗户 1 m 处，距地面高度 1.2 m 以上。

5. B　【解析】机场周围区域受飞机通过（起飞、降落、低空飞越）噪声的影响，不适用于该标准。

6. C

7. D　【解析】各类声环境功能区夜间突发噪声，其最大声级超过环境噪声限值的幅度不得高于 15 dB（A）。2 类声环境功能区标准限值夜间≤50 dB（A）。

8. A

9. B　【解析】每日发生几次的冲击振动，其最大值昼间不允许超过标准值

10 dB，夜间不超过标准值 3 dB。

10．D 【解析】《社会生活环境噪声排放标准》适用于对营业性文化娱乐场所、商业经营活动，学校锅炉房不属于商业经营活动。

11．B 【解析】噪声测量值与背景噪声值相差 5 dB（A）。噪声测量值与背景噪声值相差在 3～10 dB（A）时，噪声测量值与背景噪声值的差值取整后，按相应值进行修正。相差 5 dB（A）修正值为−2 dB（A）。

12．C 13．B

14．A 【解析】《声环境质量标准》中对于 4a 类声环境功能区范围划分依据没有具体规定，只明确：4 类声环境功能区指交通干线两侧一定距离之内，需要防止交通噪声对周围环境产生严重影响的区域。一定距离如何确定，在《声环境功能区划分技术规范》（GB/T 15190）中有规定。

15．D 【解析】穿越城区的既有铁路干线按昼间 70 dB（A）、夜间 55 dB（A）执行（4a 类）。

16．B 17．D

18．B 【解析】被测声源是稳态噪声，采用 1 min 的等效声级。被测声源是非稳态噪声，测量被测声源有代表性时段的等效声级，必要时测量被测声源整个正常工作时段的等效声级。

19．D 【解析】被测声源是稳态噪声，采用 1 min 的等效声级。

20．C 【解析】 根据社会生活噪声排放源、周围噪声敏感建筑物的布局以及毗邻的区域类别，在社会生活噪声排放源边界布设多个测点，其中包括距噪声敏感建筑物较近以及受被测声源影响大的位置。一般情况下，测点选在社会生活噪声排放源边界外 1 m、高度 1.2 m 以上的位置。

21．B 22．A

23．C 【解析】标准值是 67 dB，但注意题目问的是夜间冲击振动最大值，根据《城市区域环境振动标准》，每日发生几次的冲击振动，其最大值夜间不超过标准值 3 dB。

24．B 【解析】A 类房间是指以睡眠为主要目的，需要保证夜间安静的房间，包括住宅卧室、医院病房、宾馆客房等。B 类房间是指主要在昼间使用，需要保证思考与精神集中、正常讲话不被干扰的房间，包括学校教室、会议室、办公室、住宅中卧室以外的其他房间等。

25．A 【解析】当厂界与噪声敏感建筑物距离小于 1 m 时，厂界环境噪声应在噪声敏感建筑物的室内测量，并将表中对应功能区相应的限值减 10 dB（A）作为评价依据。

26．B

27．A　【解析】据环函〔2011〕88 号，住宅楼配套生活水泵、配电房、电梯、变压器等噪声不适用《工业企业厂界环境噪声排放标准》，也不适用《社会生活环境噪声排放标准》，暂时没有这类标准。

28．C

29．D　【解析】4 类声环境功能区包括 4a 类和 4b 类两种类型：4a 类为高速公路、一级公路、二级公路、城市快速公路、城市主干路、城市次干路、城市轨道交通（地面段）、内河航道两侧区域；4b 类为铁路干线两侧区域。

30．B　【解析】文教区属于 1 类声环境功能区，其环境噪声限值为昼间 55 dB（A）、夜间 45 dB（A）。各类声环境功能区夜间突发噪声，其最大声级超过环境噪声限值的幅度不得高于 15 dB（A）

31．D　【解析】铁路干线两侧环境振动标准值为昼间 80 dB，夜间 80 dB。

32．C　【解析】当厂界有围墙且周围有受影响的噪声敏感建筑物时，环境噪声测点应选在厂界外 1 m、高于围墙 0.5 m 以上的位置。

33．D　【解析】应分别在昼间、夜间两个时段测量环境噪声，当夜间有频发、偶发噪声影响时，应同时测量最大声级。这里的声级是指 A 声级。

34．A　【解析】《建筑施工场界环境噪声排放标准》规定：建筑施工过程中不同施工阶段噪声排放限值相同，分别为昼间 70 dB（A）、夜间 55 dB（A）。夜间噪声最大声级超过限值的幅度不得高于 15 dB（A）。

35．C　【解析】2 类声环境功能区的噪声限值为昼间 60 dB（A）、夜间 50 dB（A）；建筑施工场界环境噪声限值为昼间 70 dB（A）、夜间 55 dB（A）。

36．C　【解析】结构传播固定设备室内噪声排放标准限值依据房间类型（A 类房间和 B 类房间）以及房间所处声环境功能区的不同而不同。从该标准中可知该限值包括等效声级和倍频带声压级。对于在噪声测量期间发生非稳态噪声（如电梯噪声等）的情况，最大声级超过限值的幅度不得高于 10 dB（A）。

37．D　【解析】2 类声环境功能区是指以商业金融、集市贸易为主要功能，或者居住、商业、工业混杂，需要维护住宅安静的区域。

38．A　39．B

40．B　【解析】A、B 类房间都有倍频带声压级限值。

41．C　【解析】对于一般项目标准限值为：昼间 70 dB（A），夜间 55 dB（A）。但室外不能测时，标准限值减去 10 dB（A）作为评价依据，即昼间标准限值为 60 dB（A）、夜间 45 dB（A），另外，夜间最大声级超过限值的幅度不得高于 15 dB（A），即 60 dB（A）。

42．C　【解析】选项 A 的正确说法是：一般情况下测点设在施工场界外 1 m、高度 1.2 m 以上的位置。选项 B 的正确说法是：在噪声敏感建筑物室内测量时，测点设在室内中央、距室内任一反射面 0.5 m 以上，距地面 1.2 m 高度以上，在受噪声影响方向的窗户开启状态下测量。选项 D 的监测按一般情况下监测布点。

43．D 【解析】超市适用于《社会生活环境噪声排放标准》。

44．D 【解析】被测声源是稳态噪声，采用 1 min 的等效声级。

45．D 【解析】选项 D 适用《机场周围飞机噪声环境标准》。

46．B 47．B

48．C 【解析】商场执行《社会生活环境噪声排放标准》。

49．B 【解析】当厂界无法测量到声源的实际排放状况时（如声源位于高空、厂界设有声屏障等），应按"测点选在工业企业厂界外 1 m、高度 1.2 m 以上的位置"设置测点，同时在受影响的噪声敏感建筑物户外 1 m 处另设测点。

50．A 【解析】夜间噪声最大声级超过限值的幅度不得高于 15 dB（A）。

51．B 52．D

53．C 【解析】4a 类为高速公路、一级公路、二级公路、城市快速路、城市主干路、城市次干路、城市轨道交通（地面段）、内河航道两侧区域。

54．B

55．A 【解析】居民区、文教区适用铅垂向 Z 振级昼间 70 dB、夜间 67 dB 的地带范围。

56．D 【解析】《铁路边界噪声限值及测量方法》只适用于城市铁路边界噪声的评价。

57．D 【解析】夜间频发噪声的最大声级超过限值的幅度不得高于 10 dB（A）。夜间偶发噪声的最大声级超过限值的幅度不得高于 15 dB（A）。工业企业若位于未划分声环境功能区的区域，当厂界外有噪声敏感建筑物时，由当地县级以上人民政府参照《声环境质量标准》（GB 3096）和《声环境功能区划分技术规范》（GB/T 15190）的规定确定厂界外区域的声环境质量要求，并执行相应的厂界环境噪声排放限值。

58．D 59．C

60．A 【解析】施工期间，测量连续 20 min 的等效声级，夜间同时测量最大声级。

61．C 【解析】按区域的使用功能特点和环境质量要求，声环境功能区分为以下五种类型：0 类指康复疗养区等特别需要安静的区域。1 类指以居民住宅、医疗卫生、文化教育、科研设计、行政办公为主要功能，需要保持安静的区域。2 类指以商业金融、集市贸易为主要功能，或者居住、商业、工业混杂，需要维护住宅安静的区域。3 类指以工业生产、仓储物流为主要功能，需要防止工业噪声对周围环境产生严重影响的区域。4 类声环境功能区指交通干线两侧一定距离之内，需要防止交通噪声对周围环境产生严重影响的区域，包括 4a 类和 4b 类两种类型。4a 类为高速公路、一级公路、二级公路、城市快速路、城市主干路、城市次干路、城市轨道交通（地面段）、内河航道两侧区域；4b类为铁路干线两侧区域。简要记为"城市主次快，一二高速来，内河轨道爱（A）"。

62．A　【解析】环境噪声监测类型：根据监测对象和目的，环境噪声监测分为声环境功能区监测和噪声敏感建筑物监测两种类型。

63．D　【解析】见下表：

城市各类区域铅垂向Z振级标准值（注意表中的数字规律）　　　单位：dB

适用地带范围	特殊住宅区	居民、文教区	混合区、商业中心区	工业集中区	交通干线道路两侧	铁路干线两侧
昼间	65	70	75	75	75	80
夜间	65	67	72	72	72	80

记忆规律："特殊铁路昼夜同，一个65和80，72、75昼和夜，商混工交也相同，居民文教670"。

64．B　【解析】《工业企业厂界环境噪声排放标准》规定了工业企业和固定设备厂界环境噪声排放限值及其测量方法。本标准适用于工业企业噪声排放的管理、评价及控制。机关、事业单位、团体等对外环境排放噪声的单位也按本标准执行。

65．A　【解析】各测点的测量结果应单独评价。同一测点每天测量结果按昼间、夜间进行评价。最大声级 L_{max} 直接评价。

66．A　【解析】建筑施工过程中场界环境噪声不得超过规定的排放限值。夜间噪声最大声级超过限值的幅度不得高于15 dB（A）。当场界距噪声敏感建筑物较近，其室外不满足测量条件时，可在噪声敏感建筑物室内测量，并将表中相应的限值减10 dB（A）作为评价依据。建筑施工场界环境噪声排放限值：昼间70 dB（A），夜间55 dB（A）。

67．B　【解析】A类房间——以睡眠为主要目的，需要保证夜间安静的房间，包括住宅卧室、医院病房、宾馆客房等；对于在噪声测量期间发生非稳态噪声（如电梯噪声等）的情况，最大声级超过限值的幅度不得高于10 dB（A）。

68．A　【解析】噪声敏感建筑物监测要求：监测点一般设于噪声敏感建筑物户外。当不得不在噪声敏感建筑物室内监测时，应在门窗全打开的状况下进行室内噪声监测，并采用较该噪声敏感建筑物所在声环境功能区对应环境噪声限值低10 dB（A）的值作为评价依据。对敏感建筑物的环境噪声监测应在周围环境噪声源正常工作条件下测量，视噪声源的运行工况，分昼、夜两个时段连续进行。根据环境噪声源的特征，可优化测量时间：①受固定噪声源的噪声影响：稳态噪声测量1 min的等效声级 L_{eq}；非稳态噪声测量整个正常工作时间（或代表性时段）的等效声级 L_{eq}。②受交通噪声源的噪声影响对于铁路、城市轨道交通（地面段）、内河航道，昼、夜各测量不低于平均运行密度的 1 h 等效声级 L_{eq}，若城市轨道交通（地面段）的运行车次密集，测量时间可缩短至 20 min。对于道路交通，昼、夜各测量不低于平均运行密度的 20 min 等效声级 L_{eq}。③受突发噪声的影响：以上监测对象夜间存在突发噪声的，应同时监测测量时段内的最大声级 L_{max}。

　　69．B　【解析】2 类指以商业金融、集市贸易为主要功能，或者居住、商业、工业混杂，需要维护住宅安静的区域。居住、商业、工业混杂区属 2 类声环境功能区，环境噪声限值按昼间 60 dB（A）、夜间 50 dB（A）执行，夜间突发噪声，其最大声级超过环境噪声限值的幅度不得高于 15 dB（A），即夜间按 65 dB（A）执行。

　　70．B　【解析】城市各类区域铅垂向 Z 振级标准值，通用区域的划定如下：①"特殊住宅区"是指特别需要安静的住宅区。②"居民、文教区"是指纯居民区和文教、机关区。③"混合区"是指一般商业与居民混合区；工业、商业、少量交通与居民混合区。④"商业中心区"是指商业集中的繁华地区。⑤"工业集中区"是指在一个城市或区域内规划明确确定的工业区。⑥"交通干线道路两侧"是指车流量每小时 100 辆以上的道路两侧。⑦"铁路干线两侧"是指距每日车流量不少于20 列的铁道外轨 30 m 外两侧的住宅区。

　　71．C　【解析】《建筑施工场界环境噪声排放标准》"适用于周围有噪声敏感建筑物的建筑施工噪声排放的管理、评价及控制。市政、通信、交通、水利等其他类型的施工噪声排放可参照本标准执行。"该标准所指的建筑施工："是指工程建设实施阶段的生产活动，是各类建筑物的建造过程，包括基础工程施工、屋面工程施工、装饰工程施工（已竣工交付使用的住宅楼进行室内装修活动的除外）等"，故已竣工交付使用的住宅楼进行室内装修活动噪声排放的管理、评价及控制不适用于该标准。"本标准不适用于抢修、抢险施工过程中产生噪声的排放监管。"

　　72．C　【解析】建筑施工过程中场界环境噪声不得超过规定的排放限值。夜间噪声最大声级超过限值的幅度不得高于 15 dB（A）。当场界距噪声敏感建筑物较近，其室外不满足测量条件时，可在噪声敏感建筑物室内测量，并将表中相应的限值减 10 dB（A）作为评价依据。建筑施工场界环境噪声排放限值［单位 dB（A）］为昼间 70，夜间 55。当场界距噪声敏感建筑物较近，在室内测量时，标准限值减去10 dB（A）作为评价依据，即昼间标准限值为 70-10=60 dB（A），昼间等效声级为63 dB（A）大于昼间标准限值为 70-10=60 dB（A），故昼间等效声级超标；夜间标准限值为 55-10=45 dB（A），夜间最大声级超过限值的幅度不得高于 15 dB（A），即最高限值为 45+15=60 dB（A），夜间最大声级为 58 dB（A），小于最高限值为45+15= 60 dB（A），故夜间最大声级达标。

　　73．C　【解析】测点位置：（1）测点布设：根据工业企业声源、周围噪声敏感建筑物的布局以及毗邻的区域类别，在工业企业厂界布设多个测点，其中包括距噪声敏感建筑物较近以及受被测声源影响大的位置。（2）测点位置一般规定：一般情况下，测点选在工业企业厂界外 1 m、高度 1.2 m 以上、距任一反射面距离不小于 1 m 的位置。（3）测点位置其他规定：① 当厂界有围墙且周围有受影响的噪声敏感建筑物时，测点应选在厂界外 1 m、高于围墙 0.5 m 以上的位置；② 当厂界无法测量到声源的实际排放状况时（如声源位于高空、厂界设有声屏障等），应按（2）设置测点，同时在受影响的噪声敏感建筑物户外 1 m 处另设测点。北侧、东侧无噪声敏感建筑物，所以不必布设测点；南侧厂界测点选在厂界外 1 m，高于围墙 0.5 m 以上；西侧厂界测点选在厂界外 1 m、高度 1.2 m 以上布设测点，同时在该住宅外 1 m 处另设测点。

74．B　【解析】测量结果修正：（1）噪声测量值与背景噪声值相差＞10 dB（A）时，噪声测量值不做修正。（2）噪声测量值与背景噪声值相差在 3～10 dB（A）时，噪声测量值与背景噪声值的差值取整后，按如下方法进行修正：差值为 3 dB（A）、4～5 dB（A）、6～10 dB（A）时，对应的修正值分别为−3、−2、−1。（3）噪声测量值与背景噪声值相差＜3 dB（A）时，应在采取措施降低背景噪声后，视情况按（1）或（2）执行；仍无法满足前两款要求的，应按环境噪声监测技术规范的有关规定执行。

75．B　【解析】该题考查各类声环境功能区适用的环境噪声等效声级限值。

76．B　【解析】根据《城市区域环境振动标准》，居民、文教区昼间铅垂向 Z 振级标准值为 70 dB（A）。

77．B　【解析】根据《工业企业厂界环境噪声排放标准》，厂界外 2 类声环境功能区昼间应执行 60 dB（A）的限值要求。

78．B　【解析】根据《建筑施工场界环境噪声排放标准》，建筑施工场界昼间噪声等效声级限值为 70 dB（A），夜间为 55 dB（A），因此夜间噪声最大声级超过限值的幅度不得高于 15 dB（A）。

79．B　【解析】根据《城市区域环境振动标准》3.1.1，铁路干线两侧执行的夜间铅垂向 Z 振级标准限值是 80 dB（A）。

80．D　【解析】根据《建筑施工场界环境噪声排放标准》4.1 中"表 1 建筑施工场界环境噪声排放限值"，夜间的排放限值是 55 dB（A），夜间噪声最大声级超过限值的幅度不得高于 15 dB（A），因此，建筑施工场界噪声排放执行的夜间噪声限值最大值是 70 dB（A）。

81．D　【解析】以行政办公为主要功能的区域应划分为 1 类声环境功能区。

82．B　【解析】居民、文教区昼间铅垂向 Z 振级标准值为 70 dB、夜间为 67 dB，每日发生几次的冲击振动，其最大值昼间不允许超过标准值 10 dB，夜间不超过 3 dB。

83．C　【解析】根据《建筑施工场界环境噪声排放标准》4.1 中"表 1 建筑施工场界环境噪声排放限值"，夜间的排放限值是 55 dB（A）。

84．D　【解析】根据《社会生活环境噪声排放标准》，噪声测量值与背景噪声值相差大于 10 dB（A）时，噪声测量值不做修正。

二、不定项选择题

1．B　【解析】2 类声环境功能区标准为昼间 60 dB（A）、夜间 50 dB（A）。各类声环境功能区夜间突发噪声，其最大声级超过环境噪声限值的幅度不得高于 15 dB（A）。注意没有"昼间"之说。

2．C　【解析】关键要抓住固定设备传播至噪声敏感建筑物室内。

3．BCD　【解析】《工业企业厂界环境噪声排放标准》适用于工业企业噪声排放的管理、评价及控制。机关、事业单位、团体等对外环境排放噪声的单位也按该标准执行。

4．ABCD　5．AC　6．AC

7．AC　【解析】《建筑施工场界环境噪声排放标准》适用于周围有噪声敏感建筑物的建筑施工噪声排放的管理、评价及控制。市政、通信、交通、水利等其他类型的施工噪声排放可以参照该标准执行。该标准不适用于抢修、抢险、施工过程中产生噪声的排放监督。选项 B 中因为在远海区海上石油钻井平台施工，周围没有噪声敏感建筑物。

8．AD　9．ABD

10．BCD　【解析】该标准不适用于抢修、抢险施工过程所产生噪声的管理。

11．ABCD　12．D

13．BC　【解析】声环境功能区指交通干线两侧一定距离之内，需要防止交通噪声对周围环境产生严重影响的区域，包括 4a 类和 4b 类两种类型。4a 类为高速公路、一级公路、二级公路、城市快速路、城市主干路、城市次干路、城市轨道交通（地面段）、内河航道两侧区域；4b 类为铁路干线两侧区域。可简要记为"城市主次快，一二高速来，内河轨道爱（A）"。

14．BCD　【解析】同一声环境功能区的住宅卧室、宾馆客房与医院病房内的排放限值相同；不同声环境功能区的 A、B 类房间都有等效声级和倍频带声压级限值；室内倍频带声压级限值随倍频带中心频率升高而减小；位于 0 类声环境功能区的 A 类、B 类房间和 1 类的 A 类房间内排放限值相同；1 类 B 类房间和 2 类、3 类、4 类的 A 类房间内排放限值相同；位于 2 类、3 类、4 类声环境功能区的 A 类、B 类房间内排放限值分别各自相同。

15．BCD　【解析】结构传播固定设备室内噪声排放限值：① 在社会生活噪声排放源位于噪声敏感建筑物内的情况下，噪声通过建筑物结构传播至噪声敏感建筑物室内时，噪声敏感建筑物室内等效声级不得超过下表规定的限值。② 对于在噪声测量期间发生非稳态噪声（如电梯噪声等）的情况，最大声级超过限值的幅度不得高于 10 dB（A）。以下两限值表与《工业企业厂界环境噪声排放标准》的表相同。注意：不同声环境功能区的 A 类、B 类房间都有等效声级和倍频带声压级限值；室内倍频带声压级限值随倍频带中心频率升高而减小；位于 0 类声环境功能区的 A 类、B 类房间和 1 类的 A 类房间内排放限值相同；1 类 B 类房间和 2 类、3 类、4 类的 A 类房间内排放限值相同；位于 2 类、3 类、4 类声环境功能区的 A 类、B 类房间内排放限值分别各自相同。

结构传播固定设备室内噪声排放限值（等效声级） 单位：dB（A）

房间类型 噪声敏感建筑物 所处声环境功能区类别 时段	A 类房间		B 类房间	
	昼间	夜间	昼间	夜间
0 类	40	30	40	30
1 类	40	30	45	35
2 类、3 类、4 类	45	35	50	40

注：A 类房间——以睡眠为主要目的，需要保证夜间安静的房间，包括住宅卧室、医院病房、宾馆客房等；B 类房间——主要在昼间使用，需要保证思考与精神集中，正常讲话不被干扰的房间，包括学校教室、会议室、办公室、住宅中卧室以外的其他房间。

结构传播固定设备室内噪声排放限值（倍频带声压级） 单位：dB

噪声敏感建筑物所处声环境功能区类别	时段	倍频程中心频率/Hz 房间类型	室内噪声倍频带声压级限值				
			31.5	63	125	250	500
0 类	昼间	A 类、B 类房间	76	59	48	39	34
	夜间	A 类、B 类房间	69	51	39	30	24
1 类	昼间	A 类房间	76	59	48	39	34
		B 类房间	79	63	52	44	38
	夜间	A 类房间	69	51	39	30	24
		B 类房间	72	55	43	35	29
2 类、3 类、4 类	昼间	A 类房间	79	63	52	44	38
		B 类房间	82	67	56	49	43
	夜间	A 类房间	72	55	43	35	29
		B 类房间	76	59	48	39	34

16．A 【解析】《建筑施工场界环境噪声排放标准》适用于周围有噪声敏感建筑物的建筑施工噪声排放的管理、评价及控制。市政、通信、交通、水利等其他类型的施工噪声排放可参照该标准执行。该标准所指的建筑施工是指工程建设实施阶段的生产活动，是各类建筑物的建造过程，包括基础工程施工、屋面工程施工、装饰工程施工（已竣工交付使用的住宅楼进行室内装修活动的除外）等，故已竣工交付使用的住宅楼进行室内装修活动噪声排放的管理、评价及控制不适用于该标准。该标准不适用于抢修、抢险施工过程中产生噪声的排放监管。

17．ACD 【解析】根据《工业企业厂界环境噪声排放标准》，该标准适用于工业企业噪声排放的管理、评价及控制。机关、事业单位、团体等对外环境排放噪声的单位也按该标准执行。而歌舞厅属于营业性文化娱乐场所，应执行《社会生活环境噪声排放标准》。

18．ABC 【解析】根据《电磁环境控制限值》4.1，电磁环境公众暴露控制限值有电场强度限值、磁感应强度限值、磁场强度限值、等效平面波功率密度。

19．ACD 【解析】根据《工业企业厂界环境噪声排放标准》4.1，工业企业厂界环境噪声排放限值有等效声级限值、夜间频发噪声最大声级限值、夜间偶发噪声最大声级限值。

20．BC 【解析】根据《工业企业厂界环境噪声排放标准》，该标准适用于工业企业噪声排放的管理、评价及控制。机关、事业单位、团体等对外环境排放噪声的单位也按本标准执行。而营业性文化娱乐场所和商业经营活动适用《社会生活环境噪声排放标准》。

第七章　土壤环境影响评价技术导则与相关标准

引言：《环境影响评价技术导则　土壤环境（试行）》（HJ 964—2018）于 2018 年 9 月发布，2019 年 7 月实施，2019 年以后开始出现考题。

一、单项选择题（每题的备选项中，只有一个最符合题意）

1. 根据《环境影响评价技术导则　土壤环境（试行）》关于土壤环境现状监测布点的说法，错误的是（　）。（2019 年考题）

　　A. 一级评价建设项目至少需布设 11 个监测点位

　　B. 二级评价污染影响型建设项目占地范围外至少需布设 2 个表层样点

　　C. 污染影响型建设项目占地范围超过 100 hm^2 的，每增加 20 hm^2 增加 1 个监测点

　　D. 生态影响型建设项目可优化调整占地范围内、外监测点数量，保持总数不变

2. 某 II 类土壤环境影响评价项目（污染影响型）永久占地 48 hm^2，建设项目用地边界紧邻一茶园，根据《环境影响评价技术导则　土壤环境（试行）》，判定其土壤环境影响评价工作等级为（　）。（2019 年考题）

　　A. 一级　　　　　　　　　　　B. 二级

　　C. 三级　　　　　　　　　　　D. 不开展土壤环境影响评价工作

3. 根据《环境影响评价技术导则　土壤环境（试行）》，不属于污染影响型建设项目土壤环境污染途径的是（　）。（2019 年考题）

　　A. 大气沉降　　　B. 地面漫流　　　C. 垂直入渗　　　D. 水位变化

4. 根据《环境影响评价技术导则　土壤环境（试行）》，可能造成土壤盐化、酸化、碱化影响的建设项目，至少应分别选取（　）等作为预测因子。（2019 年考题）

　　A. 土壤盐分含量、pH　　　　　　B. 土壤盐分含量、氧化还原电位

　　C. 阳离子交换量、氧化还原电位　　D. 阳离子交换量、pH

5. 根据《环境影响评价技术导则　土壤环境（试行）》，关于建设项目土壤环境保护措施的说法，正确的是（　）。（2019 年考题）

　　A. 涉及地面漫流影响的，占地范围内应采取绿化措施

B. 涉及盐化影响的，可采取排水排盐等措施

C. 涉及盐化影响的，可采取提高地下水位等措施

D. 涉及大气沉降影响的，可采取设置地面硬化、围堰或围墙等措施

6. 根据《环境影响评价技术导则　土壤环境（试行）》，土壤环境质量现状评价应采用（　　）。（2019年考题）

A. 标准指数法　　　　　　　　　B. 综合评分法

C. 加附注的评分法　　　　　　　D. 类比分析法

7. 根据《环境影响评价技术导则　土壤环境（试行）》，危险品、化学品或石油等输送管线应以工程边界两侧向外延伸（　　）km 作为土壤环境影响现状调查评价范围。（2019年考题）

A. 0.2　　　　　B. 0.3　　　　　C. 0.5　　　　　D. 0.8

8. 根据《环境影响评价技术导则　土壤环境（试行）》，下列关于土壤环境的说法，正确的是（　　）。（2019年考题）

A. 土壤环境是指受自然因素作用的，由矿物质、有机质、水、空气、生物有机体等组成的陆地表面疏松综合体

B. 土壤环境是指受人为因素作用的，由矿物质、有机质、水、空气、生物有机体等组成的陆地表面疏松综合体

C. 土壤环境是指受自然或人为因素作用的，由矿物质、有机质、水、空气、生物有机体等组成的陆地表面疏松综合体

D. 土壤环境是指受自然或人为因素作用的，由矿物质、有机质、水、空气、生物有机体等组成的污染物能够影响的松散层

9. 根据《土壤环境质量　农用地土壤污染风险管控标准（试行）》（GB 15618），不属于农用地土壤污染风险管制值项目的是（　　）。（2019年考题）

A. 砷　　　　　B. 铅　　　　　C. 铜　　　　　D. 镉

10. 根据《土壤环境质量　建设用地土壤污染风险管控标准（试行）》（GB 36600），下列用地执行该标准中"表1　建设用地土壤污染风险筛选值和管制值（基本项目）表"和"表2　建设用地土壤污染风险筛选值和管制值（其他项目）表"中第一类用地的筛选值和管制值的是（　　）。（2019年考题）

A. 商业服务业设施用地　　　　　B. 道路与交通设施用地

C. 医疗卫生用地　　　　　　　　D. 物流仓储用地

11. 根据《环境影响评价技术导则　土壤环境（试行）》，下列关于土壤环境现状监测点布设的说法，错误的是（　　）。（2020年考题）

A. 一级评价的污染影响型建设项目，需要设置柱状样点

B. 一级评价的生态影响型建设项目，需要设置柱状样点

C. 二级评价的污染影响型建设项目，需要设置表层样点

D. 三级评价的建设项目，只需设置表层样点

12. 某危废焚烧项目占地规模为 5 hm², 其主导风向下风向 300 m 处有一居民区、400 m 处为该项目预测最大落地浓度点。根据《环境影响评价技术导则 土壤环境（试行）》，该项目土壤环境现状调查范围为占地范围外（ ）m 以内。（2020 年考题）

    A. 200   B. 300   C. 400   D. 1 000

13. 根据《环境影响评价技术导则 土壤环境（试行）》，下列关于土壤环境影响预测评价的说法，错误的是（ ）。（2020 年考题）

A. 应重点预测评价占地范围内的累积影响

B. 应重点预测评价占地范围外土壤环境敏感目标的累积影响

C. 污染影响型建设项目可采取类比分析法预测土壤环境影响

D. 生态影响型建设项目可采取类比分析法预测土壤环境影响

14. 根据《环境影响评价技术导则 土壤环境（试行）》，下列情形中，不能得出土壤环境影响可接受结论的是（ ）。（2020 年考题）

A. 建设项目土壤环境敏感目标处各评价因子均满足相关标准要求

B. 污染影响型建设项目有多个评价因子超标，但采取措施后大部分评价因子可满足相关标准要求

C. 生态影响型建设项目建设阶段出现土壤盐化、酸化、碱化等问题，但采取防控措施后可满足相关标准要求

D. 建设项目占地范围内各评价因子均满足相关标准要求

15. 根据《环境影响评价技术导则 土壤环境（试行）》，涉及盐化影响的生态影响型建设项目减少盐化的最常见措施为（ ）。（2020 年考题）

    A. 设置地面硬化   B. 采取绿化措施

    C. 提高地下水位   D. 降低地下水位

16. 根据《环境影响评价技术导则 土壤环境（试行）》，土壤环境现状调查与评价基本原则不包括（ ）。（2021 年考题）

A. 应遵循资料收集与现场调查相结合的原则

B. 土壤环境现状调查与评价工作的深度应满足相应的工作级别要求

C. 工业园区内的建设项目，应重点在建设项目占地范围内开展现状调查工作，并兼顾其可能影响的园区外围土壤环境敏感目标

D. 涉及两种影响类型时，按最高评价工作等级开展现状调查

17. 根据《环境影响评价技术导则 土壤环境（试行）》，现状监测布点中表层样应在（ ）m 取样。（2021 年考题）

A. 0～0.2　　　　　　　　　　　B. 0～0.5

C. 0～1　　　　　　　　　　　　D. 0.5～1.5

18. 根据《环境影响评价技术导则　土壤环境（试行）》，下列土壤环境跟踪监测的说法，错误的是（　　）。（2021年考题）

A. 评价等级为一级的建设项目一般每3年内开展1次监测工作

B. 评价等级为二级的建设项目一般每5年内开展1次监测工作

C. 评价等级为三级的建设项目必要时开展跟踪监测

D. 评价等级为三级的建设项目一般每5年内开展1次监测工作

19. 根据《土壤环境质量　农用地土壤污染风险管控标准（试行）》（GB 15618），农用地土壤污染风险管制值项目不包括（　　）。（2021年考题）

A. 镍　　　　　B. 镉　　　　　C. 汞　　　　　D. 砷

20. 根据《土壤环境质量　建设用地土壤污染风险管控标准（试行）》（GB 36600），不属于第一类用地的是（　　）。（2021年考题）

A. 医疗卫生用地　　　　　　　　B. 居住用地

C. 物流仓储用地　　　　　　　　D. 社会福利设施用地

21. 根据《环境影响评价技术导则　土壤环境（试行）》，土壤环境影响现状调查与评价阶段的工作内容不包括（　　）。（2022年考题）

A. 评价工作等级确定　　　　　　B. 土壤现状监测

C. 土壤环境现状评价　　　　　　D. 土壤环境影响源调查

22. 根据《环境影响评价技术导则　土壤环境（试行）》，污染影响型建设项目环境影响途径不包括（　　）。（2022年考题）

A. 土壤碱化　　　　　　　　　　B. 地面漫流

C. 大气沉降　　　　　　　　　　D. 垂直入渗

23. 某Ⅲ类生态影响型建设项目，评价范围内土壤环境不敏感。根据《环境影响评价技术导则　土壤环境（试行）》，关于该项目土壤环境影响评价工作等级的说法，正确的是（　　）。（2022年考题）

A. 评价工作等级为一级　　　　　B. 评价工作等级为二级

C. 评价工作等级为三级　　　　　D. 可不开展评价

24. 根据《环境影响评价技术导则　土壤环境（试行）》，关于污染影响型建设项目土壤环境评价工作等级划分的说法，正确的是（　　）（2022年考题）

A. Ⅰ类小型、敏感项目评价工作等级为一级

B. Ⅱ类小型、不敏感项目评价工作等级为二级

C. Ⅲ类小型、敏感项目评价工作等级为二级

D. Ⅲ类小型、不敏感项目评价工作等级为三级

25. 根据《环境影响评价技术导则　土壤环境（试行）》，确定建设项目（除线性工程外）土壤环境影响现状调查范围可不考虑的因素是（　　）。（2022 年考题）

A. 影响类型 　　　　　　　　　　　B. 污染途径

C. 评价工作等级 　　　　　　　　　D. 土壤物理性质

26. 某污染影响型建设项目占地不足 100 hm²，土壤环境影响评价工作等级为二级。根据《环境影响评价技术导则　土壤环境（试行）》，占地范围内环境现状监测布点的最小数量要求是（　　）。（2022 年考题）

A. 布设 5 个柱状样、2 个表层样点 　B. 布设 3 个柱状样、1 个表层样点

C. 布设 3 个表层样点 　　　　　　　D. 布设 1 个表层样点

27. 根据《环境影响评价技术导则　土壤环境（试行）》，关于改、扩建化工项目土壤环境保护措施的说法，错误的是（　　）。（2022 年考题）

A. 应估算环境保护投资

B. 应编制环境保护措施图

C. 应提出"以新带老"土壤环境保护措施

D. 弃土应按一般工业固体废物进行处理处置

28. 根据《土壤环境质量　农用地土壤污染风险管控标准（试行）》（GB 15618），下列用地中，不属于农用地的是（　　）（2022 年考题）

A. 果园 　　　　B. 茶园 　　　　C. 公园绿地 　　　D. 人工牧草地

29. 根据《土壤环境质量　建设用地土壤污染风险管控标准（试行）》（GB 36600），关于建设用地土壤污染风险筛选值和管制值的说法，错误的是（　　）（2022 年考题）

A. 土壤污染物含量低于筛选值的，一般情况下可忽略土壤污染风险

B. 土壤污染物含量超过筛选值但低于环境背景值的，应纳入污染地块管理

C. 土壤污染物含量超过筛选值但低于风险管制值的，应开展污染风险评估

D. 土壤污染物含量高于风险管制值的，应采取风险管控或修复措施

30. 根据《环境影响评价技术导则　土壤环境（试行）》，土壤环境的组成要素不包括（　　）。（2023 年考题）

A. 有机质 　　　B. 生物有机体 　　C. 水和空气 　　　D. 未风化的基岩

31. 根据《环境影响评价技术导则　土壤环境（试行）》，关于Ⅱ类生态影响型项目评价工作等级划分的说法，正确的是（　　）（2023 年考题）

A. 项目所在地土壤环境敏感，评价工作等级为一级

B. 项目所在地土壤环境较敏感，评价工作等级为二级

C. 项目所在地土壤环境较敏感，评价工作等级为三级

D. 项目所在地土壤环境不敏感，可不开展土壤环境影响评价

32. 根据《环境影响评价技术导则　土壤环境（试行）》，土壤理化特性调查资料不包括（　）。（2023 年考题）

    A. 土壤结构 　　　　　　　　　　B. 土壤容重

    C. 阳离子交换量 　　　　　　　　D. 生物有机质

33. 根据《环境影响评价技术导则　土壤环境（试行）》，土壤环境预测评价的方法不包括（　）。（2023 年考题）

    A. 定性描述法 　　　　　　　　　B. 土壤盐化综合评分法

    C. 系统分析法 　　　　　　　　　D. 类比分析法

34.《环境影响评价技术导则　土壤环境（试行）》不适用于（　）。（2023 年考题）

    A. 水电站建设项目 　　　　　　　B. 核技术利用项目

    C. 煤矿开采项目 　　　　　　　　D. 药材基地项目

35. 根据《环境影响评价技术导则　土壤环境（试行）》，建设项目土壤环境影响识别内容不包括（　）。（2023 年考题）

    A. 影响类型 　　　　　　　　　　B. 影响途径

    C. 影响源强 　　　　　　　　　　D. 影响因子

二、不定项选择题（每题的备选项中至少有一个符合题意）

1. 根据《环境影响评价技术导则　土壤环境（试行）》，在进行建设项目土壤环境影响现状调查评价时，应根据建设项目特点以及可能产生的环境影响和当地环境特征，有针对性地收集调查评价范围内的相关资料，主要包括以下内容（　）。（2019 年考题）

    A. 土地利用历史情况、土地利用现状图　B. 土地利用规划图、地形地貌特征资料

    C. 土壤类型分布图 　　　　　　　　　D. 气象资料、水文及水文地质资料

2. 根据《环境影响评价技术导则　土壤环境（试行）》，下列关于土壤环境现状监测频次要求的说法，正确的是（　）。（2019 年考题）

    A. 评价工作等级为一级的建设项目，基本因子应至少开展 1 次现状监测

    B. 评价工作等级为三级的建设项目，若有 1 次监测数据，基本因子可不再进行现状监测

    C. 引用基本因子监测数据应说明数据有效性

    D. 特征因子应至少开展 1 次现状监测

3. 根据《环境影响评价技术导则　土壤环境（试行）》，下列关于土壤环境现状调查评价范围的说法，正确的有（　）。（2020 年考题）

    A. 一级评价的生态影响型建设项目的调查范围应为占地边界向外延伸 5 km

    B. 危险品、化学品输送管线工程的调查范围应为工程边界两侧向外延伸 200 m

    C. 改、扩建类建设项目占地范围指拟建工程占地

    D. 涉及大气沉降途径影响的，调查范围可根据主导风向下风向的最大落地浓度适当调整

4. 根据《环境影响评价技术导则　土壤环境（试行）》，下列关于改、扩建项目污染影响源现状调查的说法，正确的有（　　）。（2020 年考题）

    A. 一级评价项目应重点调查现有工程主要设施附近的土壤污染现状

    B. 二级评价项目应重点调查现有工程主要设施附近的土壤污染现状

    C. 二级评价项目不需调查现有工程的土壤环境保护措施情况

    D. Ⅳ类建设项目可不开展影响源现状调查

5. 根据《土壤环境质量　农用地土壤污染风险管控标准（试行）》（GB 15618），下列关于农用地土壤污染风险筛选值（基本项目）的说法，正确的有（　　）。（2020 年考题）

    A. 重金属风险筛选值应按元素可溶态计

    B. 类金属砷风险筛选值应按元素总量计

    C. 农用地土壤污染风险筛选值的基本项目包括铬（六价）

    D. 水田土壤类金属砷风险筛选值一般应严于其他土壤

6. 根据《环境影响评价技术导则　土壤环境（试行）》，减轻土壤生态影响的措施包括（　　）。（2021 年考题）

    A. 涉及盐化影响的可采取排水排盐措施

    B. 涉及盐化影响的可采取升高地下水位措施

    C. 涉及酸化、碱化影响的可采取降低地下水位措施

    D. 涉及酸化、碱化影响的可采取相应措施调节土壤 pH

7. 根据《环境影响评价技术导则　土壤环境（试行）》，关于建设项目土壤环境评价工作等级及其划分依据的说法，正确的有（　　）。（2022 年考题）

    A. 建设项目类别Ⅰ类、Ⅱ类、Ⅲ类和Ⅳ类

    B. 建设项目土壤生态敏感程度分为敏感、较敏感、不敏感

    C. 建设项目土壤环境评价分为生态影响型和污染影响型

    D. 建设项目土壤环境影响评价工作等级分为一级、二级、三级和简单分析

8. 根据《土壤环境质量　建设用地土壤污染风险管控标准（试行）》（GB 36600），城市建设用地可划分为第一类用地的有（　　）（2023 年考题）

    A. 医疗卫生用地   B. 儿童公园用地

    C. 中小学用地   D. 公用设施用地

9. 根据《环境影响评价技术导则　土壤环境（试行）》，土壤现状调查与评价应包括（　）。（2023 年考题）

A. 土壤环境保护措施与对策 　　　 B. 工程分析

C. 土壤环境理化特性调查 　　　　 D. 土壤环境现状评价

参考答案

一、单项选择题

1. B 【解析】现状监测点数量要求：（1）建设项目各评价工作等级的监测点数不少于下表要求。（2）生态影响型建设项目可优化调整占地范围内、外监测点数量，保持总数不变；占地范围超过 5 000 hm² 的，每增加 1 000 hm² 增加 1 个监测点。（3）污染影响型建设项目占地范围超过 100 hm² 的，每增加 20 hm² 增加 1 个监测点。

现状监测布点类型与数量

评价工作等级		占地范围内	占地范围外
一级	生态影响型	5 个表层样点 [a]	6 个表层样点
	污染影响型	5 个柱状样点 [b]，2 个表层样点	4 个表层样点
二级	生态影响型	3 个表层样点	4 个表层样点
	污染影响型	3 个柱状样点，1 个表层样点	2 个表层样点
三级	生态影响型	1 个表层样点	2 个表层样点
	污染影响型	3 个表层样点	—

注："—"表示无现状监测布点类型与数量的要求。

a——表层样应在 0~0.2 m 取样。

b——柱状样通常在 0~0.5 m、0.5~1.5 m、1.5~3 m 分别取样，3 m 以下每 3 m 取 1 个样，可根据基础埋深、土体构型适当调整。

2. B 【解析】污染影响型建设项目：将建设项目占地规模分为大型（≥50 hm²）、中型（5~50 hm²）、小型（≤5 hm²），建设项目占地主要为永久占地。建设项目所在地周边的土壤环境敏感程度分为敏感、较敏感、不敏感，判别依据见表 1。根据土壤环境影响评价项目类别、占地规模与敏感程度划分评价工作等级，详见表 2。

表 1　污染影响型敏感程度分级

敏感程度	判别依据
敏感	建设项目周边存在耕地、园地、牧草地、饮用水水源地或居民区、学校、医院、疗养院、养老院等土壤环境敏感目标的；简记为"耕园牧饮，学医疗，养居民"
较敏感	建设项目周边存在其他土壤环境敏感目标的
不敏感	其他情况

表 2　污染影响型评价工作等级划分

	I 类土壤环境影响评价项目			II 类土壤环境影响评价项目			III类土壤环境影响评价项目		
	大	中	小	大	中	小	大	中	小
敏感	一级	一级	一级	二级	二级	二级	三级	三级	三级
较敏感	一级	一级	二级	二级	二级	三级	三级	三级	—
不敏感	一级	二级	二级	二级	三级	三级	三级	—	—

注："—"表示可不开展土壤环境影响评价工作。

　　简记为：I 类除表中标记为背景色的为二级以外（中小不小较二），全部为一级；II 类除表中标记为背景色的为三级外（中小不小较三），全部为二级；III类除表中标记为背景色的为可不开展土壤环境影响评价工作外（中小不小较不），全部为三级。

　　3．D　【解析】污染影响型建设项目土壤环境污染途径：大气沉降、地面漫流、垂直入渗；生态影响型建设项目土壤环境污染途径：物质输入（运移）和水位变化。

　　4．A　【解析】可能造成土壤盐化、酸化、碱化影响的建设项目，分别选取土壤盐分含量、pH 等作为预测因子。

　　5．B　【解析】生态影响型：①涉及酸化、碱化影响的，可采取相应措施调节土壤 pH，以减轻土壤酸化、碱化的程度；②涉及盐化影响的，可采取排水排盐或降低地下水位等措施，以减轻土壤盐化的程度。污染影响型：①涉及大气沉降影响的，占地范围内应采取绿化措施，以种植具有较强吸附能力的植物为主；②涉及地面漫流影响的，应根据建设项目所在地的地形特点优化地面布局，必要时设置地面硬化、围堰或围墙，以防止土壤环境污染；③涉及入渗途径影响的，应根据相关标准规范要求，对设备设施采取相应的防渗措施，以防止土壤环境污染。

　　6．A　【解析】土壤环境质量现状评价应采用标准指数法。

7．A　【解析】危险品、化学品或石油等输送管线应以工程边界两侧向外延伸0.2 km 作为调查评价范围。

8．C　【解析】土壤环境是指受自然或人为因素作用的，由矿物质、有机质、水、空气、生物有机体等组成的陆地表面疏松综合体，包括陆地表层能够生长植物的土壤层和污染物能够影响的松散层等。

9．C　【解析】农用地土壤污染风险管制值项目包括镉、汞、砷、铅、铬（简记为"铅汞镉铬砷，注意没有铜镍锌"）。注意区别：农用地土壤污染风险筛选值的基本项目为必测项目，包括镉、汞、砷、铅、铬、铜、镍、锌（简记为"铅汞镉铬砷，铜镍锌"）。

10．C　【解析】城市建设用地根据保护对象暴露情况的不同，可划分为以下两类：（1）第一类用地：包括《城市用地分类与规划建设用地标准》（GB 50137）规定的城市建设用地中的居住用地（R），公共管理与公共服务用地中的中小学用地（A33）、医疗卫生用地（A5）和社会福利设施用地（A6），以及公园绿地（G1）中的社区公园或儿童公园用地等。（2）第二类用地：包括《城市用地分类与规划建设用地标准》（GB 50137）规定的城市建设用地中的工业用地（M），物流仓储用地（W），商业服务业设施用地（B），道路与交通设施用地（S），公用设施用地（U），公共管理与公共服务用地（A）（A33、A5、A6 除外），以及绿地与广场用地（G）（G1 中的社区公园或儿童公园用地除外）等。

建设用地中，其他建设用地可参照上述规定划分类别。建设用地规划用途为第一类用地的，适用《土壤环境质量　建设用地土壤污染风险管控标准（试行）》（GB 36600）中表 1 和表 2 中第一类用地的筛选值和管制值；规划用途为第二类用地的，适用表 1 和表 2 中第二类用地的筛选值和管制值。规划用途不明确的适用表 1 和表 2 中第一类用地的筛选值和管制值。表 1：建设用地土壤污染风险筛选值和管制值（基本项目）表；表 2：建设用地土壤污染风险筛选值和管制值（其他项目）表。

11．B　【解析】生态影响型建设项目，无论土壤评价工作等级为几级，均不需设置柱状样点。

12．D　【解析】危废焚烧项目为污染影响型建设项目，对照《环境影响评价技术导则　土壤环境（试行）》附录 A，为Ⅰ类项目。危废焚烧项目涉及大气沉降途径影响，其调查范围考虑主导风向下风向最大落地浓度点后，调查范围涉及土壤环境敏感目标，因此，其评价工作等级应为一级。对照现状调查范围表，该项目土壤环境现状调查范围为占地范围外 1 km 内。

现状调查范围

评价工作等级	影响类型	调查范围 [a]	
		占地 [b] 范围内	占地范围外
一级	生态影响型	全部	5 km 范围内
	污染影响型		1 km 范围内
二级	生态影响型		2 km 范围内
	污染影响型		0.2 km 范围内
三级	生态影响型		1 km 范围内
	污染影响型		0.05 km 范围内

注：a——调查范围涉及大气沉降途径影响的，可根据主导风向下风向的最大落地浓度点适当调整；

　　b——矿山类项目指开采区与各场地的占地；改、扩建类的指现有工程与拟建工程的占地。

13. A 【解析】根据《环境影响评价技术导则　土壤环境》8.1.3，应重点预测评价建设项目对占地范围外土壤环境敏感目标的累积影响，并根据建设项目特征兼顾对占地范围内的影响预测。根据 8.7.4，无论是污染影响型还是生态影响型建设项目，评价工作等级为三级的，均可采用定性描述或类比分析法进行预测。因此，错误选项为 A。

14. B 【解析】根据《环境影响评价技术导则　土壤环境》8.8.1，污染影响型建设项目各不同阶段，土壤环境敏感目标处或占地范围内有个别点位、层位或评价因子出现超标，但采取必要措施后，可满足 GB 15618、GB 36600 或其他土壤污染防治相关管理规定的，可得出建设项目土壤环境影响可接受的结论。选项 B 错误之处在于"大部分"描述不准确。

15. D 【解析】根据《环境影响评价技术导则　土壤环境》9.2.3.2，生态影响型建设项目涉及盐化影响的，可采取排水排盐或降低地下水位等措施，以减轻土壤盐化的程度。

16. D 【解析】建设项目同时涉及土壤环境生态影响型和污染影响型时，应分别按相应评价工作等级要求开展土壤环境现状调查。

17. A 【解析】表层样应在 0～0.2 m 取样。

18. D 【解析】根据《环境影响评价技术导则　土壤环境（试行）》9.3.2，评价工作等级为一级的建设项目一般每 3 年内开展 1 次监测工作，二级的每 5 年内开展 1 次，三级的必要时可开展跟踪监测。

19. A 【解析】根据《土壤环境质量　农用地土壤污染风险管控标准（试行）》（GB15618）5，农用地土壤污染风险管制值项目包括镉、汞、砷、铅、铬。

20. C 【解析】根据《土壤环境质量　建设用地土壤污染风险管控标准（试行）》（GB 36600）4.1.1，第一类用地包括《城市用地分类与规划建设用地标准》

（GB 50137）规定的城市建设用地中的居住用地（R），公共管理与公共服务用地中的中小学用地（A33）、医疗卫生用地（A5）和社会福利设施用地（A6）以及公园绿地（G1）中的社区公园或儿童公园用地等。

21．A　【解析】根据《环境影响评价技术导则　土壤环境（试行）》图1，土壤环境影响现状调查与评价阶段的工作内容包括：土壤环境现状调查与监测，土壤环境理化特性调查、利用状况调查，土壤环境影响源调查，土壤环境质量现状监测，土壤环境现状评价。

22．A　【解析】根据《环境影响评价技术导则　土壤环境（试行）》，污染影响型建设项目环境影响途径主要为大气沉降、地面漫流、垂直入渗。

23．D　【解析】根据《环境影响评价技术导则　土壤环境》（试行）》6.2.1.2，Ⅲ类生态影响型建设项目，评价范围内土壤环境不敏感，可不开展土壤环境影响评价工作。

24．A　【解析】根据《环境影响评价技术导则　土壤环境（试行）》6.2.2.3，Ⅱ类小型、不敏感项目评价工作等级为三级，Ⅲ类小型、敏感项目评价工作等级为三级，Ⅲ类小型、不敏感项目可不开展评价工作。

25．D　【解析】根据《环境影响评价技术导则　土壤环境（试行）》7.2.2，建设项目（除线性工程外）土壤环境影响现状调查范围可根据建设项目影响类型、污染途径、气象条件、地形地貌、水文地质条件等确定并说明。

26．B　【解析】根据《环境影响评价技术导则　土壤环境（试行）》表6，土壤环境影响评价工作等级为二级，占地范围内环境现状监测布点的最小数量要求是3个柱状样点，1个表层样点。

27．D　【解析】根据《环境影响评价技术导则　土壤环境（试行）》9.1，涉及弃土的建设项目，弃土应按照固体废物相关规定进行处理处置，确保不产生二次污染。

28．C　【解析】根据《土壤环境质量　农用地土壤污染风险管控标准（试行）》（GB 15618）3.2，农用地指《土地利用现状分类》（GB/T 21010）中的耕地（水田、水浇地、旱地）、园地（果园、茶园）和草地（天然牧草地、人工牧草地）。公园绿地不属于农用地。

29．B　【解析】根据《土壤环境质量　建设用地土壤污染风险管控标准（试行）》（GB 36600）5.3，建设项目土壤中污染物含量等于或者低于风险筛选值的，建设用地土壤污染风险一般情况下可以忽略；通过初步调查确定建设用地土壤中污染物含量高于风险筛选值，应当依据 HJ 25.1、HJ 25.2 等标准及相关技术要求，开展详细调查；通过详细调查确定建设用地土壤中污染物含量等于或者低于风险管制值，应当依据 HJ 25.3 等标准及相关技术要求，开展风险评估，确定风险水平，判断是否需要采取风险管控或者修复措施；通过详细调查确定建设用地土壤中污染物含量高于风险管制值，对人体健康通常存在不可接受风险，应当采取风险管控或修复措施。

30．D　【解析】根据《环境影响评价技术导则　土壤环境（试行）》3.1，土壤环境是指受自然或人为因素作用的，由矿物质、有机质、水、空气、生物有机体等组成的陆地表面疏松综合体，包括陆地表层能够生长植物的土壤层和污染物能够影响的松散层等。

31．B　【解析】根据《环境影响评价技术导则　土壤环境（试行）》表2。生态影响型评价工作等级划分表。

生态影响型评价工作等级划分

	Ⅰ类	Ⅱ类	Ⅲ类
敏感	一级	二级	三级
较敏感	二级	二级	三级
不敏感	二级	三级	—

32．D　【解析】根据《环境影响评价技术导则　土壤环境（试行）》7.3.2.1，"在充分收集资料的基础上，根据土壤环境影响类型、建设项目特征与评价需要，有针对性地选择土壤理化特性调查内容，主要包括土体构型、土壤结构、土壤质地、阳离子交换量、氧化还原电位、饱和导水率、土壤容重、孔隙度等。"

33．C　【解析】根据《环境影响评价技术导则　土壤环境（试行）》8.7及附录E、附录F，评价工作等级为三级的建设项目，可采用定性描述或类比分析法进行预测；可能引起土壤盐化、酸化、碱化等影响的建设项目，其评价工作等级为一级、二级的，预测方法可参见导则附录E（土壤环境影响预测方法）、附录F（土壤盐化综合评分预测方法）或进行类比分析。

34．B　【解析】《环境影响评价技术导则　土壤环境（试行）》明确了该标准不适用于核与辐射建设项目的土壤环境影响评价。

35．C　【解析】根据《环境影响评价技术导则　土壤环境（试行）》5.2.2，识别建设项目土壤环境影响类型与影响途径、影响源与影响因子，初步分析可能影响的范围。

二、不定项选择题

1．ABCD　【解析】建设项目土壤环境影响现状调查资料收集的内容与要求：根据建设项目特点、可能产生的环境影响和当地环境特征，有针对性地收集调查评价范围内的相关资料，主要包括以下内容：（1）土地利用现状图、土地利用规划图、土壤类型分布图；（2）气象资料、地形地貌特征资料、水文及水文地质资料等；（3）土地利用历史情况；（4）与建设项目土壤环境影响评价相关的其他资料。简记为：历史现状规划图，土壤类型记分布，形貌水气要记住。

2．ACD　【解析】现状监测频次要求：（1）基本因子：评价工作等级为一级的建设项目，应至少开展 1 次现状监测；评价工作等级为二级、三级的建设项目，若掌握近 3 年至少 1 次的监测数据，可不再进行现状监测；引用监测数据应满足本导则关于"布点原则"和"现状监测点数量要求"等条文相关要求，并说明数据有效性。（2）特征因子：应至少开展 1 次现状监测。

3．ABD　【解析】根据《环境影响评价技术导则　土壤环境（试行）》7.2，建设项目（除线性工程外）土壤环境影响现状调查评价范围可根据建设项目影响类型、污染途径、气象条件、地形地貌、水文地质条件等确定并说明，或参考导则表 5 确定；危险品、化学品或石油等输送管线应以工程边界两侧向外延伸 0.2 km 作为调查评价范围。

4．ABD　【解析】根据《环境影响评价技术导则　土壤环境（试行）》7.3.3.2，"改、扩建的污染影响型建设项目，其评价工作等级为一级、二级的，应对现有工程的土壤环境保护措施情况进行调查，并重点调查主要装置或设施附近的土壤污染现状。"Ⅳ类建设项目可不开展土壤环境影响评价，当然可不开展影响源现状调查。

5．BD　【解析】根据《土壤环境质量　农用地土壤污染风险管控标准（试行）》（GB 15618），重金属和类金属砷均按元素总量计。对于水旱轮作地，采用其中较严格的风险筛选值，对于类金属砷，水田比其他土壤风险筛选值均严格。

6．AD　【解析】根据《环境影响评价技术导则　土壤环境（试行）》9.2.3.2，生态影响型建设项目过程防控措施包括：① 涉及酸化、碱化影响的可采取相应措施调节土壤 pH，以减轻土壤酸化、碱化程度；② 涉及盐化影响的，可采取排水排盐或降低地下水位等措施，以减轻土壤盐化的程度。

7．ABC　【解析】根据《环境影响评价技术导则　土壤环境（试行）》6.1，土壤环境影响评价工作等级划分为一级、二级、三级。

8．ABC　【解析】根据《土壤环境质量　建设用地土壤污染风险管控标准（试行）》（GB 36600）4.1.1，中小学用地、医疗卫生用地、儿童公园用地均属于建设用地中第一类用地。公用设施用地属于建设用地中的第二类用地。

9．CD

第八章　生态环境影响评价技术导则与相关标准

引言：《环境影响评价技术导则　生态影响》（HJ 19—2022）于 2022 年 1 月发布，2022 年 7 月实施。本书收录了部分历年考题中仍有一定参考价值的题目，供考生参考。

一、单项选择题（每题的备选项中，只有一个最符合题意）

1．根据《环境影响评价技术导则　生态影响》，三级生态评价项目必须完成的基本图件是（　　）。（2012 年考题）

    A．植被类型图   B．生态监测布点图

    C．特殊生态敏感区空间分布图   D．典型生态保护措施平面布置示意图

2．根据《环境影响评价技术导则　生态影响》，应提出长期生态监测计划的项目是（　　）。（2012 年考题）

    A．具有重大社会影响的建设项目   B．具有重大生态影响的建设项目

    C．具有重大经济效益的建设项目   D．具有重大技术难题的建设项目

3．根据《环境影响评价技术导则　生态影响》，建设项目生态评价工作范围确定依据不包括（　　）。（2013 年考题）

    A．建设项目与所在区域行政隶属的关系

    B．建设项目与所在区域生物过程的关系

    C．建设项目与所在区域气候过程的关系

    D．建设项目与所在区域水文过程的关系

4．根据《环境影响评价技术导则　生态影响》，下列单元界限中，一般不作为生态影响评价工作范围参照边界的是（　　）。（2014 年考题）

    A．水文单位界限   B．地理单元界限

    C．行政单元界限   D．气候单元界限

5．某新建铁路工程推荐方案经过省级自然保护区实验区，根据《环境影响评价技术导则　生态影响》，应优先采用的生态保护措施是（　　）。（2014 年考题）

    A．调整路线方案，避让自然保护区范围

    B．向自然保护区行政主管部门办理行政许可

C. 优化保护区路段工程方案，减少保护区内占地数量

D. 调整自然保护区范围或功能分区，将铁路原经过的实验区调整为非保护区

6. 根据《环境影响评价技术导则　生态影响》，关于生态影响评价工作范围的说法，正确的是（　　）。（2015 年考题）

A. 评价范围为项目占地区域

B. 评价范围为项目的间接影响区域

C. 评价范围为项目的直接影响范围

D. 评价范围涵盖项目全部活动的直接影响范围区域和间接影响区域

7. 根据《环境影响评价技术导则　生态影响》，下列关于不同评价工作等级生态现状调查要求的说法，错误的是（　　）。（2015 年考题）

A. 一级评价应给出采样地样方实测、遥感等方法测定的数据

B. 二级评价应给出物种多样性实测数据

C. 三级评价可充分借鉴原有资料进行说明

D. 有敏感生态保护目标时应做专题调查

8. 根据《环境影响评价技术导则　生态影响》，下列关于生态影响预测与评价方法的说法，错误的是（　　）。（2015 年考题）

A. 景观生态学法可定量分析生境格局的变化

B. 类比分析法可定性预测生态问题的发展趋势

C. 列表清单法可定量预测对生物多样性的影响

D. 图形叠置法可定量分析地下水位下降对植被的影响

9. 某新建公路选线方案经过世界文化和自然遗产地，根据《环境影响评价技术导则　生态影响》，该项目应优先采用的生态保护措施是（　　）。（2015 年考题）

A. 调整线路方案，避让世界文化和自然遗产地

B. 减少公路设计车道数量，缩小占地的面积和范围

C. 向有关行政主管部门申请行政许可并支付补偿金

D. 将路线所经区域调整出世界文化和自然遗产地的范围

10. 根据《环境影响评价技术导则　生态影响》，工程分析中应重点调查分析的时段是（　　）。（2016 年考题）

A. 勘察期和施工期　　　　　　　B. 勘察期和退役期

C. 施工期和运营期　　　　　　　D. 运营期和退役期

11. 根据《环境影响评价技术导则　生态影响》，下列生态影响预测与评价方法中，兼具定性和半定量特点的评价方法是（　　）。（2016 年考题）

A. 列表清单法　　B. 类比分析法　　C. 景观生态学法　　D. 单因子指数法

12. 根据《环境影响评价技术导则　生态影响》，铅、锌矿开采项目工程分析

时段应涵盖（　　）。（2017年考题）

　　A. 勘察期、施工期、运营期和退役期　　　B. 施工期、运营期和退役期

　　C. 施工期和运营期　　　　　　　　　　　D. 施工期

　　13. 某高速公路建设项目推荐线路部分路段穿越风景名胜区。根据《环境影响评价技术导则　生态影响》，该项目应优先采取的生态保护措施是（　　）。（2017年考题）

　　A. 调整线路走向，避让风景名胜区　　　B. 采用全隧道方式穿越风景名胜区

　　C. 采用高架方式穿越风景名胜区　　　　D. 调整风景名胜区规划范围

　　14. 根据《环境影响评价技术导则　生态影响》，下列关于指数法应用的说法，错误的是（　　）。（2018年考题）

　　A. 可用于生态系统功能评价

　　B. 可用于生态因子单因子质量评价

　　C. 可用于生态多因子综合质量评价

　　D. 可用于生态保护措施筛选的优先度评价

　　15. 根据《环境影响评价技术导则　生态影响》，确定生态影响评价工作范围可不考虑（　　）。（2020年考题）

　　A. 涵盖评价项目全部活动的直接影响区域

　　B. 涵盖评价项目全部活动的间接影响区域

　　C. 评价项目影响区域涉及的行政单元界限

　　D. 评价项目影响区域涉及的水文单元界限

　　16. 根据《环境影响评价技术导则　生态影响》，建设项目生态影响评价基本要求不包括（　　）。（2022年考题）

　　A. 选址选线应符合生态保护红线的管理要求

　　B. 选址选线应严禁对生态保护目标造成影响

　　C. 按照避让、减缓、修复和补偿次序提出对策措施

　　D. 按照有利于生物多样性保护的原则提出对策措施

　　17. 根据《环境影响评价技术导则　生态影响》，关于生态影响评价等级的说法，正确的是（　　）。（2022年考题）

　　A. 涉及自然公园的，评价等级为一级

　　B. 涉及自然保护区的，评价等级不低于二级

　　C. 工程占地规模大于 $20 \ km^2$ 的，评价等级不低于二级

　　D. 线性工程地下方式穿越生态敏感区的，评价等级应上调一级

　　18. 根据《环境影响评价技术导则　生态影响》，关于二级评价的生态现状调查要求的说法，错误的是（　　）。（2022年考题）

A. 水生生态调查中鱼类应主要在捕捞期开展调查

B. 涉及显著改变水文情势的项目应增加调查强度

C. 水生生境调查内容应包括水域形态结构、底质

D. 水生生态调查应充分考虑生物多样性保护要求

19. 根据《环境影响评价技术导则　生态影响》，生态影响预测与评价方法不包括（　　）。（2022 年考题）

A. 图形叠置法　B. 生态监测法　C. 生境评价方法　D. 生态机理分析法

20. 根据《环境影响评价技术导则　生态影响》，关于评价等级的说法，错误的是（　　）。（2023 年考题）

A. 涉及自然保护区时，评价等级应为一级

B. 涉及重要生境时，评价等级应为一级

C. 涉及自然公园时，评价等级为二级

D. 涉及生态保护红线时，评价等级为二级

二、不定项选择题（每题的备选项中至少有一个符合题意）

1. 根据《环境影响评价技术导则　生态影响》，生态影响评价工作范围确定依据不考虑（　　）。（2012 年考题）

A. 气候单元　　B. 水文单元　　C. 地理单元　　D. 行政单元

2. 西北荒漠化地区某新建高速公路穿越国家重点保护野生动物迁徙路线。根据《环境影响评价技术导则　生态影响》，下列属于生态保护措施的有（　　）。（2013 年考题）

A. 动物通道有效性的监测计划

B. 高速公路两侧防沙治沙工程方案

C. 生态保护工程分标与招投标原则要求

D. 环境保护投资估算

3. 根据《环境影响评价技术导则　生态影响》，对于有重大生态影响的建设项目，下列关于生态环境保护措施基本内容的说法，正确的是（　　）。（2014 年考题）

A. 绘制生态保护措施平面布置示意图

B. 提出长期生态监测计划

C. 提出科技支撑方案

D. 提出环境影响后评价等环保管理技术方案

4. 根据《环境影响评价技术导则　生态影响》，对可能具有重大、敏感生态影响的建设项目，其生态保护措施应包括（　　）等环保管理技术方案。（2015 年考题）

A. 施工期工程环境监测　　　　　　B. 环境保护阶段验收和总体验收

C．长期的生态监测计划　　　　D．环境影响跟踪评价

5．根据《环境影响评价技术导则　生态影响》，关于生态监测与环境管理要求的说法，正确的是（　）。（2022 年考题）

A．提出环境影响后评价要求

B．提出开展施工期工程环境监理要求

C．施工期应重点监测施工活动对生态保护目标的影响

D．运行期应重点监测生物多样性影响

6．根据《环境影响评价技术导则　生态影响》，生态敏感区包括（　）。（2023 年考题）

A．迁徙鸟类的重要繁殖地　　　　B．迁徙鸟类的重要停歇地

C．迁徙鸟类的救护场所　　　　D．迁徙鸟类的迁徙路线

7．根据《环境影响评价技术导则　生态影响》，物种多样性指标包括（　）。（2023 年考题）

A．物种多度　　　　B．物种丰富度

C．物种均匀度　　　　D．物种优势度

参考答案

一、单项选择题

1．D　2．B

3．A　【解析】根据导则，生态影响评价应能充分体现生态完整性和生物多样性保护要求，涵盖评价项目全部活动的直接影响区域和间接影响区域。评价范围应依据评价项目对生态因子的影响方式、影响程度与生态因子之间的相互影响和相互依存的关系确定。可综合考虑评价项目与项目区的气候过程、水文过程、生物过程等生物地球化学循环过程的相互作用关系，以评价项目影响区域所涉及的完整气候单元、水文单元、生态单元、地理单元界限为参考边界。

4．C

5．A　【解析】应按照避让、减缓、补偿和重建的次序提出生态影响防护与恢复的措施。因此，题中应优先采用的生态保护措施是调整路线方案，避让自然保护区范围。

6．D　【解析】生态影响评价范围应能充分体现生态完整性，涵盖评价项目全部活动的直接影响区域和间接影响区域。

7．B　【解析】二级评价的生物量和物种多样性调查可依据已有资料推断，或实测一定数量的、具有代表性的样方予以验证。

8．C 【解析】景观生态学法、图形叠置法属生态学预测与评价方法定量分析的一种。

9．A 【解析】避让是保护世界文化和自然遗产地的最好措施。

10．C

11．B 【解析】选项 A 属于定性的预测方法；选项 C 属于定量的预测评价方法；选项 D 属于定量的评价方法。

12．A 【解析】工程分析时段应涵盖勘察期、施工期、运营期和退役期，以施工期和运营期为调查分析的重点。

13．A 【解析】避让是最优方式。

14．D 【解析】指数法应用：① 可用于生态因子单因子质量评价；② 可用于生态多因子综合质量评价；③ 可用于生态系统功能评价。列表清单法可用于进行物种或栖息地重要性或优先度比选。

15．C 【解析】根据《环境影响评价技术导则 生态影响》6.2.1，生态影响评价应能够充分体现生态完整性和生物多样性保护要求，涵盖评价项目全部活动的直接影响区域和间接影响区域。可综合考虑评价项目与项目区的气候过程、水文过程、生物过程等生物地球化学循环过程的相互作用关系，以评价项目影响区域所涉及的完整气候单元、水文单元、生态单元、地理单元界限为参照边界。行政单元不属于生态影响评价工作范围考虑的因素。

16．B 【解析】根据《环境影响评价技术导则 生态影响》4.2，建设项目选址选线应尽量避让各类生态敏感区，符合自然保护地、世界自然遗产、生态保护红线等管理要求以及国土空间规划、生态环境分区管控要求。应按照避让、减缓、修复和补偿的次序提出生态保护对策措施，所采取的对策措施应有利于保护生物多样性，维持或修复生态系统功能。

17．C 【解析】根据《环境影响评价技术导则 生态影响》6.1.2，涉及自然公园时，评价等级为二级；涉及国家公园、自然保护区、世界自然遗产、重要生境时，评价等级为一级；当工程占地规模大于 $20\ km^2$ 时（包括永久和临时占用陆地和水域），评价等级不低于二级；线性工程地下穿越或地表跨越生态敏感区，在生态敏感区范围内无永久、临时占地时，评价等级可下调一级。

18．A 【解析】根据《环境影响评价技术导则 生态影响》7.3.5，涉及显著改变水文情势的项目应增加调查强度。鱼类调查时间应包括主要繁殖期，水生生境调查内容应包括水域形态结构、水文情势、水体理化性质和底质等。根据 7.3.7，生态现状调查中还应充分考虑生物多样性保护的要求。

19．B 【解析】根据《环境影响评价技术导则 生态影响》附录 C，生态现状及影响评价方法包括：列表清单法、图形叠置法、生态机理分析法、指数法与综合指数法、类比分析法、系统分析法、生物多样性评价方法、生态系统评价方法、景观生态学评价方法、生境评价方法、海洋生物资源影响评价方法等。

20．D 【解析】根据《环境影响评价技术导则 生态影响》6.1.2，涉及生态保护红线时，评价等级不低于二级。

二、不定项选择题

1．D 【解析】生态影响评价应能够充分体现生态完整性，涵盖评价项目全部活动的直接影响区域和间接影响区域。综合考虑评价项目与项目区的气候过程、水文过程、生物过程等生物地球化学循环过程的相互作用关系，以评价项目影响区域所涉及的完整气候单元、水文单元、生态单元、地理单元界限为参照边界。

2．ABCD 【解析】生态保护措施的范围较广，应当是全过程的生态保护，既有工程措施，也有管理措施。

3．ABC 【解析】生态保护措施应包括保护对象和目标，内容、规模及工艺，实施空间和时序，保障措施和预期效果分析，绘制生态保护措施平面布置示意图和典型措施设施工艺图。估算或概算环境保护投资。对可能具有重大、敏感生态影响的建设项目，区域、流域开发项目，应提出长期的生态监测计划、科技支撑方案，明确监测因子、方法、频次等。选项A对一般项目都应有，对重大生态影响的建设项目也不例外。

4．ABC 【解析】生态保护措施中没有"环境影响跟踪评价"内容，但有"环境影响后评价"的环保管理技术方案。

5．ABC 【解析】根据《环境影响评价技术导则 生态影响》9.3.4，明确施工期和运行期环境管理原则与技术要求。可提出开展施工期工程环境监理、环境影响后评价等环境管理和技术要求。根据9.3.3，施工期重点监测施工活动干扰下生态保护目标的受影响状况，运行期重点监测对生态保护目标的实际影响、生态保护对策措施的有效性以及生态修复效果等。有条件或有必要的，可开展生物多样性监测。因此，生物多样性不是运行期重点监测要求。

6．AB 【解析】根据《环境影响评价技术导则 生态影响》3.3，生态敏感区中，重要生境包括：重要物种的天然集中分布区、栖息地，重要水生生物的产卵场、索饵场、越冬场和洄游通道，迁徙鸟类的重要繁殖地、停歇地、越冬地以及野生动物迁徙通道等。

7．AB 【解析】根据《环境影响评价技术导则 生态影响》C.7，物种多样性指种水平的多样化程度，包括物种丰富度和物种多度。

第九章　规划环境影响评价技术导则

引言：《规划环境影响评价技术导则　总纲》（HJ 130—2019）于 2019 年 12 月发布，2020 年 3 月实施；《规划环境影响评价技术导则　产业园区》（HJ 131—2021）于 2021 年 9 月发布，2021 年 12 月实施；《规划环境影响评价技术导则　流域综合规划》（HJ 1218—2021）于 2021 年 12 月发布，2022 年 3 月实施。本书收录了部分历年考题中仍有一定参考价值的题目，供考生参考。

一、单项选择题（每题的备选项中，只有一个最符合题意）

1．《规划环境影响评价技术导则　总纲》适用于（　　）的环境影响评价。（2015 年考题）

    A．跨流域调水工程   B．县级市土地利用规划

    C．跨省输油管道工程   D．省级水利资源开发利用规划

2．下列分析方法中，不属于《规划环境影响评价技术导则　总纲》规定的主要规划分析方式和方法的是（　　）。（2015 年考题）

    A．问卷调查   B．类比分析

    C．矩阵分析   D．专家咨询

3．根据《规划环境影响评价技术导则　总纲》，下列方法中，不属于环境影响识别与评价指标确定的方法是（　　）。（2015 年考题）

    A．叠图分析   B．层次分析

    C．负荷分析   D．灰色系统分析

4．根据《规划环境影响评价技术导则　总纲》，下列关于对规划要素提出优化调整建议的说法，错误的是（　　）。（2015 年考题）

    A．规划的目标、发展定位与国家级、省级主体功能区规划不符时，应提出明确的优化调整建议

    B．规划包含的具体建设项目属于国家明令禁止类型或不符合国家产业政策、环境保护政策时，应提出明确的优化调整建议

    C．规划布局和规划包含的具体建设项目选址、选线与主体功能区划、生态功能区划、环境敏感区的保护要求发生严重冲突时，应提出明确的优化调整建议

D. 规划方案中有依据现有知识水平和技术条件无法或难以对其产生的不良环境影响程度或范围作出科学、准确判断的内容时，可不提出规划的优化调整建议

5. 根据《规划环境影响评价技术导则　总纲》推荐的规划分析主要方式或方法不包括（　）。（2017年考题）

    A. 核查表　　　　　　　　　　B. 情景分析

    C. 专家咨询　　　　　　　　　　D. 事件树分析

6. 根据《规划环境影响评价技术导则　总纲》，生态空间不包括（　）。（2020年考题）

    A. 森林　　　　　　　　　　B. 湿地

    C. 城镇空间　　　　　　　　　　D. 无居民海岛

7. 根据《规划环境影响评价技术导则　总纲》，基于环境管控单元，生态环境准入清单不考虑（　）的管控要求。（2020年考题）

    A. 环境质量底线　　　　　　　　　　B. 生态保护红线

    C. 资源利用上线　　　　　　　　　　D. 能源利用底线

8. 根据《规划环境影响评价技术导则　总纲》，规划环境影响评价原则不包括（　）。（2020年考题）

    A. 早期介入、过程互动　　　　　　　　　　B. 统筹衔接、分类指导

    C. 重点突出、市场导向　　　　　　　　　　D. 客观评价、结论科学

9. 根据《规划环境影响评价技术导则　总纲》，下列关于规划协调性分析的说法，错误的是（　）。（2020年考题）

    A. 应分析规划与上层位规划的符合性

    B. 应分析规划与区域"三线一单"管控要求的符合性

    C. 应分析规划与战略环境影响评价文件的符合性

    D. 应分析与同层位的自然资源开发利用规划的协调性

10. 根据《规划环境影响评价技术导则　总纲》，对于可能产生具有易生物蓄积、长期接触对人群和生物产生危害作用的无机和有机污染物、放射性污染物、微生物等的规划，应识别规划实施产生的污染物与人体接触的途径以及可能造成的（　）。（2020年考题）

    A. 资源利用冲突加剧　　　　　　　　　　B. 区域环境质量下降

    C. 生态功能丧失　　　　　　　　　　D. 人群健康风险

11. 根据《规划环境影响评价技术导则　总纲》，规划环境影响评价指标体系不包括（　）。（2020年考题）

    A. 经济效益指标　　　　　　　　　　B. 污染排放指标

    C. 资源利用指标   D. 环境管理指标

12. 根据《规划环境影响评价技术导则 总纲》，规划方案的环境合理性论证内容不包括（ ）。（2020 年考题）

    A. 规划规模的环境合理性

    B. 规划建设时序的环境合理性

    C. 环境功能区划分的环境合理性

    D. 规划用地结构的环境合理性

13. 根据《规划环境影响评价技术导则 总纲》，规划环境影响减缓对策和措施基本要求不包括（ ）。（2020 年考题）

    A. 应具有可操作性

    B. 应具有不可替代性

    C. 应具有针对性

    D. 一般包括生态环境保护方案和管控要求

14. 根据《规划环境影响评价技术导则 总纲》，规划环境影响评价的原则不包括（ ）。（2021 年考题）

    A. 早期介入、过程互动   B. 统筹衔接、分类指导

    C. 规划优先、公众参与   D. 客观评价、结论科学

15. 根据《规划环境影响评价技术导则 总纲》，规划协调性分析不包括（ ）。（2021 年考题）

    A. 分析规划规模、布局、结构等规划内容与上层位规划的符合性

    B. 分析区域"三线一单"管控要求

    C. 分析战略或规划环评成果的符合性

    D. 分析与所包含建设项目的协调性

16. 根据《规划环境影响评价技术导则 总纲》，环境影响回顾性分析的内容不包括（ ）。（2021 年考题）

    A. 分析区域生态环境演变趋势与上一轮规划实施或发展历程的关系

    B. 调查分析上一轮规划环评及审查意见落实情况和环境保护措施的效果

    C. 提出本次评价应重点关注的生态环境问题及解决途径

    D. 识别规划实施可能产生的资源、环境与生态问题

17. 根据《规划环境影响评价技术导则 总纲》，环境影响预测与评价的内容不包括（ ）。（2021 年考题）

    A. 预测情景设置

    B. 评估不同情景下环境质量底线的调整空间

    C. 规划实施生态环境压力分析

D. 资源与环境承载力评估

18. 根据《规划环境影响评价技术导则　总纲》，规划方案综合论证和优化调整建议的基本要求不包括（　　）。（2021年考题）

　　A. 综合环境影响预测与评价结果，论证规划目标、规模、布局、结构等规划内容的环境合理性及评价设定的环境目标的可达性

　　B. 分析判定规划实施的重大资源、生态、环境制约的程度、范围、方式等

　　C. 提出规划方案的优化调整建议并推荐可行的规划方案

　　D. 提出上层规划的调整建议

19. 根据《规划环境影响评价技术导则　总纲》，规划方案的环境合理性论证的内容不包括（　　）。（2021年考题）

　　A. 论证规划目标与发展定位的环境合理性

　　B. 论证规划规模和建设时序的环境合理性

　　C. 论证重点生态功能区布局的环境合理性

　　D. 论证规划布局的环境合理性

20. 根据《规划环境影响评价技术导则　总纲》，规划环境影响评价的技术流程不包括（　　）。（2022年考题）

　　A. 开展现状评价与回顾性分析　　　　B. 确立环境目标和评价指标体系

　　C. 提出环境影响跟踪评价计划　　　　D. 给出污染物排放清单

21. 根据《规划环境影响评价技术导则　总纲》，现状调查阶段的基本要求不包括（　　）。（2022年考题）

　　A. 梳理规划实施的环境制约因素　　　B. 分析主要生态环境问题及成因

　　C. 明确评价区域资源利用水平　　　　D. 提出环境影响对策和措施

22. 根据《规划环境影响评价技术导则　总纲》，建立评价指标体系时不考虑（　　）。（2022年考题）

　　A. 环境质量　　　　　　　　　　　　B. 公众参与

　　C. 生态保护　　　　　　　　　　　　D. 资源利用

23. 根据《规划环境影响评价技术导则　总纲》，下列情形中，需对规划内容提出优化调整建议的是（　　）。（2022年考题）

　　A. 规划包含的建设项目选址符合生态保护红线管控要求的

　　B. 规划包含的建设项目满足区域生态环境准入清单要求的

　　C. 规划实施导致的资源消耗不超过资源利用上线的

　　D. 规划实施导致的不良环境影响难以判断的

24. 《规划环境影响评价技术导则　产业园区》适用于（　　）。（2022年考题）

　　A. 重点流域规划环境影响评价　　　　B. 区域交通规划环境影响评价

　　C．新能源布局规划环境影响评价　　　D．经济开发区规划环境影响评价

　　25．根据《规划环境影响评价技术导则　产业园区》，产业园区规划环境影响评价统筹协调的评价原则不包括（　　）。（2022 年考题）

　　A．引导产业园区现代化发展　　　　　B．引导产业园区低碳化发展

　　C．引导产业园区绿色化发展　　　　　D．引导产业园区生态化发展

　　26．根据《规划环境影响评价技术导则　产业园区》，产业园区规划环境影响评价的基本任务不包括（　　）。（2022 年考题）

　　A．识别规划实施环境影响因子　　　　B．分析规划实施资源承载状态

　　C．预测规划实施环境潜在风险　　　　D．推荐规划实施节能降碳技术

　　27．根据《规划环境影响评价技术导则　产业园区》，规划实施生态环境压力分析的内容不包括（　　）。（2022 年考题）

　　A．产业园区能源需求量　　　　　　　B．产业园区碳排放水平

　　C．产业园区环境管理水平　　　　　　D．产业园区水资源需求量

　　28．根据《规划环境影响评价技术导则　产业园区》，产业园区碳减排的主要途径不包括（　　）。（2022 年考题）

　　A．涉碳排放产业结构调整　　　　　　B．涉碳排放产业原料替代

　　C．涉碳排放产业碳排放核查方法开发　D．涉碳排放产业绿色清洁能源利用

　　29．根据《规划环境影响评价技术导则　流域综合规划》，生态环境保护措施不包括（　　）。（2022 年考题）

　　A．重点库区消落区生境修复　　　　　B．重要物种栖息地生境修复

　　C．流域碳中和技术体系构建　　　　　D．流域水系连通与生态修复

　　30．下列环境影响评价工作中，应执行《规划环境影响评价技术导则　总纲》的是（　　）。（2023 年考题）

　　A．某市轨道交通项目环境影响评价　　B．某市能源发展规划环境影响评价

　　C．某省行业发展政策环境影响评价　　D．某省水电开发战略环境影响评价

　　31．根据《规划环境影响评价技术导则　总纲》，"三线一单"的内容不包括（　　）。（2023 年考题）

　　A．生态保护红线　　　　　　　　　　B．环境质量底线

　　C．资源利用上线　　　　　　　　　　D．环保督察清单

　　32．根据《规划环境影响评价技术导则　总纲》，关于评价指标确定原则的说法，错误的是（　　）。（2023 年考题）

　　A．评价指标应易于统计、比较和量化

　　B．评价指标应符合相关标准规定的限值要求

　　C．无相关标准的评价指标由规划编制机关确定

　　D．不易量化的指标可参考文献给出半定量值或定性要求

　　33．根据《规划环境影响评价技术导则　产业园区》，产业园区规划环境影响评价总体原则不包括（　　）。（2023 年考题）

　　A．强化产业园区污染防治　　　　　　B．优化完善产业园区规划方案

　　C．突出事后监督管理　　　　　　　　D．改善区域生态环境质量

　　34．根据《规划环境影响评价技术导则　产业园区》，现状问题和制约因素分析重点关注的内容不包括（　　）。（2023 年考题）

　　A．生态状况　　　　　　　　　　　　B．环境质量状况

　　C．社会经济状况　　　　　　　　　　D．资源利用状况

　　35．根据《规划环境影响评价技术导则　产业园区》，规划方案环境合理性论证的内容不包括（　　）。（2023 年考题）

　　A．园区碳中和路线图的合理性　　　　B．规划目标与发展定位的合理性

　　C．规划规模、产业结构的合理性　　　D．重大建设项目选址的合理性

　　36．根据《规划环境影响评价技术导则　产业园区》，关于规划方案优化调整建议的说法，错误的是（　　）。（2023 年考题）

　　A．无法满足园区碳减排目标要求的，应对园区布局提出优化调整建议

　　B．无法满足国土空间规划功能要求的，应对园区功能定位提出优化调整建议

　　C．无法满足环境质量改善目标要求的，应对产业规模、结构提出优化调整建议

　　D．对园区外环境敏感区产生重大不良环境影响的，应提出优化布局调整建议

　　37．根据《规划环境影响评价技术导则　产业园区》，关于生态环境保护与污染防治对策和措施的说法，错误的是（　　）。（2023 年考题）

　　A．应提出园区落实污染防控方案的主要措施

　　B．应提出园区落实区域环境质量改善的主要措施

　　C．对生态环境较敏感的园区应提出生态保护的对策措施

　　D．对存在既有环境问题但环境质量现状达标的园区应提出环境管理豁免建议

二、不定项选择题（每题的备选项中至少有一个符合题意）

　　1．《规划环境影响评价技术导则　总纲》可应用于（　　）。（2017 年考题）

　　A．区域、流域、海域的建设、开发利用规划

　　B．省级人民政府有关部门组织编制的旅游发展规划

　　C．设区的市级以上人民政府组织编制的城市建设规划

　　D．县级人民政府组织编制的土地利用规划

　　2．根据《规划环境影响评价技术导则　总纲》，现状调查内容包括（　　）。（2017 年考题）

　　A．自然环境状况调查

　　B．社会经济概况调查

　　C．公众参与现场调查

　　D．环保基础设施建设及运行情况调查

　　3．根据《规划环境影响评价技术导则　总纲》，环境现状分析与评价的方法可采用生态学分析法，下列属于生态学分析法的有（　　）。（2019年考题）

　　A．生态系统健康评价法　　　　　B．生物多样性评价法

　　C．生态系统服务功能评价方法　　D．生态环境敏感性评价方法

　　4．根据《规划环境影响评价技术导则　总纲》，规划环境影响预测与评价应包括（　　）。（2021年考题）

　　A．规划实施对评价区域资源的影响　　B．规划实施对评价区域环境的影响

　　C．规划实施对评价区域能源的影响　　D．规划实施对评价区域生态的影响

　　5．根据《规划环境影响评价技术导则　总纲》，组成环境管控单元的要素包括（　　）。（2022年考题）

　　A．生态空间　　　　　　　　　　B．生态保护红线

　　C．环境质量底线　　　　　　　　D．资源利用上线

　　6．根据《规划环境影响评价技术导则　产业园区》，产业园区规划环境影响评价的基本任务有（　　）。（2022年考题）

　　A．论证规划发展规模的环境合理性

　　B．论证规划产业结构的环境合理性

　　C．论证规划产业定位的环境合理性

　　D．论证规划建设时序的环境合理性

　　7．根据《规划环境影响评价技术导则　流域综合规划》，评价原则包括（　　）。（2022年考题）

　　A．全程参与、充分互动　　　　　B．严守红线、强化管控

　　C．统筹协调、突出重点　　　　　D．协调一致、科学系统

　　8．根据《规划环境影响评价技术导则　总纲》，以下属于环境敏感区的是（　　）。（2023年考题）

　　A．自然保护区　　　　　　　　　B．景观用水

　　C．一般湿地　　　　　　　　　　D．饮用水水源保护区

　　9．根据《规划环境影响评价技术导则　产业园区》，关于环境分区管控，说法正确的有（　　）。（2023年考题）

　　A．环境管控分区划分为保护区域和不同重点管控区域

　　B．环境管控分区中的保护区域禁止从事开发建设活动

C. 对环境风险防范重点管控区域提出优化布局的建议

D. 对既有环境问题突出地块的重点管控区域提出严格的开发利用环境准入
条件

参考答案

一、单项选择题

1．D 【解析】根据《规划环境影响评价技术导则　总纲》适用范围："该标准适用于国务院有关部门、设区的市级以上地方人民政府及其有关部门组织编制的土地利用的有关规划，区域、流域、海域的建设、开发利用规划，以及工业、农业、畜牧业、林业、能源、水利、交通、城市建设、旅游、自然资源开发的有关专项规划的环境影响评价。"

2．A 【解析】规划分析的方式和方法主要有：核查表、叠图分析、矩阵分析、专家咨询（如智暴法、德尔菲法等）、情景分析、博弈论、类比分析、系统分析等。

3．C 【解析】环境影响识别与评价指标确定的方式和方法主要有：核查表、矩阵分析、网络分析、系统流图、叠图分析、灰色系统分析、层次分析、情景分析、专家咨询、类比分析、压力—状态—响应分析等。

4．D 【解析】"规划方案中有依据现有知识水平和技术条件无法或难以对其产生的不良环境影响的程度或者范围作出科学、准确判断的内容"也需优化调整。

5．D 【解析】规划分析的方式和方法主要有：核查表、叠图分析、矩阵分析、专家咨询（如智暴法、德尔菲法等）、情景分析、博弈论、类比分析、系统分析等。

6．C 【解析】根据《规划环境影响评价技术导则　总纲》3.2 生态空间，指具有自然属性、以提供生态服务或生态产品为主体功能的国土空间，是保障区域生态系统稳定性、完整性，提供生态服务功能的主要区域。森林、湿地、无居民海岛等区域符合该特点。

7．D 【解析】生态环境准入清单指基于环境管控单元，统筹考虑生态保护红线、环境质量底线、资源利用上线的管控要求，以清单形式提出的空间布局、污染物排放、环境风险防控、资源开发利用等方面生态环境准入要求。生态保护红线、环境质量底线、资源利用上线和生态环境准入清单简称"三线一单"。

8．C 【解析】根据《规划环境影响评价技术导则　总纲》，规划环境影响评价原则包括早期介入、过程互动；统筹衔接、分类指导；客观评价、结论科学。

9．C 【解析】根据《规划环境影响评价技术导则　总纲》5.3.2，应分析规划内容与上层位规划、区域"三线一单"管控要求、战略或规划环评成果的符合性。

10．D　【解析】根据《规划环境影响评价技术导则　总纲》7.2.2，"对于可能产生具有易生物蓄积、长期接触对人群和生物产生危害作用的无机和有机污染物、放射性污染物、微生物等的规划，还应识别规划实施产生的污染物与人体接触的途径以及可能造成的人群健康风险。"

11．A　【解析】根据《规划环境影响评价技术导则　总纲》7.3.2，"结合规划实施的资源、生态、环境等制约因素，从环境质量、生态保护、资源利用、污染排放、风险防控、环境管理等方面构建评价指标体系。"经济效益不属于规划环境影响评价体系考虑的方面。

12．C　【解析】根据《规划环境影响评价技术导则　总纲》9.2.2，规划方案的环境合理性论证包括：论证规划目标与发展定位的环境合理性；论证规划规模和建设时序的环境合理性；论证规划布局的环境合理性；论证规划用地结构、能源结构、产业结构的环境合理性；论证规划环境目标的可达性。环境功能区划分属于现状调查内容，不属于环境合理性论证内容。

13．B　【解析】根据《规划环境影响评价技术导则　总纲》10.2，"环境影响减缓对策和措施应具有针对性和可操作性，能够指导规划实施中的生态环境保护工作，有效预防重大不良生态环境影响的产生，并促进环境目标在相应的规划期限内可以实现。"

14．C　【解析】根据《规划环境影响评价技术导则　总纲》4.2评价原则，规划环境影响评价的评价原则是早期介入、过程互动；统筹衔接、分类指导；客观评价、结论科学。

15．D　【解析】根据《规划环境影响评价技术导则　总纲》5.3，筛选出与本规划相关的生态环境保护法律法规、环境经济政策、环境技术政策、资源利用和产业政策，分析本规划与其相关要求的符合性。分析规划规模、布局、结构等规划内容与上层位规划、区域"三线一单"管控要求、战略或规划环评成果的符合性。筛选出在评价范围内与本规划同层位的自然资源开发利用或生态环境保护相关规划，分析与同层位规划在关键资源利用和生态环境保护等方面的协调性，明确规划与同层位规划间的冲突和矛盾。

16．D　【解析】根据《规划环境影响评价技术导则　总纲》6.3.3环境影响回顾性分析，"结合上一轮规划实施情况或区域发展历程，分析区域生态环境演变趋势和现状生态环境问题与上一轮规划实施或发展历程的关系，调查分析上一轮规划环评及审查意见落实情况和环境保护措施的效果，提出本次评价应重点关注的生态环境问题及解决途径。"

17．B　【解析】根据《规划环境影响评价技术导则　总纲》8.2，环境影响预测与评价的内容有预测情景设置、规划实施生态环境压力分析、影响预测与评价、资源与环境承载力评估。

18．D　【解析】根据《规划环境影响评价技术导则　总纲》9.1，"以改善环境质量和保障生态安全为核心，综合环境影响预测与评价结果，论证规划目标、规模、布局、结构等规划内容的环境合理性及评价设定的环境目标的可达性，分析判定规划实施的重大资源、生态、环境制约的程度、范围、方式等，提出规划方案的优化调整建议并推荐环境可行的规划方案。"基本要求不包括提出上层位规划的调整建议。

19．C　【解析】根据《规划环境影响评价技术导则　总纲》9.2.2，规划方案的环境合理性论证内容包括："a）基于区域环境保护目标以及'三线一单'要求，结合规划协调性分析结论，论证规划目标与发展定位的环境合理性。b）基于环境影响预测与评价和资源与环境承载力评估结论，结合资源利用上线和环境质量底线等要求，论证规划规模和建设时序的环境合理性。c）基于规划布局与生态保护红线、重点生态功能区、其他环境敏感区的空间位置关系和对以上区域的影响预测结果，结合环境风险评价的结论，论证规划布局的环境合理性。d）基于环境影响预测与评价和资源与环境承载力评估结论，结合区域环境管理和循环经济发展要求，以及规划重点产业的环境准入条件和清洁生产水平，论证规划用地结构、能源结构、产业结构的环境合理性。e）基于规划实施环境影响预测与评价结果，结合生态环境保护措施的经济技术可行性、有效性，论证环境目标的可达性。"

20．D　【解析】根据《规划环境影响评价技术导则　总纲》4.4.2，开展生态环境现状评价与回顾性分析、确立环境目标和评价指标体系、提出环境影响跟踪评价计划均为规划环境影响评价的技术流程必要环节，而给出污染物排放清单并非规划环境影响评价的必要内容。

21．D　【解析】根据《规划环境影响评价技术导则　总纲》6.1，现状调查与评价的基本要求包括：开展资源利用和生态环境现状调查、环境影响回顾性分析，明确评价区域资源利用水平和生态功能、环境质量现状、污染物排放状况，分析主要生态环境问题及成因，梳理规划实施的资源、生态、环境制约因素。而选项 D 不是现状调查阶段的要求。

22．B　【解析】根据《规划环境影响评价技术导则　总纲》7.3.2，结合规划实施的资源、生态、环境等制约因素，从环境质量、生态保护、资源利用、污染排放、风险防控、环境管理等方面构建评价指标体系。

23．D　【解析】根据《规划环境影响评价技术导则　总纲》9.3，规划方案中有依据现有科学技术水平和技术条件，无法或难以对其产生的不良环境影响的程度或范围作出科学、准确判断的内容时，需对规划内容提出优化调整建议。

24．D　【解析】根据《规划环境影响评价技术导则　产业园区》，该标准适用于国务院及省、自治区、直辖市人民政府批准设立的各类产业园区规划环境影响评价，其他类型园区可参照执行。因此该题选 D。

25．A　【解析】根据《规划环境影响评价技术导则　产业园区》4.2，"协调好产业发展与区域、产业园区环境保护关系，统筹产业园区减污降碳协同共治、资源集约节约及循环化利用、能源智慧高效利用、环境风险防控等重大事项，引导产业园区生态化、低碳化、绿色化发展。"

26．D　【解析】根据《规划环境影响评价技术导则　产业园区》4.3.2，"识别规划实施主要生态环境影响和风险因子，分析规划实施生态环境压力、污染物减排和节能降碳潜力，预测与评价规划实施环境影响和潜在风险，分析资源与环境承载状态。"

27．C　【解析】根据《规划环境影响评价技术导则　产业园区》8.2.1，规划实施生态环境压力分析应结合主要污染物排放强度及污染控制水平、碳排放特征、产业园区污染集中处理、资源能源集约利用水平，设置不同情景方案，评估产业园区水资源、土地资源、能源等需求量、主要污染物排放量及碳排放水平。

28．C　【解析】根据《规划环境影响评价技术导则　产业园区》10.1.2，碳减排的主要途径包括碳排放产业规模、结构调整、原料替代，能源利用效率提升，绿色清洁能源利用，废物的节能与低碳化处置等。

29．C　【解析】根据《规划环境影响评价技术导则　流域综合规划》10.2.3，"从替代生境构建与保护、流域水系连通修复、岸线和河（湖）滨带修复、重点库区消落区和重点湖泊生态环境修复、退化林草和受损湿地修复、重要栖息地修复等方面提出修复补救措施，必要时提出流域生态补偿措施。"

30．B　【解析】《规划环境影响评价技术导则　总纲》适用于国务院有关部门、设区的市级以上地方人民政府及其有关部门编制的土地利用的有关规划，区域、流域、海域的建设、开发利用规划，以及工业、农业、畜牧业、林业、能源、水利、交通、城市建设、旅游、自然资源开发的有关专项规划的环境影响评价。建设项目、政策及战略环境影响评价均不适用。

31．D　【解析】"三线一单"包括：生态保护红线、环境质量底线、资源利用上线、生态环境准入清单。

32．C　【解析】根据《规划环境影响评价技术导则　总纲》7.3.3，评价指标应易于统计、比较和量化，指标值符合相关产业政策、生态环境保护政策、相关标准中规定的限值要求，如国内政策、标准中没有相应的规定，也可参考国际标准来确定；对于不易量化的指标可参考相关研究成果或经过专家论证，给出半定量的指标值或定性说明。

33．C　【解析】根据《规划环境影响评价技术导则　产业园区》4.2，"突出规划环境影响评价源头预防作用，优化完善产业园区规划方案，强化产业园区污染防治，改善区域生态环境质量。"

34．C 【解析】根据《规划环境影响评价技术导则 产业园区》6.5，"分析产业园区产业发展和生态环境现状问题及成因，提出产业园区发展及规划实施需重点关注的资源、生态、环境等方面的制约因素。"

35．A 【解析】根据《规划环境影响评价技术导则 产业园区》9.1，规划方案环境合理性论证包括：产业园区规划目标与发展定位环境合理性；产业园区布局、重大建设项目选址的环境合理性；产业园区规划规模（产业规模、用地规模等）、结构（产业结构、能源结构等）、运输方式的环境合理性；产业园区污水集中处理、固体废物（含危险废物）分类集中安全处置、集中供热、VOCs 等废气集中处理中心等设施选址、规模、建设时序、排放口（排污口）设置等的环境合理性。

36．A 【解析】根据《规划环境影响评价技术导则 产业园区》9.2，规划实施后无法达到环境目标、满足区域碳达峰要求，或与国土空间规划功能分区等冲突，应提出产业园区总体发展目标、功能定位的优化调整建议。对产业园区内、外环境敏感区等产生重大不良生态环境影响的，应对产业园区布局、重大建设项目选址等提出优化调整建议。无法满足环境质量改善目标要求，应对产业规模、产业结构、能源结构等提出优化调整建议。因此，选项 A 错误。

37．D 【解析】根据《规划环境影响评价技术导则 产业园区》10.3.2，"应针对产业园区既有环境问题和规划实施可能产生的主要环境影响，提出减缓对策和措施。"

二、不定项选择题

1．ABC

2．ABD 【解析】公众参与现场调查不属于现状调查内容。

3．ABCD 【解析】现状分析与评价：专家咨询、指数法（单指数、综合指数）、类比分析、叠图分析、生态学分析法（生态系统健康评价法、生物多样性评价法、生态机理分析法、生态系统服务功能评价方法、生态环境敏感性评价方法、景观生态学法）、灰色系统分析法。

4．ABD 【解析】根据《规划环境影响评价技术导则 总纲》8.1.2，"环境影响预测与评价应给出规划实施对评价区域资源、生态、环境的影响程度和范围。"

5．ABCD 【解析】根据《规划环境影响评价技术导则 总纲》3.9，环境管控单元指集成生态保护红线及生态空间、环境质量底线、资源利用上线的管控区域。

6．ABCD 【解析】根据《规划环境影响评价技术导则 产业园区》4.3.3，评价基本任务包括论证规划产业定位、发展规模、产业结构、布局、建设时序及环境基础设施等的环境合理性，并提出优化调整建议，说明优化调整的依据和潜在效果或效益。

7. ABCD　【解析】根据《规划环境影响评价技术导则　流域综合规划》4.2，评价原则包括全程参与、充分互动；严守红线、强化管控；统筹协调、突出重点；协调一致、科学系统。

8. AD　【解析】根据《规划环境影响评价技术导则　总纲》3.6，环境敏感区主要包括生态保护红线范围内或者其外的下列区域：a）自然保护区、风景名胜区、世界文化和自然遗产地、海洋特别保护区、饮用水水源保护区；b）永久基本农田、基本草原、森林公园、地质公园、重要湿地、天然林、野生动物重要栖息地、重点保护野生植物生长繁殖地、重要水生生物自然产卵场、索饵场、越冬场和洄游通道、天然渔场、水土流失重点预防区、沙化土地封禁保护区、封闭及半封闭海域；c）以居住、医疗卫生、文化教育、科研、行政办公等为主要功能的区域，以及文物保护单位。

9. AD　【解析】根据《规划环境影响评价技术导则　产业园区》12.2，产业园区与区域优先保护单元重叠地块，产业园区内其他具有重要生态功能的河流水系、湿地、潮间带、山体、绿地等及评价确定需保护的其他环境敏感区，划为保护区域；保护区域外结合产业园区功能分区，划分为不同的重点管控区域。保护区域应列出禁止或限制布局的规划用地类型、规划行业类型等，对不符合管控要求的现有开发建设活动提出整改或退出要求。重点管控区域针对环境风险防范区等，提出限制、禁止布局的用地类型或布局的建议；对既有环境问题突出等地块，提出禁止和限制准入的产业类型及严格的开发利用环境准入条件。

第十章 建设项目环境风险评价技术导则

引言：《建设项目环境风险评价技术导则》（HJ 169—2018）于 2018 年 10 月发布，2019 年 3 月实施。本书收录了部分历年考题中仍有一定参考价值的题目，供考生参考。

一、单项选择题（每题的备选项中，只有一个最符合题意）

1. 下列建设项目不适用《建设项目环境风险评价技术导则》的是（　）。（2010年考题）

    A. 核建设项目　　　　　　　　B. 铁矿矿山新建项目

    C. 电子芯片新建项目　　　　　D. 钢铁厂高炉扩建项目

2. 根据《建设项目环境风险评价技术导则》，下列属于风险防范设施的是（　）。（2011年考题）

    A. 水泥厂窑尾布袋除尘器　　　B. 化工厂污水处理站

    C. 高速公路两侧的声屏障　　　D. 油库区的围堰

3. 根据《建设项目环境风险评价技术导则》，（　）属于环境风险事故。（2010年考题）

    A. 试车期间的超标排放

    B. 突然停电造成有毒有害物质的泄漏

    C. 大修前设备、管道吹扫造成的超标排放

    D. 生活污水处理装置运行异常造成的超标排放

4. 下列建设项目中，其环境风险评价不适用于《建设项目环境风险评价技术导则》的是（　）。（2016年考题）

    A. 核电站项目　　　　　　　　B. 煤化工项目

    C. 铜冶炼项目　　　　　　　　D. 铁矿开采项目

5. 根据《建设项目环境风险评价技术导则》，下列适用于该标准的是（　）。（2019年考题）

    A. 土壤风险评价、生态风险评价

    B. 人体健康风险评价、核与辐射类建设项目的环境风险评价

C. 涉及有毒有害危险物质生产、使用、储存（不包括使用管线输运）的建设项目可能发生的突发性事故（包括人为破坏及自然灾害引发的事故）的环境风险评价

D. 涉及易燃易爆危险物质生产、使用、储存（包括使用管线输运）的建设项目可能发生的突发性事故（不包括人为破坏及自然灾害引发的事故）的环境风险评价

6. 某建设项目处于环境低度敏感区，危险物质及工艺系统危险性为轻度危害，根据《建设项目环境风险评价技术导则》，该项目环境风险评价工作级别为（　　）。（2019 年考题）

    A. 一级　　　　　　B. 二级　　　　　　C. 三级　　　　　　D. 简单分析

7. 根据《建设项目环境风险评价技术导则》，下列关于大气环境风险范围确定的原则的说法，正确的是（　　）。（2019 年考题）

    A. 大气环境风险一级评价范围为距建设项目边界不低于 5 km 的区域

    B. 大气环境风险二级评价范围为距离源点不低于 5 km 的区域

    C. 大气环境风险二级评价范围为距建设项目边界不低于 3 km 的区域

    D. 大气环境风险三级评价范围为距离源点不低于 3 km 的区域

8. 某新建化工厂平面布局分为一区、二区两个厂区，一区危化品库甲醇储罐设计最大储存量为 25 t、甲硫醇储罐设计最大储存量为 10 t，二区危化品库甲醇储罐设计最大储存量为 35 t、甲硫醇储罐设计最大储存量为 20 t。甲醇临界量为 10 t，甲硫醇临界量为 5 t。根据《建设项目环境风险评价技术导则》，该化工厂危险物质总量与其临界量比值（Q）为（　　）。（2019 年考题）

    A. 12　　　　　　　B. 4.5　　　　　　　C. 7.5　　　　　　　D. 6

9. 根据《建设项目环境风险评价技术导则》，环境风险管理目标是采用（　　）管控环境风险。（2019 年考题）

    A. 最低合理可行原则（ALARP）　　　　B. 安全经济合理原则

    C. 安全经济科学原则　　　　　　　　　D. 安全经济技术可行原则

10. 根据《建设项目环境风险评价技术导则》，下列关于环境风险评价工作等级划分的说法，错误的是（　　）。（2020 年考题）

    A. 环境风险潜势为 I 的，不开展评价

    B. 环境风险潜势为 II 的，进行三级评价

    C. 环境风险潜势为 III 的，进行二级评价

    D. 环境风险潜势为 IV 及以上的，进行一级评价

11. 根据《建设项目环境风险评价技术导则》，下列关于风险潜势划分的说法，正确的是（　　）。（2020 年考题）

A. 位于环境高度敏感区且危险物质属于高度危害的项目，环境风险潜势为 IV⁺级

B. 位于环境高度敏感区且危险物质属于轻度危害的项目，环境风险潜势为 II 级

C. 位于环境中度敏感区且工艺系统属于高度危害的项目，环境风险潜势为 III 级

D. 位于环境低度敏感区且工艺系统属于中度危害的项目，环境风险潜势为 I 级

12. 根据《建设项目环境风险评价技术导则》，风险识别内容不包括（   ）。（2020 年考题）

A. 环境风险措施   B. 环境风险类型

C. 环境危险单元   D. 可能受影响的环境敏感目标

13. 根据《建设项目环境风险评价技术导则》，下列关于大气环境风险预测的说法，错误的是（   ）。（2020 年考题）

A. 一级评价需选择最不利气象条件进行后果预测

B. 二级评价需选择最常见气象条件进行后果预测

C. 一级评价需选择最常见气象条件进行后果预测

D. 二级评价需选择最不利气象条件进行后果预测

14. 根据《建设项目环境风险评价技术导则》，环境风险评价范围确定原则不包括（   ）。（2021 年考题）

A. 根据环境敏感目标分布情况确定

B. 根据事故后果预测可能对环境产生危害的范围确定

C. 根据建设项目风险源分布情况确定评价范围

D. 评价范围外存在特别关注的环境敏感目标，评价范围需延伸至所关心的目标

15. 根据《建设项目环境风险评价技术导则》，建设项目风险源调查的内容不包括（   ）。（2021 年考题）

A. 危险物质数量和分布情况   B. 污染源的数量和分布情况

C. 生产工艺特点   D. 收集危险物质安全技术说明书

16. 根据《建设项目环境风险评价技术导则》，环境风险评价结论主要内容不包括（   ）。（2021 年考题）

A. 项目危险因素   B. 环境敏感性及事故环境影响

C. 环境风险防范措施和应急预案   D. 安全应急预案

17. 根据《建设项目环境风险评价技术导则》，环境风险评价基本内容不包括（   ）。（2022 年考题）

A. 环境风险调查   B. 环境风险识别

C. 环境风险事故情形分析   D. 突发环境事件应急预案编制

18. 根据《建设项目环境风险评价技术导则》，关于大气环境风险评价范围确

定原则的说法，正确的是（ ）。（2022 年考题）

A. 根据事故后果预测结果确定评价范围

B. 根据环境敏感目标分布情况确定评价范围

C. 当大气毒性终点浓度预测到达距离超出评价范围时，应调整评价范围

D. 当大气毒性终点浓度预测到达距离小于评价范围时，应调整评价范围

19. 根据《建设项目环境风险评价技术导则》，危险物质向环境转移途径识别的内容不包括（ ）。（2022 年考题）

A. 分析危险物质特性　　　　　　B. 分析生产装置危险性

C. 分析可能的环境风险类型　　　D. 分析可能影响的环境敏感目标

20. 根据《建设项目环境风险评价技术导则》，大气环境风险预测要求的内容不包括（ ）。（2022 年考题）

A. 一级评价选取最不利气象条件进行后果预测

B. 一级评价选取事故发生地最常见气象条件进行后果预测

C. 二级评价选取最不利气象条件进行后果预测

D. 二级评价选取事故发生地最常见气象条件进行后果预测

21. 根据《建设项目环境风险评价技术导则》，关于环境风险防范措施要求的说法，错误的是（ ）。（2022 年考题）

A. 事故废水环境风险防范应明确"装置—单元—园区"风险防控体系要求

B. 大气环境风险防范应提出事故状态下人员的疏散通道及安置等应急建议

C. 厂内环境风险防控系统应纳入园区/区域环境风险防控体系

D. 地下水环境风险防范应重点采取源头控制和分区防渗措施

22. 根据《建设项目环境风险评价技术导则》，其适用范围包括（ ）。（2023年考题）

A. 自然灾害引起的环境风险评价

B. 生态风险评价

C. 辐射类建设项目环境风险评价

D. 涉及有毒物质的储存的建设项目环境风险评价

23. 根据《建设项目环境风险评价技术导则》，与风险潜势无关的是（ ）。（2023 年考题）

A. 物质危险性　　　　　　　　　B. 工艺系统危险性

C. 项目类型　　　　　　　　　　D. 环境敏感程度

24. 根据《建设项目环境风险评价技术导则》，大气环境风险评价范围正确的是（ ）。（2023 年考题）

A. 一级评价距建设项目边界一般不低于 3 km

B．二级评价距建设项目边界一般不低于 1 km

C．油气二级评价距管道中心线一般不低于 100 m

D．天然气输送管道项目二级评价距管道中心线两侧一般不低于 200 m

25．根据《建设项目环境风险评价技术导则》，下列关于风险事故情形设定的内容不包括（　　）。（2023 年考题）

A．火灾、爆炸引发的伴生污染物排放　　B．对不同环境要素产生的影响

C．危险物质泄漏后的处置　　　　　　　D．危险物质的泄露

二、不定项选择题（每题的备选项中至少有一个符合题意）

1．根据《建设项目环境风险评价技术导则》，下列事故中，属于环境风险事故的有（　　）。（2013 年考题）

A．燃煤火电厂废气处理设施故障　　　　B．化工厂液氨储罐爆炸

C．电子厂氮气供应系统泄漏　　　　　　D．内河 LNG 运输船火灾

2．下列建设项目中，不适用于《建设项目环境风险评价技术导则》的有（　　）。（2014 年考题）

A．800 万 t/a 钢铁项目　　　　　　　　B．4 500 t/d 水泥熟料项目

C．2 000 t/d 金矿采选项目　　　　　　　D．2 000 MW 核电项目

3．下列建设项目中，环境风险评价适用于《建设项目环境风险评价技术导则》的有（　　）。（2017 年考题）

A．建材工业建设项目　　　　　　　　　B．核电站建设项目

C．化学纤维制造建设项目　　　　　　　D．有色金属冶炼加工建设项目

4．根据《建设项目环境风险评价技术导则》，风险事故情形设定内容应包括（　　）等。（2019 年考题）

A．环境风险类型　　　　　　　　　　　B．风险源

C．危险单元　　　　　　　　　　　　　D．危险物质和影响途径

5．根据《建设项目环境风险评价技术导则》，开展环境风险识别应准备和收集的资料有（　　）。（2019 年考题）

A．建设项目周边环境资料

B．建设项目工程资料

C．国内外同行业、同类型事故统计分析资料

D．典型事故案例资料

6．根据《建设项目环境风险评价技术导则》，环境风险评价结论与建议内容包括（　　）。（2020 年考题）

A．明确环境风险是否可防控

B．提出缓解环境风险的建议措施

C．提出优化调整风险防范措施建议

D．对存在较大环境风险的建设项目，须提出环境影响后评价的要求

7．根据《建设项目环境风险评价技术导则》，下列关于环境风险防范措施的说法，正确的是（　　）。（2021 年考题）

A．环境风险防范措施应纳入环保投资

B．地下水环境风险防范应重点采取源头控制和分区防渗措施

C．事故废水环境风险防范应设置事故废水收集和应急储存设施

D．大气环境风险防范应提出事故状态下人员的疏散通道及安置等应急建议

8．根据《建设项目环境风险评价技术导则》，下列关于风险事故情形设定的说法，正确的是（　　）。（2022 年考题）

A．极小概率可作为代表性事故情形中最大可信事故设定的参考

B．不同环境要素产生影响的风险情形按影响最大情形设定

C．火灾事故伴生污染物可作为设定内容

D．设定的事故情形应具有危险物质、环境危害、影响途径等方面的代表性

9．根据《建设项目环境风险评价技术导则》，建设项目涉及物质危险性识别内容包括（　　）。（2023 年考题）

A．储运设施　　　B．环保设施　　　C．中间产品　　　D．爆炸次生物

参考答案

一、单项选择题

1．A　　2．D

3．B　　【解析】环境风险事故的概念需抓住"突发性"这个关键词。

4．A　　【解析】根据《建设项目环境风险评价技术导则》1 适用范围，该标准适用于涉及有毒有害和易燃易爆物质生产、使用、储存（包括使用管线输运）的建设项目可能发生的突发性事故（不包括人为破坏及自然灾害引发的事故）的环境风险评价。

5．D　　【解析】《建设项目环境风险评价技术导则》1 适用范围，该标准适用于涉及有毒有害和易燃易爆危险物质生产、使用、储存（包括使用管线输运）的建设项目可能发生的突发性事故（不包括人为破坏及自然灾害引发的事故）的环境风险评价；该标准不适用于生态风险评价及核与辐射类建设项目的环境风险评价。（注：土壤风险、人体健康风险也不适用本导则）

6. D　【解析】根据《建设项目环境风险评价技术导则》4.3，"环境风险评价工作等级划分为一级、二级、三级。根据建设项目涉及的物质及工艺系统危险性和所在地的环境敏感性确定环境风险潜势，按照表 1 确定评价工作等级。风险潜势为Ⅳ及以上，进行一级评价；风险潜势为Ⅲ，进行二级评价；风险潜势为Ⅱ，进行三级评价；风险潜势为Ⅰ，可开展简单分析。"建设项目环境风险潜势划分见表 2。

表 1　评价工作等级划分

环境风险潜势	Ⅳ、Ⅳ+	Ⅲ	Ⅱ	Ⅰ
评价工作等级	一	二	三	简单分析

表 2　建设项目环境风险潜势划分

环境敏感程度（E）	危险物质及工艺系统危险性（P）			
	极高危害（P1）	高度危害（P2）	中度危害（P3）	轻度危害（P4）
环境高度敏感区（E1）	Ⅳ+	Ⅳ	Ⅲ	Ⅲ
环境中度敏感区（E2）	Ⅳ	Ⅲ	Ⅲ	Ⅱ
环境低度敏感区（E3）	Ⅲ	Ⅲ	Ⅱ	Ⅰ

注：Ⅳ+为级高环境风险。

7. A　【解析】大气环境风险评价范围：一级、二级评价距建设项目边界一般不低于 5 km；三级评价距建设项目边界一般不低于 3 km。

8. A　【解析】计算所涉及的每种危险物质在厂界内的最大存在总量与其临界量的比值 Q。在不同厂区的同一种物质，按其在厂界内的最大存在总量计算。当存在多种危险物质时，则按下式计算物质总量与其临界量比值（Q）：$Q = q_1/Q_1 + q_2/Q_2 + \cdots + q_n/Q_n$。式中：$q_1$, q_2, …, q_n 为每种危险物质的最大存在总量，t；Q_1, Q_2, …, Q_n 为每种危险物质的临界量，t。$Q = (25+35)/10 + (10+20)/5 = 12$。

9. A　【解析】环境风险管理目标是采用最低合理可行原则（ALARP）管控环境风险。

10. A　【解析】根据《建设项目环境风险评价技术导则》4.3，风险潜势为Ⅳ及以上，进行一级评价；风险潜势为Ⅲ，进行二级评价；风险潜势为Ⅱ，进行三级评价；风险潜势为Ⅰ，可开展简单分析。

11. C　【解析】环境风险潜势划分见导则中表 2。可以记住 4+433；4332；3321（每行都有两种情况是Ⅲ）。

12. A　【解析】根据《建设项目环境风险评价技术导则》7.3，建设项目环境风险识别汇总，包括危险单元、风险源、主要危险物质、环境风险类型、环境影响途径、可能受影响的环境敏感目标等。

13．B　【解析】根据《建设项目环境风险评价技术导则》9.1.1.4，一级评价需选取最不利气象条件及事故发生地的最常见气象条件分别进行后果预测；二级评价需选取最不利气象条件进行后果预测。

14．C　【解析】根据《建设项目环境风险评价技术导则》4.5.4，"环境风险评价范围应根据环境敏感目标分布情况、事故后果预测可能对环境产生危害的范围等综合确定。项目周边所在区域，评价范围外存在需要特别关注的环境敏感目标，评价范围需延伸至所关心的目标。"

15．B　【解析】根据《建设项目环境风险评价技术导则》5.1，"调查建设项目危险物质数量和分布情况、生产工艺特点，收集危险物质安全技术说明书（MSDS）等基础资料。"

16．D　【解析】根据《建设项目环境风险评价技术导则》11，环境风险评价结论主要内容有项目危险因素、环境敏感性及事故环境影响、环境风险防范措施和应急预案，因此环境风险评价结论不包括安全应急预案。

17．D　【解析】根据《建设项目环境风险评价技术导则》4.4.1，"环境风险评价基本内容包括风险调查、环境风险潜势初判、风险识别、风险事故情形分析、风险预测与评价、环境风险管理等。"

18．C　【解析】根据《建设项目环境风险评价技术导则》4.5.1，"大气环境风险评价范围：一级、二级评价距建设项目边界一般不低于5 km；三级评价距建设项目边界一般不低于3 km。油气、化学品输送管线项目一级、二级评价距管道中心线两侧一般均不低于200 m；三级评价距管道中心线两侧一般均不低于100 m。当大气毒性终点浓度预测到达距离超出评价范围时，应根据预测到达距离进一步调整评价范围。"

19．B　【解析】根据《建设项目环境风险评价技术导则》7.1.3，"危险物质向环境转移的识别途径，包括分析危险物质特性及可能的环境风险类型，识别危险物质影响环境的途径，分析可能影响的环境敏感目标。"

20．D　【解析】根据《建设项目环境风险评价技术导则》9.1.1.4，一级评价需选取最不利气象条件及事故发生地最常见气象条件分别进行后果预测。二级评价需选取最不利气象条件进行后果预测。

21．A　【解析】根据《建设项目环境风险评价技术导则》10.2.2，事故废水环境风险防范应明确"单元—厂区—园区/区域"的环境风险防控体系要求，因此选项A错误。

22．D　【解析】《建设项目环境风险评价技术导则》适用于涉及有毒有害和易燃易爆危险物质生产、使用、储存（包括使用管线输运）的建设项目可能发生地突发性事故（不包括认为破坏及自然灾害引发的事故）的环境影响评价。不适用于生态风险评价及核与辐射类建设项目的环境风险评价。

23．C　【解析】根据《建设项目环境风险评价技术导则》3.2，"对建设项目潜在环境危害程度的概化分析表达，是基于建设项目涉及的物质和工艺系统危险性及其所在地环境敏感程度的综合表征。"

24．D　【解析】根据《建设项目环境风险评价技术导则》4.5.1，"大气环境风险评价范围：一级、二级评价距建设项目边界一般不低于 5 km；三级评价距建设项目边界一般不低于 3 km。油气、化学品输送管线项目一级、二级评价距管道中心线两侧一般均不低于 200 m；三级评价距管道中心线两侧一般均不低于 100 m。"

25．C　【解析】根据《建设项目环境风险评价技术导则》8.1.2.1，"风险事故情形应包括危险物质泄漏，以及火灾、爆炸等引发的伴生/次生污染物排放情形。对不同环境要素产生影响的风险事故情形，应分别进行设定。"危险物质泄漏后的处置属于环境风险管理的内容。

二、不定项选择题

1．BD　【解析】LNG——Liquefied Natural Gas，液化天然气。

2．D　【解析】《建设项目环境风险评价技术导则》不适用于核建设项目。

3．ACD　【解析】《建设项目环境风险评价技术导则》明确不包括核建设项目。

4．ABCD　【解析】风险事故情形设定内容应包括环境风险类型、风险源、危险单元、危险物质和影响途径等。

5．ABCD　【解析】风险识别资料收集和准备：根据危险物质泄漏、火灾、爆炸等突发性事故可能造成的环境风险类型，收集和准备建设项目工程资料，周边环境资料，国内外同行业、同类型事故统计分析及典型事故案例资料。

6．ABD　【解析】根据《建设项目环境风险评价技术导则》11.4，"综合环境风险评价专题的工作过程，明确给出建设项目环境风险是否可防控的结论。根据建设项目环境风险可能影响的范围与程度，提出缓解环境风险的建议措施。对存在较大环境风险的建设项目，须提出环境影响后评价的要求。"

7．ABCD　【解析】根据《建设项目环境风险评价技术导则》，环境风险防范措施包括："10.2.1 大气环境风险防范应结合风险源状况明确环境风险的防范、减缓措施，提出环境风险监控要求，并结合环境风险预测分析结果、区域交通道路和安置场所位置等，提出事故状态下人员的疏散通道及安置等应急建议。"

"10.2.2 事故废水环境风险防范应明确'单元—厂区—园区/区域'的环境风险防控体系要求，设置事故废水收集（尽可能以非动力自流方式）和应急储存设施。"

"10.2.3 地下水环境风险防范应重点采取源头控制和分区防渗措施,加强地下水环境的监控、预警,提出事故应急减缓措施。"

"10.2.6 环境风险防范措施应纳入环保投资和建设项目竣工环境保护验收内容。"

8. CD　【解析】根据《建设项目环境风险评价技术导则》8.1.2.3,设定的风险事故情形发生可能性应处于合理的区间,并与经济技术发展水平相适应。一般而言,发生频率小于 10^{-6}/年的事件是极小概率事件,可作为代表性事故情形中最大可信事故设定的参考。因此,选项 A 不正确。根据 8.1.2.1,对不同环境要素产生影响的风险事故情形,应分别进行设定。因此,选项 B 不正确。根据 8.1.2.2,对于火灾、爆炸事故,需将事故中未完全燃烧的危险物质在高温下迅速挥发释放至大气,以及燃烧过程中产生的伴生/次生污染物对环境的影响作为风险事故情形设定的内容。因此,选项 C 正确。根据 8.1.2.4,事故情形的设定应在环境风险识别的基础上筛选,设定的事故情形应具有危险物质、环境危害、影响途径等方面的代表性。因此,选项 D 正确。

9. CD　【解析】根据《建设项目环境风险评价技术导则》7.1.1,物质危险性识别,包括主要原辅材料、燃料、中间产品、副产品、最终产品、污染物、火灾和爆炸伴生/次生物等。

第十一章　有关固体废物污染控制标准

引言：《生活垃圾填埋场污染控制标准》（GB 16889—2008）于 2008 年 4 月发布，2008 年 7 月实施；《固体废物鉴别标准　通则》（GB 34330—2017）于 2017 年 8 月发布，2017 年 10 月实施；《危险废物填埋污染控制标准》（GB 18598—2019）于 2019 年 9 月发布，2020 年 6 月实施；《一般工业固体废物贮存和填埋污染控制标准》（GB 18599—2020）、《危险废物焚烧污染控制标准》（GB 18484—2020）于 2020 年 11 月发布，2021 年 7 月实施；《危险废物贮存污染控制标准》（GB 18597—2023）于 2023 年 1 月发布，2023 年 7 月实施。本书收录了部分历年考题中仍有一定参考价值的题目，供考生参考。

一、单项选择题（每题的备选项中，只有一个最符合题意）

1. 根据《生活垃圾填埋场污染控制标准》，可作为生活垃圾填埋场选址的区域是（　）。（2010 年考题）

    A．一般林地   B．活动沙丘区

    C．国家保密地区   D．城市工业发展规划区

2. 根据《生活垃圾填埋场污染控制标准》，可直接入场进行填埋的废物是（　）。（2010 年考题）

    A．生活垃圾焚烧产生的飞灰   B．生活垃圾焚烧产生的炉渣

    C．危险废物焚烧产生的飞灰   D．医疗废物焚烧产生的底渣

3. 根据《生活垃圾填埋场污染控制标准》，下列关于生活垃圾转运站渗滤液处理方式，说法正确的是（　）。（2010 年考题）

    A．排到站外的 V 类地表水体中   B．排到站外的农田灌溉渠中做农肥

    C．排入自设的防渗池内，自然蒸发   D．密闭运输到城市污水处理厂处理

4. 下列固体废物处置中，（　）不适用于《危险废物填埋污染控制标准》。（2010 年考题）

    A．化工厂的有机淤泥   B．汽车厂的含油废棉丝

    C．采矿厂的放射性固体废物   D．皮革制品厂的皮革废物（铬鞣溶剂）

5. 下列固体废物处置中，（　）不适用于《危险废物焚烧污染控制标准》。（2010

年考题）

　　A．含油污泥　　　　　　　　　　B．有机磷农药残液

　　C．含汞废活性炭　　　　　　　　D．含硝酸铵的废活性炭

　　6．根据《生活垃圾填埋场污染控制标准》，可考虑作为生活填埋场选址的区域是（　　）。（2011 年考题）

　　A．山谷荒地　　　B．农业发展规划区　　　C．泥炭区　　　D．湿地

　　7．根据《生活垃圾填埋场污染控制标准》，可以直接进入生活垃圾填埋场处置的废物是（　　）。（2011 年考题）

　　A．生活垃圾焚烧炉渣（焚烧飞灰除外）　　B．禽畜养殖废物

　　C．未经处理的餐饮废物　　　　　　　　D．电子废物及其处理处置残余物

　　8．根据《危险废物贮存污染控制标准》，下列危险废物贮存设施基础防渗层符合要求的是（　　）。（2011 年考题）

　　A．0.5 m 厚、渗透系数为 1×10^{-7}cm/s 的黏土层

　　B．0.5 m 厚、渗透系数为 1×10^{-6}cm/s 的黏土层

　　C．1 m 厚、渗透系数为 1×10^{-7}cm/s 的黏土层

　　D．1 m 厚、渗透系数为 1×10^{-6}cm/s 的黏土层

　　9．下列危险废物填埋场选址条件中，符合《危险废物填埋污染控制标准》要求的是（　　）。（2011 年考题）

　　A．场址与地表水水域的最近距离为 100 m

　　B．场址位于百年一遇的洪水线以下

　　C．场址位于城市工业发展规划区

　　D．场址位于地表水饮用水水源地补给区范围之外，且下游无集中供水井

　　10．根据《生活垃圾填埋场污染控制标准》，关于生活垃圾填埋场选址，说法正确的是（　　）。（2012 年考题）

　　A．选择在矿产资源储备区

　　B．选择在石灰岩溶洞发育带

　　C．通过环境影响评价确定与居住区之间合理的防护距离

　　D．与居住区的防护距离统一划定为 500 m

　　11．下列危险废物贮存设施的选址条件中，符合《危险废物贮存污染控制标准》要求的是（　　）。（2012 年考题）

　　A．位于溶洞区

　　B．设施底部高于地下水最高水位

　　C．位于高压输电线路防护区域内

　　D．位于居民中心区常年最大风频的上风向

12. 根据《危险废物填埋污染控制标准》，危险废物填埋场场界（址）与居民区、地表水水域的距离应分别不小于（　　）。（2012 年考题）

A. 500 m、100 m　　　　　　　　　B. 800 m、150 m

C. 500 m、150 m　　　　　　　　　D. 依据环境影响评价结论确定

13. 根据《生活垃圾填埋场污染控制标准》，可以直接进入生活垃圾填埋场填埋处置的废物是（　　）。（2013 年考题）

A. 畜禽养殖废物　　　　　　　　B. 生活垃圾焚烧炉渣（不包括焚烧飞灰）

C. 医疗废物焚烧残渣　　　　　　D. 生活污水处理厂污泥

14. 根据《生活垃圾填埋场污染控制标准》，填埋工作面 2 m 以下高度范围内甲烷的体积百分比应不大于（　　）。（2013 年考题）

A. 0.1%　　　　　B. 0.5%　　　　　C. 1.0%　　　　　D. 5%

15. 下列危险废物贮存设施的选址条件中，符合《危险废物贮存污染控制标准》要求的是（　　）。（2013 年考题）

A. 位于高压输电线路防护区域内

B. 位于居民中心区常年最大风频的上风向

C. 设施底部高于地下水最高水位 0.5 m

D. 基础防渗层为 1 m 厚、渗透系数为 1×10^{-5} cm/s 的黏土层

16. 下列选址条件中，不符合《生活垃圾填埋场污染控制标准》要求的是（　　）。（2014 年考题）

A. 标高高于重现期不小于 50 年一遇的洪水位

B. 标高高于重现期不小于 20 年一遇的洪水位

C. 位于规划的水库淹没区之外

D. 位于文物保护区之外

17. 下列固体废物的处置，适用于《危险废物填埋污染控制标准》的是（　　）。（2014 年考题）

A. 危险废物的暂存　　　　　　　　B. 石化污水处理厂污泥填埋

C. 生活垃圾填埋　　　　　　　　　D. 医疗废物填埋

18. 根据《生活垃圾填埋场污染控制标准》，下列废物中，必须经过处理达到相关要求后，才可进入生活垃圾填埋场填埋处置的是（　　）。（2015 年考题）

A. 医疗废物焚烧残渣　　　　　　　B. 混合生物垃圾及办公废物

C. 生活垃圾焚烧炉渣（不包括焚烧飞灰）　D. 生活垃圾堆肥处理的固态残留物

19. 根据《生活垃圾焚烧污染控制标准》，在不影响污染物排放达标和焚烧炉正常运行的前提下，下列废物中，可入炉焚烧的是（　　）。（2015 年考题）

A. 危险废物　　　　　　　　　　　B. 医疗废物

C．生活污水处理设施产生的污泥　　　　　D．工业废水处理设施产生的污泥

20．下列固体废物中，不适用于《危险废物贮存污染物控制标准》的是（　　）。（2015年考题）

A．砷渣　　　　　　　B．废油　　　　　　　C．铅渣　　　　　　　D．锅炉灰渣

21．根据《危险废物贮存污染物控制标准》，下列区域中，可作为集中式危险废物焚烧设施备选场址的是（　　）。（2015年考题）

A．商业街　　　　B．工业园区　　　　C．风景名胜区　　　　D．水源保护区

22．根据《生活垃圾填埋场污染控制标准》，下列关于生活垃圾填埋场场址选择要求的说法，错误的是（　　）。（2016年考题）

A．应避开废弃的采矿坑　　　　　　　　B．不应选在农业保护区

C．不应选在矿产资源储备区　　　　　　D．应避开石灰岩溶洞发育带

23．掺加生活垃圾的工业窑炉，其污染控制参照执行《生活垃圾焚烧污染控制标准》的前提条件是（　　）。（2016年考题）

A．掺加生活垃圾质量须超过入炉（窑）物料总质量的10%

B．掺加生活垃圾质量须超过入炉（窑）物料总质量的20%

C．掺加生活垃圾质量须超过入炉（窑）物料总质量的30%

D．掺加生活垃圾质量须超过入炉（窑）物料总质量的50%

24．根据《生活垃圾焚烧污染控制标准》，下列废物中，不符合入炉要求的是（　　）。（2016年考题）

A．电子废物及其处理处置残余物

B．由生活垃圾产生单位自行收集的混合生活垃圾

C．生活垃圾堆肥处理过程中筛分工序产生的筛出物

D．食品加工行业产生的性质与生活垃圾相近的一般工业固体废物

25．根据《危险废物贮存污染控制标准》，下列基础防渗层中，不符合危险废物贮存设施选址与设计要求的是（　　）。（2016年考题）

A．渗透系数≤10^{-7} cm/s、厚度1 m的黏土层

B．渗透系数≤10^{-7} cm/s、厚度2 m的黏土层

C．渗透系数≤10^{-10} cm/s、厚度1 mm的高密度聚乙烯土工膜

D．渗透系数≤10^{-10} cm/s、厚度2 mm的高密度聚乙烯土工膜

26．根据《生活垃圾填埋场污染控制标准》，关于生活垃圾填埋场选址要求的说法，错误的是（　　）。（2017年）

A．应避开石灰岩溶洞发育带

B．不应选在城市工农业发展规划区

C．与飞机场的距离应在3 000 m以上

D. 应位于重现期不小于 50 年一遇的洪水位之上

27. 根据《生活垃圾填埋场污染控制标准》，下列废物中，可以直接进入生活垃圾填埋场填埋处置的是（ ）。（2017 年考题）

A. 医疗垃圾焚烧残渣   B. 生活垃圾焚烧飞灰

C. 企、事业单位产生的办公废物   D. 粪便经处理后的固态残余物

28. 根据《生活垃圾焚烧污染控制标准》，确定生活垃圾焚烧厂与敏感对象之间的合理位置关系，可不考虑的因素是（ ）。（2017 年考题）

A. 有害物质泄漏   B. 可能的事故风险

C. 大气污染物产生和扩散   D. 滋养生物（蚊、蝇、鸟类）

29. 下列大气污染物中，不属于《生活垃圾焚烧污染控制标准》规定的控制项目是（ ）。（2017 年考题）

A. 氟化氢   B. 二噁英类   C. 一氧化碳   D. 二氧化硫

30. 根据《危险废物填埋污染控制标准》及其修改单，下列关于危险废物填埋场选址要求的说法，正确的是（ ）。（2017 年考题）

A. 不应选在矿产资源储备区

B. 可充分利用废弃矿区作为场址

C. 距军事基地的距离应在 1 000 m 以上

D. 可选在符合地质条件要求的农业保护区

31. 《固体废物鉴别标准 通则》适用于（ ）。（2018 年考题）

A. 液态废物鉴别   B. 固体废物分类   C. 危险废物鉴别   D. 放射性废物分类

32. 根据《固体废物鉴别标准 通则》，不作为固体废物管理的物质是（ ）。（2018 年考题）

A. 焚烧处置的农业废物   B. 填埋处置的生活垃圾

C. 倾倒、堆置的疏浚污泥   D. 回填采空区的符合要求的采矿废石

33. 根据《生活垃圾填埋场污染控制标准》，不得在生活垃圾填埋场中填埋处置的是（ ）。（2018 年考题）

A. 餐饮废物

B. 感染性医疗废物

C. 非本填埋场产生的渗滤液

D. 非本填埋场生活污水处理设施产生的污泥

34. 下列关于《生活垃圾焚烧污染控制标准》适用范围的说法，错误的是（ ）。（2018 年考题）

A. 适用于生活垃圾焚烧厂的设计

B. 适用于生活垃圾焚烧厂环境影响评价

C．适用于生活垃圾焚烧飞灰经处理后填埋的污染控制

D．适用于生活污水处理设施产生的污泥专用焚烧炉的污染控制

35．根据《生活垃圾焚烧污染控制标准》，确定生活垃圾焚烧厂厂址的位置及其与周围人群距离的依据是（　　）。（2018 年考题）

A．可行性研究报告结论

B．环境影响评价文件结论

C．环境影响评价文件技术评估报告结论

D．当地环境保护主管部门出具的确认函

36．根据《生活垃圾焚烧污染控制标准》和《生活垃圾填埋场污染控制标准》，下列关于生活垃圾焚烧厂排放控制要求的说法，错误的是（　　）。（2018 年考题）

A．生活垃圾焚烧飞灰可进入危险废物填埋场处置

B．生活垃圾焚烧炉渣可进入危险废物填埋场处置

C．生活垃圾焚烧飞灰与焚烧炉渣均可进入水泥窑处理

D．生活垃圾焚烧飞灰与焚烧炉渣均可进入生活垃圾填埋场处置

37．《危险废物填埋污染控制标准》不适用于（　　）。（2018 年考题）

A．危险废物填埋场的运行　　　　　B．危险废物填埋场的建设

C．危险废物贮存的污染控制　　　　D．危险废物填埋场的监督管理

38．根据《固体废物鉴别标准　通则》，下列关于此标准的适用范围说法，正确的有（　　）。（2019 年考题）

A．可以根据本标准对固体废物进行分类

B．可以根据本标准对只有专用固体废物鉴别标准的物质进行固体废物鉴别

C．本标准不适用于放射性废物的鉴别

D．液态废物的鉴别，不适用于本标准

39．根据《固体废物鉴别标准　通则》，以下物质不作为固体废物管理的有（　　）。（2019 年考题）

A．修复和加工即可用于其原始用途的物质

B．贮存后返回到原生产过程或返回其产生过程的物质

C．修复后不能作为土壤用途使用的污染土壤

D．供实验室化验分析用或科学研究用固体废物样品

40．根据《生活垃圾焚烧污染控制标准》，下列废物中，可以进入生活垃圾焚烧炉处置的废物有（　　）。（2019 年考题）

A．电子废物及其处理处置残余物

B．危险废物

C．生活垃圾堆肥处理过程中筛分工序产生的筛上物

D. 医疗废物中的感染性废物

41. 根据《固体废物鉴别标准　通则》，纳入液态废物管理的物质不包括（　　）。（2020 年考题）

A. 油气田采出水经处理达标后排入环境水体的废水

B. 石油炼制过程中产生的废酸液、废碱液

C. 页岩气开采过程中产生的废压裂液

D. 石油开采过程中产生的钻井泥浆

42. 根据《生活垃圾填埋场污染控制标准》，生活垃圾填埋场选址的标高一般应位于重现期不少于（　　）的洪水位之上。（2020 年考题）

A. 10 年一遇　　　B. 20 年一遇　　　C. 50 年一遇　　　D. 100 年一遇

43. 根据《生活垃圾焚烧污染控制标准》，可直接进入生活垃圾焚烧炉进行焚烧处置的是（　　）。（2020 年考题）

A. 感染性医疗废物

B. 一般工业固体废物

C. 污水处理设施产生的污泥

D. 生活垃圾堆肥处理产生的固态残余物

44. 根据《固体废物鉴别标准　通则》，（　　）适用于本标准。（2021 年考题）

A. 放射性废物的鉴别

B. 固体废物的分类

C. 液态废物鉴别

D. 有专用固体废物鉴别标准的物质的固体废物鉴别

45. 根据《固体废物鉴别标准　通则》，环境治理和污染控制过程中产生的固体废物不包括（　　）。（2021 年考题）

A. 煤气净化产生的煤焦油

B. 农业生产中产生的作物秸秆

C. 化粪池污泥、厕所粪便

D. 堆肥生产过程中产生的残余物质

46. 《生活垃圾焚烧污染控制标准》不适用于（　　）（2021 年考题）

A. 生活污水处理设施产生的污泥

B. 医疗废物焚烧处置

C. 一般工业固体废物的专用焚烧炉

D. 掺入生活垃圾质量超过入（窑）物料总质量 30% 的工业炉窑

47. 根据《危险废物填埋污染控制标准》，危险废物填埋场禁止选择的区域不包括（　　）。（2021 年考题）

　　A．湿地　　　　B．软土区域　　　　C．废弃矿区　　　　D．塌陷区

48．根据《一般工业固体废物贮存和填埋污染控制标准》，进入Ⅰ类场的一般工业固体废物应同时满足的要求不包括（　　）。（2021年考题）

　　A．第Ⅰ类固体废物　　　　　　　　B．有机质含量小于2%

　　C．水溶性盐总量小于2%　　　　　　D．含水率低于60%

49．根据《固体废物鉴别标准　通则》，下列物质中，属于固体废物的是（　　）。（2022年考题）

　　A．直接用于吸附工艺废气的活性炭　　B．使用过拟返厂再生的活性炭

　　C．修复后作为土壤使用的污染土壤　　D．废酸中和处理后达标的污水

50．下列焚烧炉的污染控制，参照执行《生活垃圾焚烧污染控制标准》的是（　　）。（2022年考题）

　　A．危险废物焚烧炉　　　　　　　　　B．电子垃圾焚烧炉

　　C．医疗废物专用焚烧炉　　　　　　　D．一般工业固体废物专用焚烧炉

51．根据《危险废物填埋污染控制标准》，关于填埋场废水排放控制要求的说法，正确的是（　　）。（2022年考题）

　　A．填埋场废水间接排放执行城市污水管网纳管标准

　　B．填埋场废水向环境水体排放执行直接排放标准

　　C．废水中总镍在填埋场废水总排放口进行监控

　　D．废水中总铜在渗滤液调节池废水排放口进行监控

52．根据《危险废物焚烧污染控制标准》，焚烧炉排气筒最低允许高度为（　　）m。（2022年考题）

　　A．8　　　　　　　B．15　　　　　　　C．25　　　　　　　D．45

53．根据《一般工业固体废物贮存和填埋污染控制标准》，进入Ⅰ类场的一般工业固体废物应同时满足的要求不包括（　　）。（2022年考题）

　　A．第Ⅰ类一般工业固体废物

　　B．有机质含量小于2%（煤矸石除外）

　　C．水溶性盐总量小于2%

　　D．含水率低于60%

54．根据《一般工业固体废物贮存和填埋污染控制标准》，一般工业固体废物分类主要按其浸出液中的特征污染物浓度是否超过《污水综合排放标准》判定，具体判定标准执行（　　）。（2022年考题）

　　A．第二类污染物最高允许排放浓度一级标准

　　B．第二类污染物最高允许排放浓度二级标准

　　C．第一类污染物最高允许排放浓度一级标准

D. 第一类污染物最高允许排放浓度二级标准

55. 根据《危险废物焚烧污染控制标准》，焚烧炉高温段燃烧所产生的烟气温度应不小于（   ）℃。（2023 年考题）

A. 760　　　　　　　B. 850　　　　　　　C. 1 100　　　　　　D. 1 400

56. 根据《生活垃圾焚烧污染控制标准》，二噁英类的监测浓度是（   ）。（2023 年考题）

A. 日均值

B. 测定值的算术平均值

C. 1 h 均值

D. 24 h 均值

57. 根据《一般工业固体废物贮存和填埋污染控制标准》，贮存场的位置与周围居民区的距离确定依据是（   ）。（2023 年考题）

A. 贮存场项目环评文件

B. 规划环评文件

C. 工程可行性研究文件

D. 工程设计文件

58. 根据《生活垃圾焚烧污染控制标准》，生活垃圾焚烧厂选址重点考虑的因素不包括（   ）。（2023 年考题）

A. 有害物质泄漏

B. 设备噪声影响

C. 环境事故风险

D. 大气污染物的产生与扩散

59. 根据《生活垃圾焚烧污染控制标准》，关于生活垃圾焚烧飞灰排放控制要求的说法，错误的是（   ）。（2023 年考题）

A. 可进入危险废物填埋场处置

B. 可进入灰渣场填埋处置

C. 可进入生活垃圾填埋场处置

D. 可进入水泥窑协同处置

60. 根据《危险废物填埋污染控制标准》，填埋场选址时，可不考虑场址与（   ）的合理位置关系。（2023 年考题）

A. 工业用地　　　　B. 农用地　　　　　C. 河流　　　　　　D. 村庄

二、不定项选择题（每题的备选项中至少有一个符合题意）

1. 下列活动中，适用于《生活垃圾填埋场污染控制标准》的有（   ）。（2010 年考题）

A. 新建生活垃圾填埋场建设过程中的污染控制

B. 新建生活垃圾填埋场运行过程中的污染控制

C. 现有生活垃圾填埋场运行过程中的污染控制

D. 与生活垃圾填埋场配套建设的生活垃圾转运站的建设、运行

2. 根据《生活垃圾填埋场污染控制标准》，经处理达到相关要求后，可进入生活垃圾填埋场处置的废物有（   ）。（2011 年考题）

A. 感染性医疗废物

B. 损伤性医疗废物

C. 药物性医疗废物　　　　　　　D. 医疗废物焚烧残渣

3. 2007 年建成的生活垃圾填埋场，其渗滤液排放符合要求的有（　　）。（2011年考题）

A. 2011 年 7 月 1 日起必须自行处理并达标排放

B. 2011 年 7 月 1 日起应预处理达到一定要求后送往符合条件的城市污水处理厂进一步处理

C. 2008 年 7 月 1 日起必须自行处理并达标排放

D. 2008 年 7 月 1 日起至 2011 年 6 月 30 日止可不经预处理直接送往符合条件的城市污水处理厂处理

4. 下列固体废物处置，不适用于《危险废物填埋污染控制标准》的有（　　）。（2011 年考题）

A. 医疗废物　　　　　　　　　　B. 放射性废物

C. 生活垃圾焚烧炉渣　　　　　　D. 镍镉电池厂废水处理污泥

5. 根据《生活垃圾填埋场污染控制标准》，不能直接入场填埋的废物有（　　）。（2012 年考题）

A. 液体废物

B. 生活垃圾转运站收集的混合生活垃圾

C. 生活垃圾堆肥处理产生的固态残余物

D. 食品加工产生的与生活垃圾性质相近的一般工业固体废物

6. 根据《生活垃圾填埋场污染控制标准》，生活垃圾填埋场水污染物排放必须监控的项目有（　　）。（2013 年考题）

A. 氨氮　　　B. 色度（稀释倍数）　　　C. 总氮　　　D. 总铁

7. 根据《生活垃圾填埋场污染控制标准》，生活垃圾填埋场选址应避开（　　）。（2014 年考题）

A. 矿产资源储备区　　　　　　　B. 地质条件良好的山谷

C. 石灰岩溶洞发育带　　　　　　D. 尚未稳定的冲积扇及冲沟地区

8. 根据《生活垃圾填埋场污染控制标准》，与生活垃圾填埋场配套建设的生活垃圾转运站产生的渗滤液经收集后，可采取的处理措施有（　　）。（2015 年考题）

A. 密闭运输至城市污水处理厂处理

B. 直接排入设置城市污水处理厂的城市排水系统

C. 密闭运输至生活垃圾填埋场渗滤处理站处理

D. 在转运站内对渗滤液进行处理并达到相关要求后，排入城市排水管网进入城市污水处理厂处理

9. 下列大气污染物中，属于《生活垃圾焚烧污染控制标准》控制项目的有（　　）。

（2015 年考题）

    A. 颗粒物　　　　　B. 氮氧化物　　　　C. 硫化物　　　　D. 氯化氢

10. 根据《生活垃圾填埋场污染控制标准》，下列废物中，可以直接进入生活垃圾填埋场填埋处置的有（　　）。（2016 年考题）

    A. 生活垃圾焚烧炉渣　　　　　　　B. 生活垃圾焚烧飞灰

    C. 企、事业单位产生的办公废物　　D. 生活垃圾堆肥处理产生的固态残余物

11. 根据《生活垃圾焚烧污染控制标准》，下列关于焚烧厂生活垃圾渗滤液和车辆清洗废水排放控制要求的说法，错误的有（　　）。（2017 年考题）

    A. 车辆清洗废水可在生活垃圾焚烧厂内处理

    B. 生活垃圾渗滤液不得在生活垃圾焚烧厂内处理

    C. 车辆清洗废水可送至生活垃圾填埋场渗滤液处理设施处理

    D. 生活垃圾渗滤液可送至生活垃圾填埋场渗滤液处理设施处理

12. 根据《生活垃圾填埋场污染控制标准》，下列关于生活垃圾填埋场选址要求的说法，错误的是（　　）。（2019 年考题）

    A. 天然基础层地表距地下水位的距离不得小于 1.5 m

    B. 地下水位应在不透水层 3 m 以下

    C. 应位于百年一遇的洪水标高线以上

    D. 应位于重现期不小于 50 年一遇的洪水位之上

13. 根据《危险废物填埋污染控制标准》，关于填埋场选址的说法，正确的有（　　）。（2020 年考题）

    A. 刚性填埋场可选在稳定的冲积扇地区

    B. 刚性填埋场可选在高压缩性淤泥区域

    C. 刚性填埋场选址的标高可位于重现期不小于 50 年一遇的洪水位之上

    D. 刚性填埋场可选在废弃矿区

14. 根据《生活垃圾填埋场污染控制标准》，以下废物不得在生活垃圾填埋场填埋的有（　　）。（2021 年考题）

    A. 电子废物　　　　　　　　　　　B. 生活垃圾堆肥残渣

    C. 电子废物处置残余物　　　　　　D. 畜禽粪便

15. 根据《危险废物填埋污染控制标准》，下列不能进入危险废物填埋场处理的有（　　）。（2021 年考题）

    A. 医疗废物　　　　　　　　　　　B. 有机废物

    C. 液态废物　　　　　　　　　　　D. 与衬层具有不相容性反应的废物

16. 根据《生活垃圾填埋场污染控制标准》，下列固体废物中，可直接进入生活垃圾填埋场处置的有（　　）。（2022 年考题）

A．生活垃圾焚烧飞灰

B．企事业单位产生的办公废物

C．生活垃圾堆肥处理产生的固态残余物

D．城市生活服务行业产生的性质与生活垃圾相近的一般工业固体废物

17．根据《危险废物焚烧污染控制标准》，危险废物焚烧炉运行工况的技术性能指标包括（　　）。（2022 年考题）

A．高温段温度　　B．烟气含氧量　　C．烟气停留时间　　D．烟气氮氧化物浓度

18．根据《固体废物鉴别标准　通则》，环境治理和污染控制过程中产生的物质包括（　　）。（2023 年考题）

A．废水处理污泥　　　　　　　　　B．堆肥残余物质

C．农业生产产生的秸秆　　　　　　D．河道水体环境清理疏浚污泥

19．根据《生活垃圾焚烧污染控制标准》，下列关于生活垃圾焚烧厂的排放控制要求中正确的有（　　）。（2023 年考题）

A．生活垃圾焚烧飞灰应按照危险废物管理

B．生活垃圾清洗废水沉淀后可以直接排放

C．渗滤液送城市二级污水处理厂不应超过污水处理总量的 5%

D．规定时间焚烧炉启动阶段监测数据不作为污染物排放达标的依据

20．根据《危险废物填埋污染控制标准》，除医疗废物、与衬层具有不相容反应的废物、液态废物外，可进入刚性填埋场的有（　　）。（2023 年考题）

A．具有易燃性的废物　　　　　　　B．具有反应性的废物

C．砷含量大于 5% 的废物　　　　　D．有机质含量大于 5% 的废物

参考答案

一、单项选择题

1．A

2．B　【解析】生活垃圾焚烧飞灰和医疗废物焚烧残渣（包括飞灰、底渣）经处理后满足一定条件，可以进入生活垃圾填埋场填埋处置。

3．D　【解析】根据《生活垃圾填埋场污染控制标准》9.4，"生活垃圾转运站产生的渗滤液经收集后，可采用密闭运输送到城市污水处理厂处理、排入城市排水管道进入城市污水处理厂处理或者自行处理等方式。"

4．C

5．D　【解析】易爆和放射性的危险废物不可燃烧。含硝酸铵的废活性炭具有

爆炸性，不适用。

6．A　7．A　8．C　9．D

10．C　【解析】根据《生活垃圾填埋场污染控制标准》4.5，"生活垃圾填埋场场址的位置与周围人群的距离应依据环境影响评价结论确定，并经地方环境保护行政主管部门批准。"

11．B

12．D　【解析】对原题的 B、D 选项进行了修改。如果在 2012 年，此题的答案应为 B，但如果现在回答此题，则应选 D。根据《危险废物填埋污染控制标准》（GB 18598—2019）4.2，填埋场场址的位置与周围人群的距离应依据环境影响评价结论确定。

13．B　【解析】此考点为高频考点。

14．A

15．C　【解析】选项 D 的正确说法是：基础防渗层厚为 1 m、渗透系数为 1×10^{-7}cm/s 的黏土层。

16．B　【解析】生活垃圾填埋场选址的标高应位于重现期不小于 50 年一遇的水位之上。

17．B

18．A　【解析】选项 B、C、D 均可以直接填埋，只有 A 选项必须经处理达到相关要求后，方可进入生活垃圾填埋场填埋处置。

19．C　【解析】掺加生活垃圾质量超过入炉（窑）物料总质量30%的工业炉窑以及生活污水处理设施产生的污泥、一般工业固体废物的专用焚烧炉的污染控制都可参照《生活垃圾焚烧污染控制标准》（GB 18485）执行。

20．D　【解析】A、B、C 选项均为危险废物，D 不属于危险废物。

21．B　22．A

23．C　【解析】掺加生活垃圾质量超过入炉（窑）物料总质量 30%的工业窑炉以及生活污水处理设施产生的污泥、一般工业固体废物的专用焚烧炉的污染控制参照《生活垃圾焚烧污染控制标准》（GB 18485）执行。

24．A　【解析】危险废物和电子废物及其处理处置残余物不得在生活垃圾焚烧炉中进行焚烧处置。

25．C　【解析】集中贮存的废物堆选址应满足：基础必须防渗，防渗层为至少 1 m 厚黏土层（渗透系数≤10^{-7} cm/s），或 2 mm 厚高密度聚乙烯，或至少 2 mm 厚的其他人工材料（渗透系数≤10^{-10}cm/s）等要求。

26．C　【解析】选项 C，应由环境影响评价来确定距离。

27．C

28．D　【解析】根据《生活垃圾焚烧污染控制标准》4.3，"在对生活垃圾焚烧厂厂址进行环境影响评价时，应重点考虑生活垃圾焚烧厂内各设施可能产生的有害物质泄漏、大气污染物（含恶臭物质）的产生与扩散以及可能的事故风险等因素，根据其所在地区的环境功能区类别，综合评价其对周围环境、居住人群的身体健康、日常生活和生产活动的影响，确定生活垃圾焚烧厂与常住居民居住场所、农用地、地表水体以及其他敏感对象之间合理的位置关系。"

29．A　【解析】氯化氢属于控制项目，但氟化氢不属于。

30．A

31．A　【解析】根据《固体废物鉴别标准　通则》适用范围，"本标准规定了依据产生来源的固体废物鉴别准则、在利用和处置过程中的固体废物鉴别准则、不作为固体废物管理的物质、不作为液态废物管理的物质以及监督管理要求。本标准适用于物质（或材料）和物品（包括产品、商品）（以下简称物质）的固体废物鉴别。液态废物的鉴别，适用于本标准。本标准不适用于放射性废物的鉴别。本标准不适用于固体废物的分类。对于有专用固体废物鉴别标准的物质的固体废物鉴别，不适用于本标准。"危险废物鉴别有专用鉴别标准。放射性废物不属于固体废物，故该标准不适用于放射性废物的分类。

32．D　【解析】按照以下方式进行处置后的物质，不作为固体废物管理：金属矿、非金属矿和煤炭采选过程中直接留在或返回到采空区的符合《一般工业固体废物贮存和填埋污染控制标准》（GB 18599）中第Ⅰ类一般工业固体废物要求的采矿废石、尾矿和煤矸石。但是带入除采矿废石、尾矿和煤矸石以外的其他污染物质的除外。

33．C　【解析】未经处理的餐饮废物、除本填埋场产生的渗滤液之外的任何液态废物和废水不得在生活垃圾填埋场中填埋处置。非本填埋场生活污水处理设施产生的污泥、感染性医疗废物处理后满足相关要求可以在生活垃圾填埋场中填埋处置。

34．C　【解析】《生活垃圾焚烧污染控制标准》适用范围："本标准规定了生活垃圾焚烧厂的选址要求、技术要求、入炉废物要求、运行要求、排放控制要求、监测要求、实施与监督等内容。本标准适用于生活垃圾焚烧厂的设计、环境影响评价、竣工验收以及运行过程中的污染控制及监督管理。掺加生活垃圾质量超过入炉（窑）物料总质量30%的工业窑炉以及生活污水处理设施产生的污泥、一般工业固体废物的专用焚烧炉的污染控制参照本标准执行。"生活垃圾焚烧飞灰经处理后，符合送生活垃圾填埋场填埋处置的污染控制相关要求的适用于《生活垃圾填埋场污染控制标准》，符合送危险废物填埋场填埋处置的污染控制相关要求的适用于《危险废物填埋污染控制标准》。

35．B　【解析】根据《生活垃圾焚烧污染控制标准》4.2，"应依据环境影响评价结论确定生活垃圾焚烧厂厂址的位置及其与周围人群的距离。经具有审批权的环境保护行政主管部门批准后，这一距离可作为规划控制的依据。"

36．B　【解析】生活垃圾焚烧飞灰经处理后满足《生活垃圾填埋场污染控制标准》规定的相关条件可进入生活垃圾填埋场填埋处置；生活垃圾焚烧飞灰作为危险废物可进入危险废物填埋场处置；生活垃圾焚烧炉渣（不包括焚烧飞灰）可以直接进入生活垃圾填埋场填埋处置；利用水泥窑可协同处置危险废物、生活垃圾（包括废塑料、废橡胶、废纸、废轮胎等）、城市和工业污水处理污泥、动植物加工废物、受污染土壤、应急事件废物等固体废物。

37．C　【解析】《危险废物填埋污染控制标准》适用于危险废物填埋场的建设、运行及监督管理。危险废物贮存的污染控制适用于《危险废物贮存污染控制标准》。

38．C　【解析】《固体废物鉴别标准　通则》的适用范围："本标准规定了依据产生来源的固体废物鉴别准则、在利用和处置过程中的固体废物鉴别准则、不作为固体废物管理的物质、不作为液态废物管理的物质以及监督管理要求。本标准适用于物质（或材料）和物品（包括产品、商品）（以下简称物质）的固体废物鉴别。液态废物的鉴别，适用于本标准。本标准不适用于放射性废物的鉴别。本标准不适用于固体废物的分类。对于有专用固体废物鉴别标准的物质的固体废物鉴别，不适用于本标准。"

39．D　【解析】以下物质不作为固体废物管理：（1）任何不需要修复和加工即可用于其原始用途的物质，或者在产生点经过修复和加工后满足国家、地方制定或行业通行的产品质量标准并且用于其原始用途的物质；（2）不经过贮存或堆积过程，而在现场直接返回到原生产过程或返回其产生过程的物质；（3）修复后作为土壤用途使用的污染土壤；（4）供实验室化验分析用或科学研究用固体废物样品。

40．C　【解析】生活垃圾焚烧厂的入炉废物要求：（1）下列废物可以直接进入生活垃圾焚烧炉进行焚烧处置：①由环境卫生机构收集或者生活垃圾产生单位自行收集的混合生活垃圾；②由环境卫生机构收集的服装加工、食品加工以及其他为城市生活服务的行业产生的性质与生活垃圾相近的一般工业固体废物；③生活垃圾堆肥处理过程中筛分工序产生的筛上物，以及其他生化处理过程中产生的固态残余组分；④按照 HJ/T 228、HJ/T 229、HJ/T 276 要求进行破碎毁形和消毒处理并满足消毒效果检验指标的《医疗废物分类目录》中的感染性废物。（2）在不影响生活垃圾焚烧炉污染物排放达标和焚烧炉正常运行的前提下，生活污水处理设施产生的污泥和一般工业固体废物可以进入生活垃圾焚烧炉进行焚烧处置，焚烧炉排放烟气中污染物浓度执行表4规定的限值。（3）下列废物不得在生活垃圾焚烧炉中进行焚烧处置：危险废物，《生活垃圾焚烧污染控制标准》6.1条规定的除外；电子废物及其处理处置残余物。国家生态环境主管部门另有规定的除外。

41．A　【解析】根据《固体废物鉴别标准　通则》7，不作为液态废物管理的物质包括：① 满足相关法规和排放标准要求可排入环境水体或者市政污水管网和处理设施的废水、污水；② 经过物理处理、化学处理、物理化学处理和生物处理等废水处理工艺处理后，可以满足向环境水体或市政污水管网和处理设施排放的相关法规和排放标准要求的废水、污水；③ 废酸、废碱中和处理后产生的满足上述条款要求的废水。因此油气田采出水经处理达标后排入环境水体的废水属于不作为液态废物管理的物质。

42．C　【解析】根据《生活垃圾填埋场污染控制标准》4.3，"生活垃圾填埋场选址的标高应位于重现期不小于 50 年一遇的洪水位之上，并建设在长远规划中的水库等人工蓄水设施的淹没区和保护区之外。"

43．D　【解析】根据《生活垃圾焚烧污染控制标准》6.1，下列废物可以直接进入生活垃圾焚烧炉进行焚烧处置：① 由环境卫生机构收集或者生活垃圾产生单位自行收集的混合生活垃圾；② 由环境卫生机构收集的服装加工、食品加工以及其他为城市生活服务的行业产生的性质与生活垃圾相近的一般工业固体废物；③ 生活垃圾堆肥处理过程中筛分工序产生的筛上物，以及其他生化处理过程中产生的固态残余组分；④ 按照 HJ/T 228、HJ/T 229、HJ/T 276 要求进行破碎毁形和消毒处理并满足消毒效果检验指标的《医疗废物分类目录》中的感染性废物。

44．C　【解析】根据《固体废物鉴别标准　通则》1，"液态废物的鉴别，适用于本标准；本标准不适用于放射性废物的鉴别、不适用于固体废物的分类；对于有专用固体废物鉴别标准的物质的固体废物鉴别，不适用于本标准。"

45．B　【解析】根据《固体废物鉴别标准　通则》4.3，"环境治理和污染控制过程中产生的物质，包括以下种类：

a）烟气和废气净化、除尘处理过程中收集的烟尘、粉尘，包括粉煤灰；

b）烟气脱硫产生的脱硫石膏和烟气脱硝产生的废脱硝催化剂；

c）煤气净化产生的煤焦油；

d）烟气净化过程中产生的副产硫酸或盐酸；

e）水净化和废水处理产生的污泥及其他废弃物质；

f）废水或废液（包括固体废物填埋场产生的渗滤液）处理产生的浓缩液；

g）化粪池污泥、厕所粪便；

h）固体废物焚烧炉产生的飞灰、底渣等灰渣；

i）堆肥生产过程中产生的残余物质；

j）绿化和园林管理中清理产生的植物枝叶；

k）河道、沟渠、湖泊、航道、浴场等水体环境中清理出的漂浮物和疏浚污泥；

l）烟气、臭气和废水净化过程中产生的废活性炭、过滤器滤膜等过滤介质；

　　m）在污染地块修复、处理过程中，采用下列任何一种方式处置或利用的污染土壤：

　　1）填埋；

　　2）焚烧；

　　3）水泥窑协同处置；

　　4）生产砖、瓦、筑路材料等其他建筑材料。

　　n）在其他环境治理和污染修复过程中产生的各类物质。"

　　46．B　【解析】根据《生活垃圾焚烧污染控制标准》适用范围，"本标准适用于生活垃圾焚烧厂的设计、环境影响评价、竣工验收以及运行过程中的污染控制及监督管理；掺入生活垃圾质量超过入炉（窑）总质量 30% 的工业炉窑以及生活污水处理设施产生的污泥、一般工业固体废物的专用焚烧炉的污染控制参照本标准执行。"因此医疗废物的焚烧不适用于该标准。

　　47．B　【解析】根据《危险废物填埋污染控制标准》4.4，"填埋场选址不得选在以下区域：破坏性地震及活动构造区，海啸及涌浪影响区；湿地；地应力高度集中，地面抬升或沉降速率快的地区；石灰溶洞发育带；废弃矿区、塌陷；崩塌区、岩堆、滑坡区；山洪、泥石流影响地区；活动沙丘区；尚未稳定的冲积扇、冲沟地区及其他可能危及填埋场安全的区域。"

　　48．D　【解析】根据《一般工业固体废物贮存和填埋污染控制标准》6.1，"进入 I 类场的一般工业固体废物应同时满足以下要求：

　　a）第 I 类一般工业固体废物（包括第 II 类一般工业固体废物经处理后属于第 I 类一般工业固体废物的）；

　　b）有机质含量小于 2%（煤矸石除外），测定方法按照 HJ 761 进行；

　　c）水溶性盐总量小于 2%，测定方法按照 NY/T 1121.16 进行。"

　　49．B　【解析】根据《固体废物鉴别标准　通则》，选项 A 属于产品；选项 B 属于 4.3 节中的烟气、臭气和废水净化过程中产生的废活性炭；而根据 6.1，修复后作为土壤用途使用的污染土壤不作为固体废物管理；根据 7.1，满足相关法规和排放标准要求可排入环境水体或者市政污水管网和处理设施的废水、污水不作为液态废物管理，因此选项 D 也不属于固体废物。

　　50．D　【解析】根据《生活垃圾焚烧污染控制标准》适用范围，掺加生活垃圾质量超过入炉（窑）物料总质量 30% 的工业窑炉以及生活污水处理产生的污泥、一般工业固体废物的专用焚烧炉的污染控制参照该标准执行。

　　51．B　【解析】根据《危险废物填埋污染控制标准》8.1.3，废水间接排放执行该标准表 2 中间接排放标准；总镍应在渗滤液调节池废水排放口进行监控；总铜在危险废物填埋场废水总排放口进行监控。因此，选项 A、C、D 均有误。

52．C　【解析】根据《危险废物焚烧污染控制标准》5.3.5.1，排气筒最低允许高度为 25 m。

53．D　【解析】根据《一般工业固体废物贮存和填埋污染控制标准》6.1，进入Ⅰ类场的一般工业固体废物应同时满足：a）第Ⅰ类一般工业固体废物（包括第Ⅱ类一般工业固体废物经处理后属于第Ⅰ类一般工业固体废物的）；b）有机质含量小于 2%（煤矸石除外）；c）水溶性盐总量小于 2%。该标准对于进入Ⅰ类场的一般工业固体废物并无含水率要求，因此选 D。

54．A　【解析】根据《一般工业固体废物贮存和填埋污染控制标准》3.6，按照 HJ 557 规定方法获得的浸出液中任何一种特征污染物浓度均未超过 GB 8978 最高允许排放浓度（第二类污染物最高允许排放浓度按照一级标准执行），且 pH 在 6～9 的一般工业固废为第Ⅰ类一般工业固体废物；根据 3.7，按照 HJ 557 规定方法获得的浸出液中有一种或一种以上的特征污染物浓度超过 GB 8978 最高允许排放浓度（第二类污染物最高允许排放浓度按照一级标准执行），或 pH 在 6～9 之外的一般工业固废为第Ⅱ类一般工业固体废物。

55．C　【解析】根据《危险废物焚烧污染控制标准》5.3.3.1，危险废物焚烧炉高温段温度应≥1 100℃。

56．B　【解析】根据《生活垃圾焚烧污染控制标准》8.2，二噁英类的监测浓度取值时间为测定均值。

57．A

58．B　【解析】根据《生活垃圾焚烧污染控制标准》4.3，"在对生活垃圾焚烧厂厂址进行环境影响评价时，应重点考虑生活垃圾焚烧厂内各设施可能产生的有害物质泄漏、大气污染物（含恶臭物质）的产生与扩散以及可能的事故风险等因素。"

59．B　【解析】根据《生活垃圾焚烧污染控制标准》8.6，"生活垃圾焚烧飞灰应按危险废物进行管理，如进入生活垃圾填埋场处置，应满足 GB 16889 的要求；如进入水泥窑处置，应满足 GB 30485 的要求。"

60．A

二、不定项选择题

1．ABCD　2．AD　3．A　4．ABC　5．A　6．ABC　7．ACD　8．AD

9．ABD　【解析】根据《生活垃圾焚烧污染控制标准》表 4，颗粒物、氮氧化物、氯化氢属于该标准控制项目。

10．ACD　【解析】生活垃圾焚烧飞灰和医疗废物焚烧残渣（包括飞灰、底渣）经处理满足相应条件后，可以进入生活垃圾填埋场填埋处置。

11．B　【解析】生活垃圾渗滤液和车辆清洗废水应收集并在生活垃圾焚烧厂内处理或送至生活垃圾填埋场渗滤液处理设施处理，处理后满足 GB 16889 表 2 的要求（如厂址在符合 GB 16889 中第 9.1.4 条要求的地区，应满足 GB 16889 表 3 的要求）后，可直接排放。

12．ABC　【解析】生活垃圾填埋场选址的标高应位于重现期不小于 50 年一遇的洪水位之上，并建设在长远规划中的水库等人工蓄水设施的淹没区和保护区之外。危险废物填埋场场址选择应位于百年一遇的洪水标高线以上，地下水位应在不透水层 3 m 以下。一般工业固体废物贮存、处置场Ⅱ类场天然基础层地表距地下水位的距离不得小于 1.5 m。

13．AB　【解析】根据《危险废物填埋污染控制标准》4.4，填埋场场址不得选在尚未稳定的冲积扇、冲沟地区及其他可能危及填埋场安全的区域。根据该标准 4.7，填埋场场址不应选在高压缩性淤泥、泥炭及软土区域，刚性填埋场选址除外。

14．ACD　【解析】根据《生活垃圾填埋场污染控制标准》填埋废物的入场要求，生活垃圾堆肥产生的固态残余物可以直接进入生活垃圾填埋场；厌氧产沼等生物处理后的固态残余物、粪便经处理后的固态残余物和生活污水处理污泥处理后含水率小于 60%，可以进入生活垃圾填埋场填埋处置。因此，畜禽粪便不能直接进入生活垃圾填埋场；电子废物及其处置残余物均不符合生活垃圾填埋废物入场要求。

15．ACD　【解析】根据《危险废物填埋污染控制标准》，下列废物不得填埋：a）医疗废物；b）与衬层具有不相容性反应的废物；c）液态废物。

16．BCD　【解析】根据《生活垃圾填埋场污染控制标准》6.1，可以直接进入生活垃圾填埋场填埋处置的有：由环境卫生机构收集或者自行收集的混合生活垃圾，以及企事业单位产生的办公废物；生活垃圾焚烧炉渣（不包括焚烧飞灰）；生活垃圾堆肥处理产生的固体残余物；服装加工、食品加工以及其他城市服务行业产生的性质与生活垃圾相近的一般工业固体废物。

17．ABC　【解析】根据《危险废物焚烧污染控制标准》5.3.3.1，危险废物焚烧炉的技术性能指标包括：焚烧炉高温段温度、烟气停留时间、烟气含氧量、烟气一氧化碳浓度、燃烧效率、焚毁去除率、热灼减率。

18．ABD　【解析】根据《固体废物鉴别标准　通则》，农业生产产生的秸秆属于生产过程中产生的副产物，其余选项均为环境治理和污染控制过程中产生物质。

19．AD　【解析】根据《生活垃圾焚烧污染控制标准》，生活垃圾焚烧飞灰应按危险废物进行管理；生活垃圾渗滤液和车辆清洗废水应收集并在生活垃圾焚烧厂内处理或送至生活垃圾填埋场渗滤液处理设施处理，处理后满足要求后，可直接排放；城市二级污水处理厂每日处理生活垃圾渗滤液和车辆清洗废水总量不超过污水处理量的 0.5%；在该标准 7.1（焚烧炉启动时）、7.2、7.3 和 7.4 规定的时间内，所获得的监测数据不作为评价是否达到该标准排放限制的依据。

20. CD　【解析】根据《危险废物填埋污染控制标准》填埋废物入场要求，有机质含量小于 5%的废物可进入柔性填埋场。不具有反应性、易燃性或经预处理不再具有反应性、易燃性的废物，可进入刚性填埋场；砷含量大于 5%的废物，应进入刚性填埋场处置。

参考文献

[1] 生态环境部. 环境影响评价工程师职业资格考试大纲（2024年版）. 北京：中国环境出版集团，2024.

[2] 生态环境部环境工程评估中心. 环境影响评价技术导则与标准（2024年版）. 北京：中国环境出版集团，2024.

[3] 环境保护部. 建设项目环境影响评价技术导则　总纲（HJ 2.1—2016）. 北京：中国环境出版社，2016.

[4] 生态环境部. 环境影响评价技术导则　大气环境（HJ 2.2—2018）. 北京：中国环境出版集团，2019.

[5] 生态环境部. 环境影响评价技术导则　地表水环境（HJ 2.3—2018）. 北京：中国环境出版集团，2019.

[6] 环境保护部. 环境影响评价技术导则　地下水环境（HJ 610—2016）. 北京：中国环境出版社，2016.

[7] 生态环境部. 环境影响评价技术导则　声环境（HJ 2.4—2021）.

[8] 生态环境部. 环境影响评价技术导则　土壤环境（试行）（HJ 964—2018）. 北京：中国环境出版集团，2018.

[9] 生态环境部. 环境影响评价技术导则　生态影响（HJ 19—2022）.

[10] 生态环境部. 规划环境影响评价技术导则　总纲（HJ 130—2019）.

[11] 生态环境部. 规划环境影响评价技术导则　产业园区（HJ 131—2021）.

[12] 生态环境部. 规划环境影响评价技术导则　流域综合规划（HJ 1218—2021）.

[13] 生态环境部. 建设项目环境风险评价技术导则（HJ 169—2018）. 北京：中国环境出版集团，2018.